机械工人技术理论培训教材

中级钳工工艺学

机械工业部　统编

机　械　工　业　出　版　社

全书共分十三章。叙述了特殊工件的划线，群钻和钻削特殊孔，精密轴承和导轨机构的装配修理工艺；着重介绍了卧式车床和外圆磨床的结构及其装配修理工艺；对于装配工艺规程、泵、压缩机、冷冻机和内燃机等通用机械的原理构造，以及机械工作时状态参数的测定等内容，也作了必要的阐述。

本书注重于使钳工掌握机械设备的总装配及修理工艺知识，可为分析和解决中等复杂程度机械设备的装配和修理工艺打下一定的基础。并且注意了中级钳工的实际需要和生产实践相联系。

本书由上海汽轮机厂李惠昌、上海重型机械厂技工学校曹世根、上海市高级职业技术培训中心刘汉蓉编写；由上海汽轮机厂王荣华、上海拖拉机厂技术学校李增安审稿。

图书在版编目(CIP)数据

中级钳工工艺学/机械工业部统编．—北京：机械工业出版社，1990.4(2017.9 重印)

机械工人技术理论培训教材

ISBN 978-7-111-01127-9

Ⅰ.中... Ⅱ.机... Ⅲ.钳工-工艺-技术培训-教材 Ⅳ.TG9-44

中国版本图书馆 CIP 数据核字(2000)第 03395 号

机械工业出版社（北京市百万庄大街 22 号　邮政编码 100037）
责任编辑：朱　华　版式设计：霍永明　责任校对：熊天荣
封面设计：林胜利　方　芬　责任印制：孙　炜
保定市中画美凯印刷有限公司印刷
2017 年 9 月第 1 版第 23 次印刷
130mm×184mm · 9.25 印张 · 202 千字
标准书号：ISBN 978-7-111-01127-9
定价：15.00 元

凡购本书，如有缺页、倒页、脱页，由本社发行部调换

电话服务
社服务中心：(010)88361066
销售一部：(010)68326294
销售二部：(010)88379649
读者购书热线：(010)88379203

网络服务
门户网：http://www.cmpbook.com
教材网：http://www.cmpedu.com

重排说明

原国家机械工业委员会统编《机械工人技术理论培训教材》（包括配套习题集）自1988年出版发行以来，以其行业针对性、实用性强和职业（工种）覆盖面广等特点深受全国机械行业各级工人培训部门和广大工人的欢迎，一再重印，畅销不衰，为改善和提高机械行业技术工人队伍的技术素质发挥了很好的作用，在全国产生了广泛而深刻的影响。近年来，这套教材又成为不少地区政府部门和社会力量实施再就业工程的首选教材。

由于这套教材出版发行已近10年，一部分教材中使用的技术标准、计量单位、名词术语已经过时，也有一些内容显得陈旧。这些问题尽管所占比例不大，但是为了对社会、对广大读者负责，为了使这套教材能够继续、更好地发挥作用，我们对有上述问题的教材分期分批进行了修改、重排。重排本采用了最新国家标准、法定计量单位和规范的名词术语，删去了陈旧的内容，适当补充了新的内容，从而更加实用。重排本还将教材的封面、内封和版权页上的“国家机械工业委员会统编”改为“机械工业部统编”；配套习题集的封面、内封和版权页上的“国家机械委技工培训教材编审组编”改为“机械工业部技工培训教材编审组编”。

广大读者对重排本有何意见或建议，欢迎给我们提出，以便我们以后改进。

机械工业部技工培训教材编审组

前　言

1981年，原第一机械工业部为贯彻、落实《中共中央、国务院关于加强职工教育工作的决定》，确定对机械工业系统的技术工人按照初、中、高三个阶段进行技术培训。为此，组织制定了30个通用技术工种的《工人初、中级技术理论教学计划、教学大纲（试行）》，编写了相应的教材，有力地推动了“六五”期间机械行业的工人培训工作，初步改变了十年动乱造成的工人队伍文化技术水平低下的状况，取得了比较显著的成绩。

鉴于原机械工业部1985年对《工人技术等级标准（通用部分）》进行了全面修订，原教学计划、教学大纲已不适应新《标准》的要求，而且缺少高级部分；编写的教材，由于时间仓促、经验不足，在内容上存在着偏深、偏多、偏难等脱离实际的问题。为此，原机械工业部根据新《标准》，重新制定了33个通用技术工种的《机械工人技术理论培训计划、培训大纲》（初、中、高级），于1987年3月由国家机械工业委员会颁发，并根据培训计划、大纲的要求，编写了配套教材149种。

这套新教材的编写，体现了《国家教育委员会关于改革和发展成人教育的决定》中对“技术工人要按岗位要求开展技术等级培训”的有关精神，坚持了文化课为技术基础课服务，技术基础课为专业课服务，专业课为提高操作技能和分析解决生产实际问题的能力服务的原则。在内容上，力求以基本概念和原理为主，突出针对性和实用性，着重讲授基本知识，注重能力培养，并从当前机械行业工人队伍素质的实际情况出发，努力做到理论联系实际，通俗易懂，具有工人培训教材的特色，同时注意了初、中、高三级之间合理的衔接，便于在职技术工人学习运用。

这套教材是国家机械工业委员会委托上海、江苏、四川、沈阳等地机械工业管理部门和上海材料研究所、湘潭电机厂、长春第一汽车制造厂、济南第二机床厂等单位，组织了200多个企业、院校和科研单位的近千名从事职工教育的同志、工程技术人员、教师、科技工作者及富有生产经验的老工人，在调查研究和认真汲取“六五”期间工人教材建设工作经验教训的基础上编写的。在新教材行将出版之际，谨向为此付出艰辛劳动的全体编、审人员，各地的组织领导者，以及积极支持教材编审出版并予以通力合作的各有关单位和机械工业出版社致以深切的谢意！

编好、出好这套教材不容易；教好、学好这些课程更需要广大职教工作者和技术工人的奋发努力。新教材仍难免存在某些缺点和错误，我们恳切地希望同志们在教和学的过程中发现问题，及时提出批评和指正，以便再版时修订，使其更完善，更好地发挥为振兴机械工业服务的作用。

国家机械工业委员会

技工培训教材编审组

1987年11月

目　录

第一章　特殊工件的划线

第一节　复杂工件的划线

在机器制造业中，箱体类工件占有很大的比重。箱体类工件的工艺性和加工工序都比较复杂，各种尺寸和位置精度都有较高的要求。所以，箱体类工件的划线难度也较一般工件的大。下面就以箱体工件为例，介绍其划线的方法。

一、箱体工件划线方法

箱体工件的划线，除按照一般划线时确定划线基准和进行找正借料外，还应注意以下几点：

（1）第一划线位置，应该是选择待加工表面和非加工表面比较重要和比较集中的位置，这样有利于划线时能正确找正和及早发现毛坯的缺陷，既保证了划线质量，又可减少工件的翻转次数。

（2）箱体工件划线，一般都要划出十字校正线，在四个面上都要划出，划在长或平直的部位。一般常以基准孔的轴线作为十字校正线。在毛坯面上划的十字校正线，经过刨削加工后再次划线时，必须以已加工的面作为基准面，原十字校正线必须重划。

（3）为避免和减少翻转次数，其垂直线可利用角铁或90°角尺一次划出。

（4）某些箱体，内壁不需加工，而且装配齿轮等零件的空间又较小，在划线时要特别注意找正箱体内壁，以保证加工后能顺利装配。

二、箱体划线实例

齿轮减速箱箱体（图 1-1）由箱盖和箱座组成，其剖分面与轴承孔的中心重合。三个轴承孔是箱体的关键部位，尺寸精度和位置精度都要求较高，划线时必须划准并保证有足够的加工余量。箱盖与箱座是依靠螺栓紧固在一起的，故剖分面与紧固面之间的厚度必须均匀，并保证其应有的尺寸精度。箱盖和箱座上都有 R377mm 的圆弧，其内部是装大齿轮的，划线时要保证它与内壁之间有足够的空隙。

此箱体划线要分为四次：第一次为毛坯划线，先划出箱盖和箱座的剖分面加工线；待剖分面加工后，第二次划紧固螺栓孔和定位销孔（图中未画出）的加工线；将箱盖与箱体结合为一体后，第三次为划 470mm 宽的两侧面加工线；两侧面加工后，第四次为划各轴承孔的加工线。

1. 第一次划线　将箱盖放在平台上，用千斤顶支撑在紧固面上（图 1-2a)，用划线盘找正紧固面的四角，使其与平台平行。根据三个轴承孔的凸台外缘，检查孔是否有足够的加工余量；检查 R377mm 圆弧是否有足够的尺寸；两侧是否倾斜。如果相差较大，应借正剖分面的加工线，使各孔都有适当的加工余量，然后划出剖分面加工线。

箱座的划线方法与箱盖相仿（图 1-2b)，用划线盘找正紧固面的四角，同样要检查各轴承孔是否有足够的加工余量，和 R377mm 是否基本正确，然后划剖分面加工线，并按尺寸 320mm 划出底面的加工线。

2. 第二次划线　如果1-2c所示为箱盖的第一划线位置。用划线盘按箱盖上下内壁找正，使其与平台平行，用90°角尺找正剖分面，使其与平台垂直，然后划出对称中心线 I -

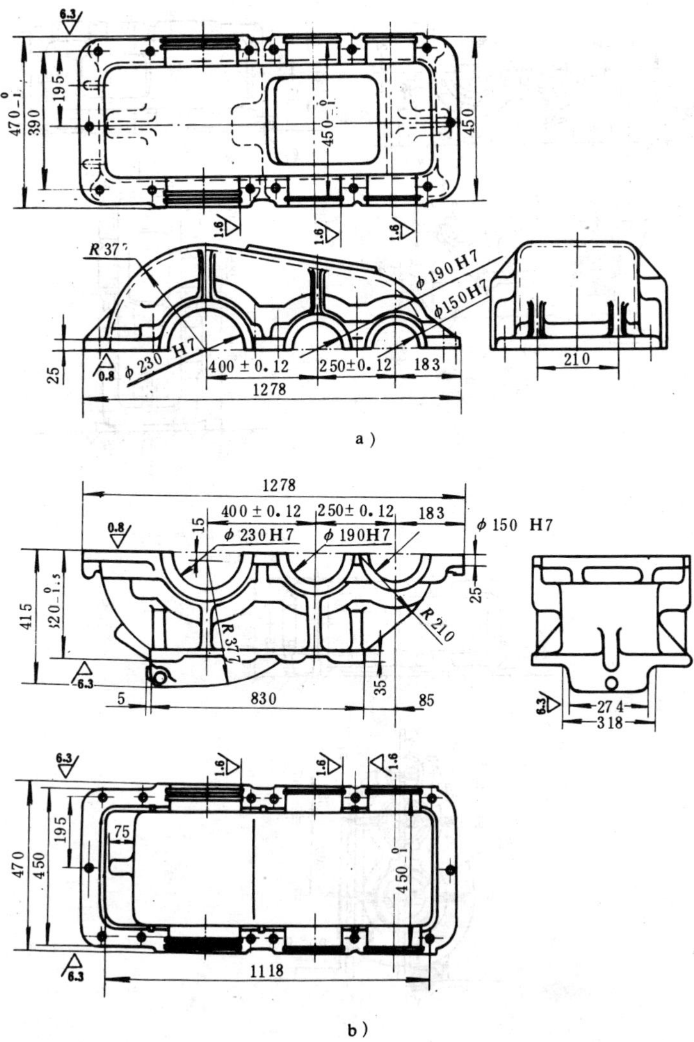
6.3
470_{-1}^{0}
390
195
450_{-1}^{0}
450
1.6
1.6
1.6
R 377
φ 190 H7
φ150 H7
φ 230 H7
25
0.8
400 ± 0.12
250 ± 0.12
183
1278
210
a）
1278
400 ± 0.12
250 ± 0.12
183
0.8
15
φ 230 H7
φ 190 H7
φ 150 H7
415
$320_{-1.5}^{0}$
R 377
R 210
25
6.3
35
5
830
85
6.3
274
318
6.3
1.6
1.6
1.6
470
450
195
75
450_{-1}^{0}
6.3
1118
b）

图 1-1　齿轮减速箱箱体

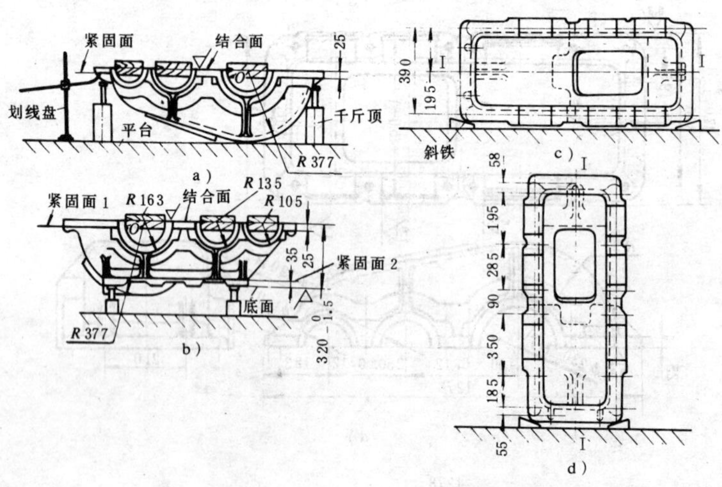

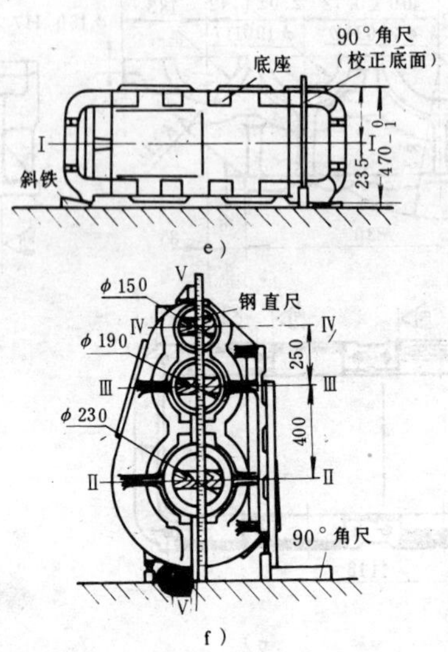

图 1-2　齿轮减速箱箱体划线

Ⅰ。再以Ⅰ-Ⅰ为基准，按195mm尺寸在剖分面上划出两条螺孔的中心线。如果1-2d所示为箱盖的第二划线位置。用90°角尺分别按Ⅰ-Ⅰ线和剖分面找正，使其与平台垂直。在箱盖下部的紧固面上取其中点，划出最下端一个螺孔中心线，然后按尺寸依次向上划出其余各螺孔的中心线。并用圆规划各螺孔和定位销孔的圆周线。

经过钻孔加工后，再按箱盖配划箱座上的螺孔加工线。

3. 第三次划线　用螺栓和定位销将箱盖与箱座结合为一体后进行第三次划线。

如图1-2e所示，用90°角尺找正箱座已加工的底面，使其与平台垂直；用划线盘找正450mm宽的毛坯平面，使其与平台基本平行。根据三个轴承孔两端凸台的高低和中部凸起的加强筋，划出中心线Ⅰ-Ⅰ(基准)，然后按尺寸$\frac{470\text{mm}}{2}=235\text{mm}$，划出箱体上下两侧面的加工线。

4. 第四次划线　划线前，先在各轴承孔中装入中心塞块。如图1-2f所示，用90°角尺分别按箱体已加工的底面和侧面找正，使其与平台垂直。根据ϕ230mm轴承孔的凸台外圆，划出此孔的中心线Ⅱ-Ⅱ，然后按400mm尺寸划出ϕ190mm轴承孔的中心线Ⅲ-Ⅲ；按250mm尺寸划出ϕ150mm轴承孔的中心线Ⅳ-Ⅳ。再用直尺对准箱体的剖分面，在中心塞块上划出三个孔的中心连线Ⅴ-Ⅴ，此连线与以上三根中心线相交所得的交点，即为三个轴承孔的中心。最后，按尺寸划出各孔的加工圆线。

第二节　大型工件的划线

重型机械中的零件，重量和体积都比较大，划线时，吊装、校正都比较困难。因此，对于一些特大件的划线，最好只经过一次吊装、校正，在第一划线位置上把各面的加工线都划好，完成整个工件的划线任务，既提高了工效，又解决了多次翻转的困难。这就是我们常用的拉线与吊线法。

一、拉线与吊线法

这种方法是采用拉线（ϕ0.5mm 钢丝或尼龙线，通过拉线架和线坠拉成的直线）、吊线（尼龙线，用 30°锥体坠吊直）、线坠、90°角尺和钢直尺互相配合，通过投影来引线的方法。它的原理如图 1-3 所示。若在平台面上设一基准直线 O-O，将两个角尺上的测量面对准 O-O，用钢直尺在两个 90°角尺上量取同一高度 H，再用拉线或直尺连接两点，即可得到平行线 O_1-O_1。如要得到距离 O_1-O_1 线为 h 的平行线 O_2-O_2，可在相应位置设一拉线，移动拉线，用钢直尺在两个90°角尺的

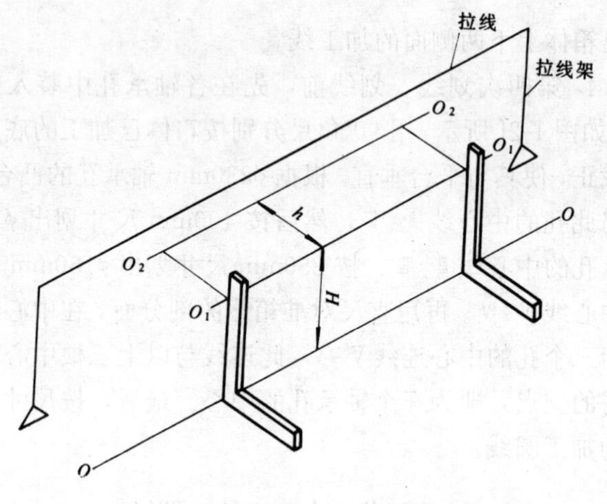

图 1-3 拉线与吊线法原理

H 点至拉线量准 h，并使拉线与平台面平行，即可获得平行线 O_2-O_2。倘使尺寸 H 较高，则可用线坠代替 90°角尺。

二、大型轧钢机机架的划线实例

图 1-4 所示的轧钢机机架，其外形尺寸为 9250mm×4500mm×1800mm，重达 130t。为了克服大件划线过程中的翻转、校正困难，我们采用拉线与吊线法，再配合一般的划线操作，使工件只经过一次校正，即可完成全部划线任务，其具体划线过程如下：

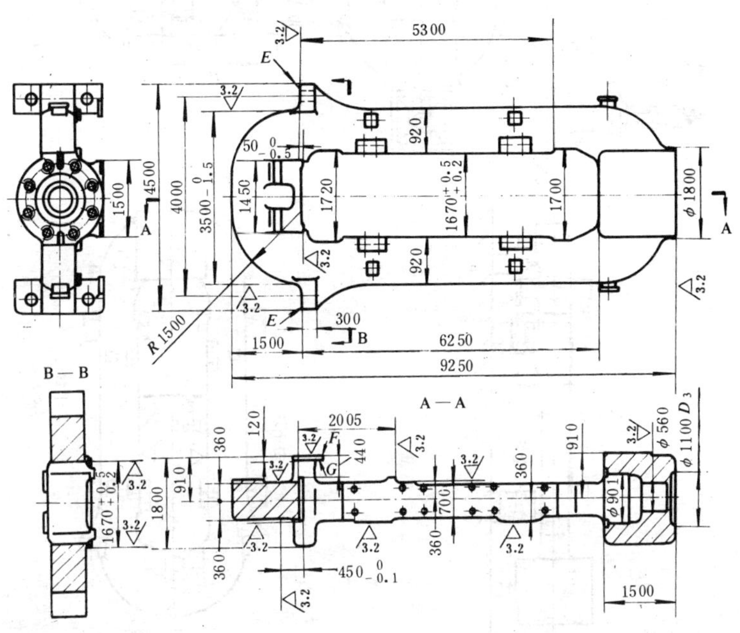

图 1-4　大型轧钢机机架

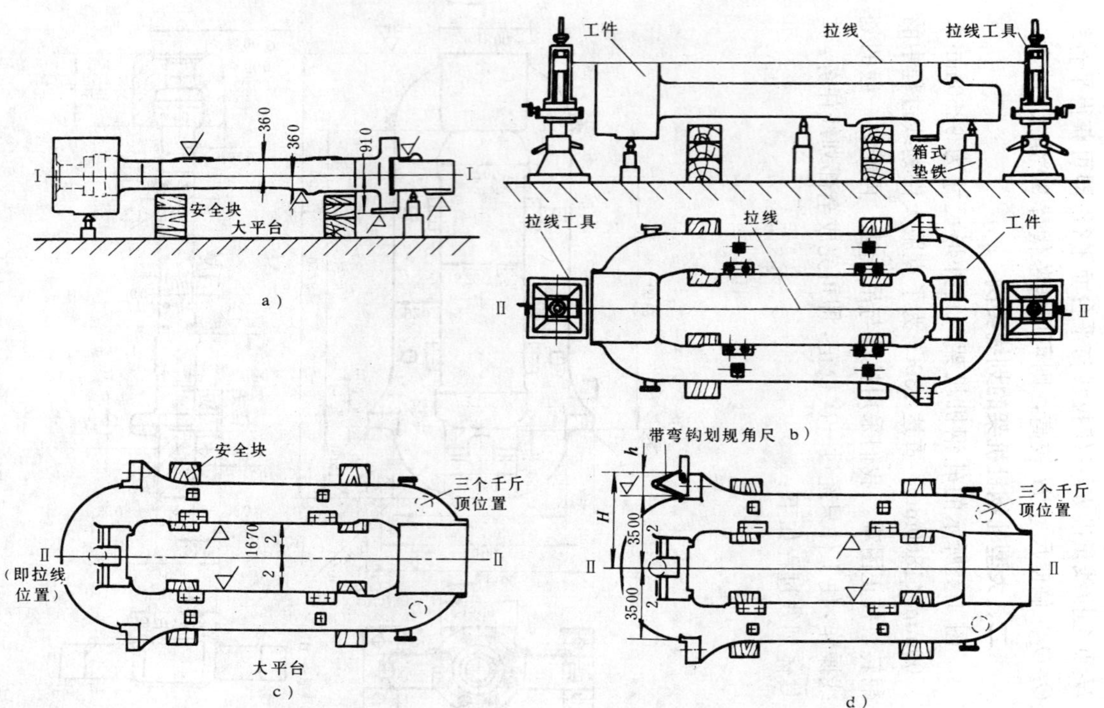
I
360
360
910
I
安全块
大平台
a）
工件
拉线
拉线工具
箱式
垫铁
拉线工具
拉线
工件
II
II
带弯钩划规角尺 b）
安全块
三个千斤
顶位置
1670
2
2
II
II
（即拉线
位置）
大平台
c）
h
H
3500
2
3500
2
II
II
三个千斤
顶位置
d）

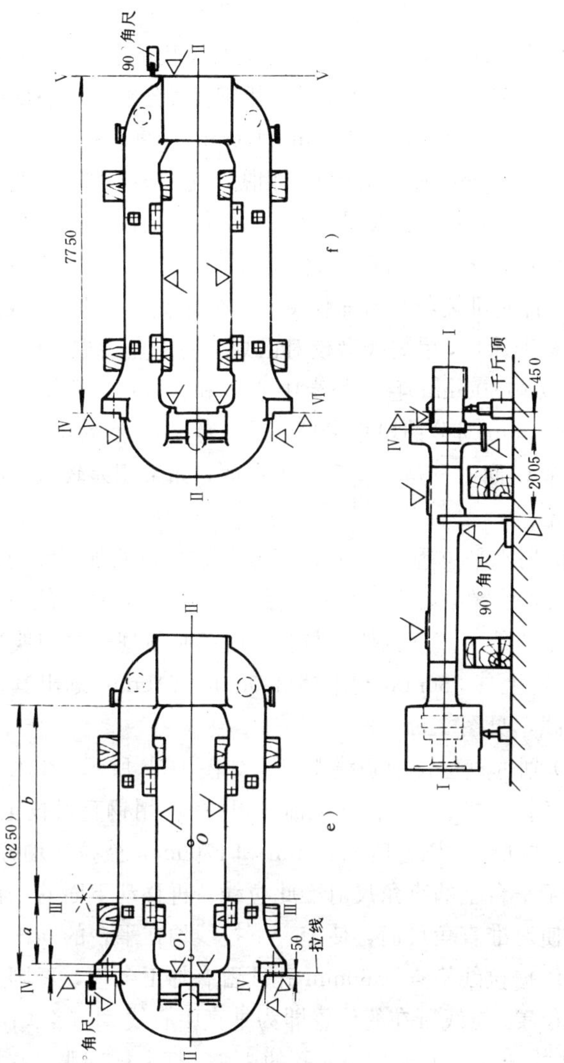

图 1-5　大型轧钢机机架划线

（1）划校正大件位置的线段时，先在 ϕ560mm 毛坯孔内装好中心垫块，然后依据 ϕ1800mm 凸台外缘找正定出中心点，并检查 ϕ560mm 孔是否有加工余量；用钢直尺分别从两个 G 面量至大件毛坯中心 790mm（910mm－120mm＝790mm）；各划出一条线段；在 700mm 厚的毛坯上，相隔一定距离，划出它的对分线段。这三方面的点、线即为校正大件位置的依据。

（2）校正大件位置时，将机架置于大平台上的三个千斤顶上，而且使机架与平台面保持一定的距离，以便下道划线。接着调整千斤顶，用划线盘校对已划出的中点、线段等高，校正时可以 ϕ1800mm 毛坯外缘中心点和 790mm 线段为主要依据（700mm 对分线段作参照，适当考虑）。然后用 90°角尺检查两个 G 面，看是否垂直于平台面，如果相差较大，应作相应借正。

（3）划水平位置中心线Ⅰ-Ⅰ和与它平行的加工线时，按 ϕ1800 毛坯外缘中心点、790mm 线段、700mm 对分线段，划出水平中心线Ⅰ-Ⅰ（机架外与窗口内都必须划一整圈线）。由Ⅰ-Ⅰ分别上移 360mm 和下移 360mm、910mm 划出其他各面加工线，见图 1-5a。

（4）划垂直位置中心线Ⅱ-Ⅱ，如图 1-5b 所示。在工件上下平面各拉一根线，并移动上面一根拉线，用钢直尺校正，使 3500mm 内侧、毛坯窗口 1720mm 和 1700mm 被拉线均分。然后用置于平台上的直角尺对准此拉线，再移动下面的一根拉线，也使对准直角尺面，使上、下拉线均在平台的同一垂直面上。依据拉线检查 ϕ560mm 孔须留有加工余量，否则应借正拉线位置。拉线所在的位置即为垂直中心线Ⅱ-Ⅱ，Ⅱ-Ⅱ与Ⅰ-Ⅰ线的交点即为 ϕ560mm 孔的中心，打上样冲眼，并将拉线的位置划到平台面上（注意应从拉线的同侧引出）。

（5）划 1670mm 窗口的加工线，以拉线为对分线，用钢直尺在窗口上、下面的左右端量取 $\frac{1670}{2}=835\text{mm}$ 并划出线段，然后用直尺将上、下面左右端的线段连接起来即为窗口加工线（见图 1-5c）。

（6）划 3500mm 的加工线（图 1-5d），在 3500mm 两侧相近位置分别放置一 90°角尺，量取从拉线至 90°角尺测量面的垂直距离 H，然后用一单脚划规量取尺寸 h（$h=H-\frac{3500\text{mm}}{2}$），将弯钩紧贴 90°角尺测量面，在垂直面的机架两边分别划出 3500mm 加工线。

（7）划 E 面和 50mm 的加工线（图 1-5e）。在平台面上所划的拉线位置线Ⅱ-Ⅱ上，任取两点 O、O_1，作与Ⅱ-Ⅱ的垂直线Ⅲ-Ⅲ，从Ⅲ-Ⅲ线量至距 E 面 300mm 的平面和距 E 面 6520mm 的平面，得一定尺寸。在主要保证 E 面经加工后其 300mm 厚度基本准确的条件下，决定从Ⅲ-Ⅲ线至 E 面的加工线尺寸，然后依据这个尺寸，在平台面上作一与Ⅲ-Ⅲ线相距这个尺寸的平行线Ⅳ-Ⅳ，再用 90°角尺对准Ⅳ-Ⅳ线引划至机架两边即为 E 面加工线。

在距 E 面 50mm 处作一拉线，用钢直尺量取拉线至 E 面加工线 50mm，然后依据拉线即可划出 50mm 加工线。

（8）划 50mm 孔端面和 450mm、2005mm 加工线。在平台面上，依据Ⅳ-Ⅳ线分别作距Ⅳ-Ⅳ线为 7750mm（即 9250mm-1500mm＝7750mm）、2005mm、450mm 的平行线，用相同的方法引划到机架上（见图 1-5f、1-5g）。

（9）用划规划出 ϕ560mm、ϕ1100mm 的加工校正线。

（10）待机加工完毕后，依据已加工面，按图样尺寸要求，划出所有的螺孔、螺栓孔，至此该工件的划线全部完成。

第三节　畸形工件的划线

一、畸形工件划线时基准的选择

畸形工件由于形状奇特，如果划线基准选择不当，会使划线工作不能顺利进行。但在一般情况下，还是可以找出其设计时的中心线或主要表面，作为划线时的基准。

二、畸形工件划线时的安放位置

由于畸形工件表面不规则也不平整，故直接支持或安放在平台上一般都不太方便。此时可利用一些辅助工具来解决，例如将带孔的工件穿在心轴上；带圆弧面的工件支持在V形架上；以及把工件支持在角铁、方箱或三爪卡盘等工具上。

三、畸形工件传动机架的划线实例

图1-6为传动机架，其形状比较奇特，其中ϕ40mm孔的中心线与ϕ75mm孔的中心线成45°夹角，而且其交点在空间，不在工件本体上。因此，划线时要采用辅助基准和辅助工具的方法。

其划线方法如下：

(1) 按图1-7a所示，将工件先预紧在角铁上，用划线盘找出A、B、C三个中心点（应在一条直线上），并用角铁检查上、下两个凸台，使其与平台面垂直。然后把工件和角铁一起转90°，使角铁的大平面与平台面平行。以ϕ150mm凸台下的不加工平面为依据，用划线盘找正，使其与平台面平行，如不平行，可用楔铁垫在ϕ225mm凸台与角铁大平面之间进行调整。经过以上找正后将工件与角铁紧固。

(2) 图1-7a所示为第一划线位置。经A、B、C三点划出中心线Ⅰ-Ⅰ（基准），然后按尺寸$a+\frac{364\text{mm}}{2}\cos30°$和$a-\frac{364\text{mm}}{2}\cos30°$分别划出上、下两$\phi$35mm孔的中心线。

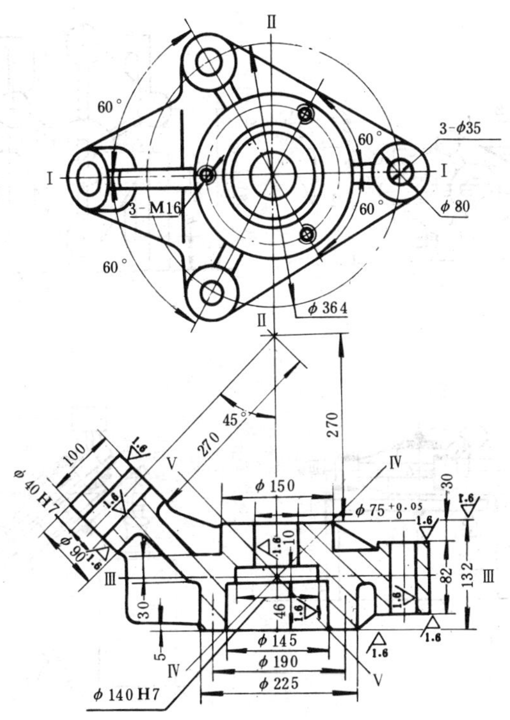

图 1-6　传动机架

(3) 图 1-7b 所示为第二划线位置。根据各凸台外圆找正后划出 ϕ75mm 孔的中心线 Ⅱ-Ⅱ（基准），再按尺寸 $b+\frac{364\text{mm}}{2}\sin30°$和 $b-\frac{364\text{mm}}{2}$分别划出上下共三个 ϕ35mm 孔的中心线。

(4) 图1-7c所示为第三划线位置。根据工件中部厚度30mm和各凸台两端的加工余量找正后划出中心线 Ⅲ-Ⅲ（基准），再按尺寸 $c+\frac{132\text{mm}}{2}$和 $c-\frac{132\text{mm}}{2}$，分别划出中部 ϕ150mm 凸

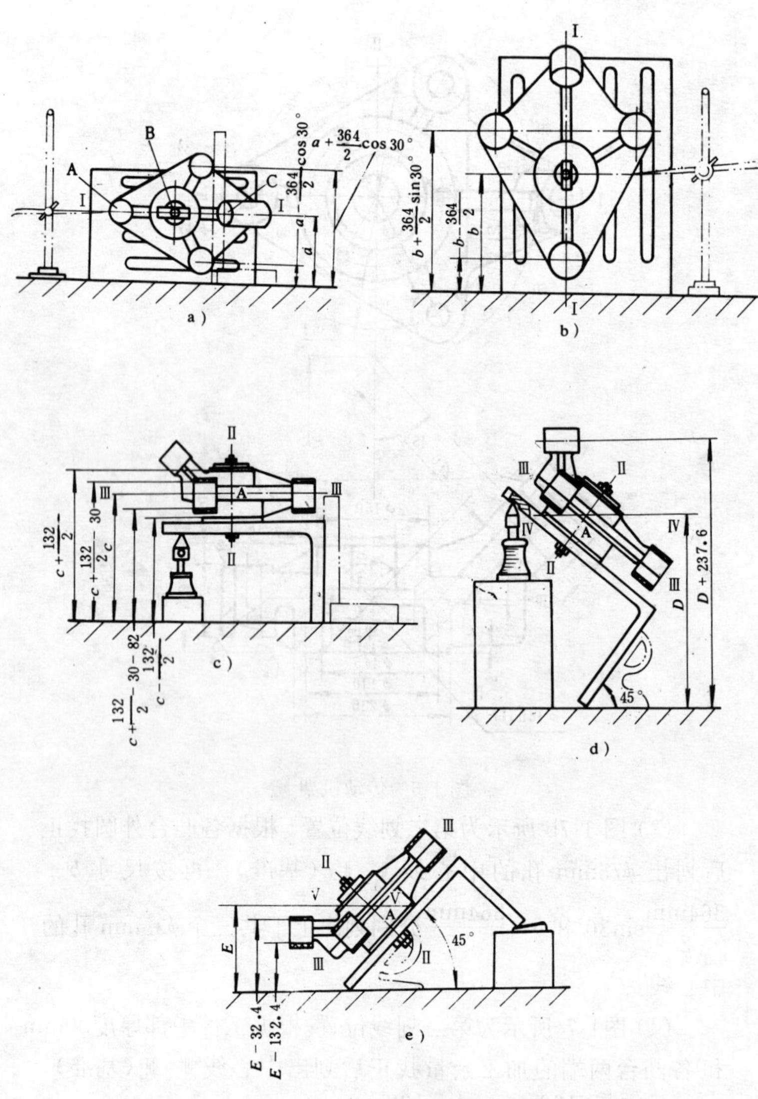
A
B
C
I
$a+\frac{364}{2}\cos 30°$
$a-\frac{364}{2}\cos 30°$
a
a)
I
$b+\frac{364}{2}\sin 30°$
$b-\frac{364}{2}$
b
b)
Ⅱ
Ⅲ
A
$c+\frac{132}{2}$
$c+\frac{132}{2}-30$
c
$c+\frac{132}{2}-30-82$
$c-\frac{132}{2}$
c)
Ⅱ
Ⅲ
Ⅳ
A
$D+237.6$
D
45°
d)
Ⅲ
Ⅱ
Ⅴ
A
E
45°
$E-32.4$
$E-132.4$
e)

图 1-7　传动机架的划线

台的两端面加工线；按尺寸 $c+\frac{132mm}{2}-30mm$ 和 $c+\frac{132mm}{2}-30mm-82mm$ 分别划出三个 ϕ80mm 凸台的两端面加工线。基准Ⅱ-Ⅱ与Ⅲ-Ⅲ相交得交点 A。

（5）将角铁斜放，用角度规或万能角尺测量，使角铁与平台面成 45°倾角，图 1-7d 所示即为第四划线位置。通过交点 A 划出辅助基准Ⅳ-Ⅳ，再按尺寸 $\left(270mm+\frac{132mm}{2}\right)\sin45°=237.6mm$ 划出 ϕ40mm 孔的中心线，此中心线与已划的Ⅰ-Ⅰ中心线相交的点，即为 ϕ40mm 孔的圆心。

（6）将角铁向另一方向成 45°斜放，如图 1-7e 所示，即为第五划线位置。通过交点 A，划出第二辅助基准线Ⅴ-Ⅴ，再按尺寸 $E-\left[270mm-\left(270mm+\frac{132mm}{2}\right)\sin45°\right]=E-32.4mm$ 划出 ϕ40mm 孔上端面的加工线；按尺寸 $E-\left[270mm-\left(270mm+\frac{132mm}{2}\right)\sin45°\right]-100mm=E-132.4mm$ 划出 ϕ40mm 孔下端面的加工线。

（7）从角铁上卸下工件，在 ϕ75mm 孔和 ϕ145mm 孔内装入中心塞块，用直尺将已划的中心线连接后，便可在中心塞块上得到相交的圆心。用圆规划出各孔的圆周加工线。

第四节　回转体和多面体的展开

钳工在制作某些板料制件时，先要按图样在板料上画成展开图形，即划放样图，然后才能进行落料和弯曲成形，以下介绍几种基本几何体的展开画法。

一、圆柱展开法

按圆柱直径求出的圆周长 L（$L=\pi D$）和已知圆柱高度 h，画出圆柱的展开图形是一矩形。矩形的两邻边长为 L 与 h。

二、正圆锥展开法

常用的方法有二种：

（1）先求出角度 α（$\alpha=180^{\circ}\frac{D}{R}$），再以 O 为圆心，R 为半径划圆弧，在圆弧里取出 α 角部分即为展开图（图 1-8a）。

（2）先将俯视图的半圆分成若干等分，在以 O 为中心 R 为半径所划的圆弧上，用圆规把俯视图上等分的弦长，依次截取等分数量即为展开图（图 1-8b）。

三、圆锥台展开法

如图 1-9 所示，实际上是平截正圆锥的一部分，除增加一条圆弧外，与正圆锥展开法相同。增加的圆弧半径 r 可用延长两侧线相交出锥顶的方法求得。也可用计算法：

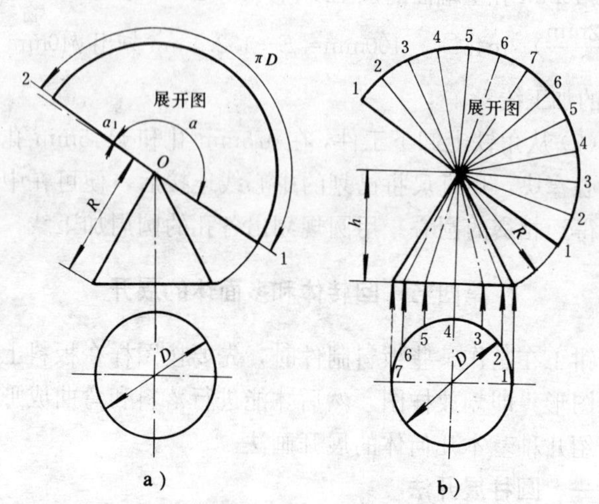

图 1-8　正圆锥展开法

$$\text{圆弧半径}\quad r=\frac{Ld}{D-d}$$

四、圆顶方底的展开法

圆顶方底展开图的画法如下：

（1）如图 1-10 所示，按已知尺寸划出主视图与俯视图。

（2）将俯视图圆周 12 等分（最好为 4 的倍数，圆周等分数愈大则愈正确），得 1、2、3……各等分点，并分别与 A、B、C、D 连接。

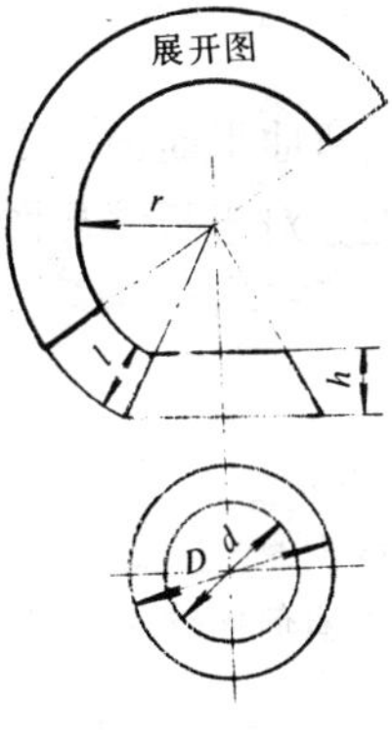

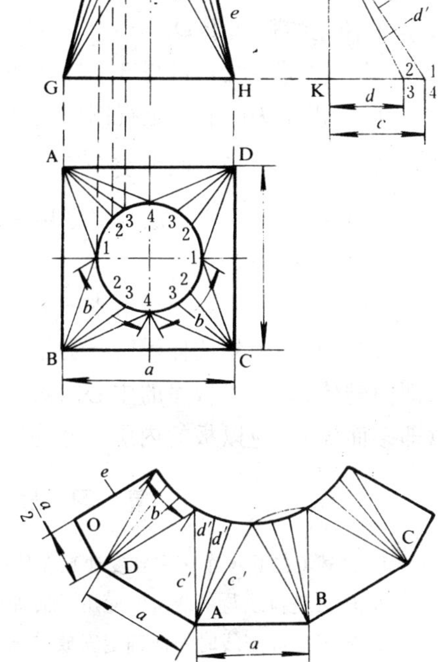

图 1-9 圆锥台展开图

图 1-10 圆顶方底展开图

（3）求展开线实长。在主视图的上下两边的延长线上作垂线 JK，取 K-1（或 K-4）等于 c（c 为俯视图上投影长 C-4)，K-2（或 K-3）等于 d（d 为俯视图上投影长 C-3)。连接 J-1（J-4)、J-2（J-3)，即得实长 c' 、d' 。

（4）取水平线 AB 等于 a（见展开图)，分别以 A、B 为圆心，以 c' 为半径划弧交于 1。以 A 为圆心，以 d' 为半径划弧，与以 1 为圆心，以俯视图中的 1-2 为半径划的弧交于 2。

按同样的方法可得 3、4 点

（5）以 4 为圆心，以 c' 为半径划弧，与以 A 为圆心，以 a 为半径划的弧交于 D。

又以同样方法，可得 3、2、1 各点。

（6）以 1 为圆心，主视图中的 e 为半径划弧，与以 D 为圆心，以$\frac{a}{2}$为半径划的弧交于 O。

（7）按以上同样方法，可划出右边各点 B、4、C、1、O 各点。

（8）连接各点，便得所求的展开图。

按展开原理划放样图时，对于管件或弯曲形断面的工件（即回转体)，应以板厚的中心线尺寸为准。对于折线形图形（即多面体)，应以板的内层尺寸为准。

复 习 题

1. 试述 C6140A 车床主轴变速箱箱体的划线步骤。

2. 什么是拉线与吊线法？应用于何种场合？有何优越性？

3. 畸形工件划线时如何确定安放位置？

4. 已知圆锥台的尺寸：$D=80\text{mm}$，$d=40\text{mm}$，$h=50\text{mm}$，试作比例为 1：1 的展开图。

5. 已知圆顶方底的尺寸：圆顶直径 $d=50\text{mm}$，方底边长为 100mm（正方形)，$h=70\text{mm}$，试作比例为 1：1 的展开图。

第二章　群钻和钻削特殊孔

第一节　群钻的构造特点和性能

一、标准群钻

标准群钻主要用来钻削碳钢和各种合金结构钢。它具有各种群钻的特点，同时，又是其他群钻变革的基础。应用也最为广泛。

标准群钻的构造特点如下：

（1）群钻上磨有月牙槽，形成凹圆弧刃。并把主切削刃分成三段：外刃——AB 段；圆弧刃——BC 段；内刃——CD 段（表 2-1 图）。

（2）修磨横刃，使横刃缩短为原来的$\frac{1}{5}\sim\frac{1}{7}$。同时使新形成内刃上的前角也大大增加。

（3）磨有单边分屑槽。

由于标准群钻在结构上具有上述特点，故与标准麻花钻相比，其切削性能大大提高。具体有如下几个方面：

（1）磨有月牙槽，形成凹形圆弧刃：

①　磨出圆弧刃后，主切削刃分成三段，能分屑和断屑，减小铁屑所占空间，使排屑流畅。

②　圆弧刃上各点前角比原来增大。减小切削阻力，可提高切削速度。

③　钻尖高度降低，这样可把横刃磨得较为锋利，但不致影响钻尖强度。

表 2-1　标准群钻切削部分形状和几何参数

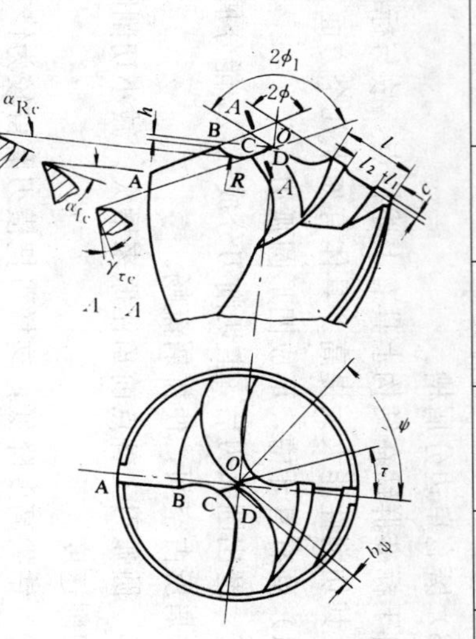

钻头直径 d /mm	尖高 h /mm	圆弧半径 R /mm	外刃长 l /mm	槽距 l_1 /mm	槽宽 l_2 /mm	横刃长 b_ψ /mm	槽深 c /mm	槽数 Z/条	外刃锋角 2ϕ /(°)	内刃锋角 $2\phi_1$ /(°)	横刃斜角 ψ /(°)	内刃前角 $\gamma_{\tau c}$ /(°)	内刃斜角 τ /(°)	外刃后角 α_{fc} /(°)	圆弧后角 α_{Rc} /(°)
>15～20	0.55	1.5	5.5	1.4	2.7	0.45									
>20～25	0.7	2	7	1.8	3.4	0.6									
>25～30	0.85	2.5	8.5	2.2	4.2	0.75	1	1	125	130	65	−10	25	12	15
>30～35	1	3	10	2.5	5	0.9									
>35～40	1.15	3.5	11.5	2.9	5.8	1.05									

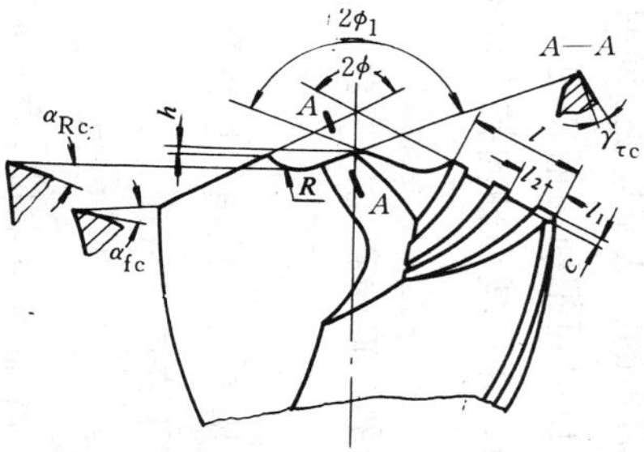 >40～45	1.3	4	13	2.2	3.25	1.15	1.5	2	125	135	65	—15	30	10	12
>45～50	1.45	4.5	14.5	2.5	3.6	1.3									
>50～60	1.65	5	17	2.9	4.25	1.45									
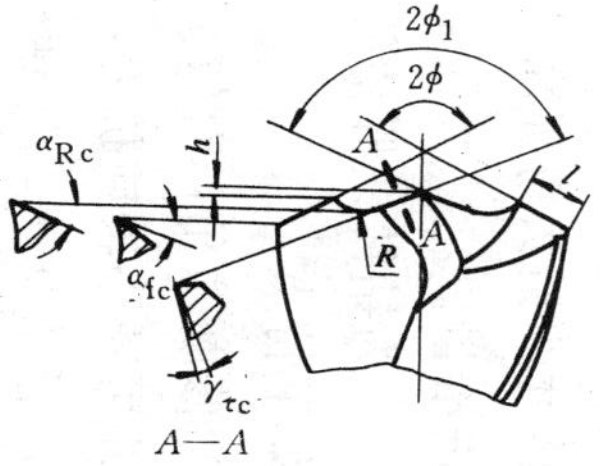 5～7	0.2	0.75	1.3	—	—	0.2	—	—					20	15	18
>7～10	0.28	1	1.9	—	—	0.3									
>10～15	0.36	1.5	2.7	—	—	0.4									

注：参数按直径范围的中间值来定，允许偏差为±。

④ 在钻孔过程中，圆弧刃在孔底切削出一道圆环筋。它与钻头棱边共同起着稳定钻头方向的作用，进一步限制了钻头的摆动，加强了定心作用。有利于提高进给量和孔的表面质量。

（2）修磨横刃后，内刃前角增大：

① 钻孔时轴向阻力减小，使机床负荷减小，钻头和工件产生的热变形小，提高了孔的质量和钻头寿命。

② 内刃前角增大，切削省力，可加大切削速度。

磨有单边分屑槽：

磨出单边分屑槽后，使宽的切属变窄，减小容屑空间，排屑流畅，而且容易加注切削液，降低了切削热，减小工件变形，提高了钻头的寿命和孔的表面质量。

标准群钻的结构形状和几何参数见表 2-1。

二、其他形式的群钻

1. 钻铸铁群钻　因铸铁的性质较脆，切屑成碎块并夹杂着粉末，挤轧在钻头的后刀面、棱边与工件孔之间，产生剧烈的摩擦。所以在钻头的后刀面，尤其在刀尖处磨损极为严重。此时可采用修磨顶角和加大后角的方法来解决。同时，由于铸铁强度较低切削抗力较小，所以可把横刃磨得更短。经过这样修磨的钻头可提高其寿命，并可减小轴向抗力而有利于加大进给量。

表 2-2 为钻铸铁群钻的切削部分形状和几何参数。这种群钻有如下特点：

（1）修磨顶角，对较大钻头磨有三重顶角，以提高钻头寿命，并可减小轴向抗力，有利于提高进给量。

（2）后角加大，比钻钢料时大 3°～5°，以减少钻头后刀面与工件的摩擦。同时，为了增加容屑空间，磨出45°的

表 2-2　钻铸铁群钻切削部分形状和几何参数

钻头直径 d /mm	尖高 h /mm	圆弧半径 R /mm	横刃长 $b\psi$ /mm	总外刃长 l /mm	分外刃长 l_1、l_2 /mm	外刃锋角 2ϕ /(°)	第二锋角 $2\phi_1$ /(°)	内刃锋角 $2\phi_\tau$ /(°)	横刃斜角 ψ /(°)	内刃前角 $\gamma_{\tau c}$ /(°)	内刃斜角 τ /(°)	外刃后角 α_{fc} /(°)	圆弧后角 α_{Rc} /(°)
5～7		0.11	0.75	0.15	1.9								
>7～10		0.15	1.25	0.2	2.6							20	18	20
>10～15		0.2	1.75	0.3	4								
>15～20		0.3	2.25	0.4	5.5								
>20～25		0.4	2.75	0.48	7								
>25～30		0.5	3.5	0.55	3.5	$l_1=l_2$	120	70	135	65	−10		
>30～35		0.6	4	0.65	10							25	15	18
>35～40		0.7	4.5	0.75	11.5								
>40～45		0.8	5	0.85	13								
>45～50		0.9	6	0.95	14.5							30	13	15
>50～60		1	7	1.1	17								

注：参数按直径范围的中间值来定，允许偏差为±。

第二重后角。

(3) 修磨横刃，与标准群钻相比，其横刃更短，横刃处的内刃更锋利，高度 h 更小。

2. 钻薄板群钻　用标准麻花钻头钻薄板工件时，由于钻心先钻穿工件后立即失去定心作用和突然使轴向阻力减小，加上工件的弹动，使钻出的孔不圆，出口处的毛边很大，而且常因突然切入过多而产生扎刀或钻头折断事故。

表 2-3 为钻薄板群钻切削部分形状和几何参数。

钻薄板群钻又称三尖钻。两切削刃外缘磨成锋利的刀尖，而且与钻心尖在高度上仅相差 0.5～1.5mm。钻孔时钻心尚未钻穿，两切削刃的外刃尖已在工件上划出圆环槽。这不仅起到良好的定心作用，同时对钻孔的圆整和光滑都具有较好的效果。

3. 钻黄铜或青铜的群钻　黄铜和青铜的强度和硬度较低，组织也较疏松，切削阻力小。若采用较锋利的刃口（γ_0 与 α_0 较大），则很容易产生扎刀现象。轻者使孔的出口处损坏，或使钻头的切削刃崩掉；重者将使钻头扭断，甚至把工件从机虎钳中拉出而发生事故。

钻头的扎刀现象是由工件材料对钻头产生较大的向下拉力而造成的。此时不仅不需要操作者施加进给压力，相反，钻头将拉着钻床主轴而自动切入工件。图2-1为钻削时的受力示意图，F_p为工件材料作用于钻头前面上的正压力，F为切屑与钻头前面的摩擦力，F_r为P与F的合力。由图可知，当钻削黄铜或青铜材料时，摩擦阻力F较小，此时若γ_0愈大，则合力F_r将愈向下倾斜，其分力F_c也就愈大，而分力F_c就是拉钻头向下的力。由于钻削黄铜或青铜材料时，钻头后刀面所受的阻力（图中未画出）也较小。因此钻头就容易

表 2-3　钻薄板群钻切削部分形状和几何参数

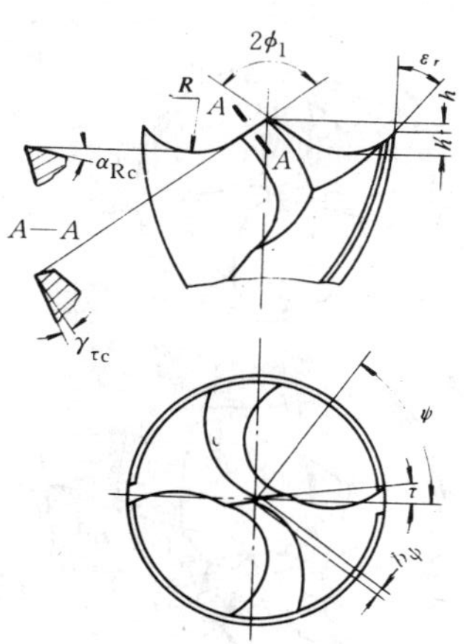

钻头直径 d /mm	横刃长 b_ψ /mm	尖高 h /mm	圆弧半径 R /mm	圆弧深度 h' /mm	内刃锋角 $2\phi_1$ /(°)	刀尖角 ε_r /(°)	内刃前角 $\gamma_{\tau c}$ /(°)	圆弧后角 α_{Rc} /(°)
5～7	0.15	0.5	用单圆弧连接	>(δ+1)	110	40	−10	15
>7～10	0.2							
>10～15	0.3							
>15～20	0.4	1	用双圆弧连接					12
>20～25	0.48							
>25～30	0.55							
>30～35	0.65	1.5						
>35～40	0.75							

注：1. δ 是指材料厚；

2. 参数按直径范围的中间值来定，允许偏差为±。

表 2-4 钻黄铜群钻切削部分形状和几何参数

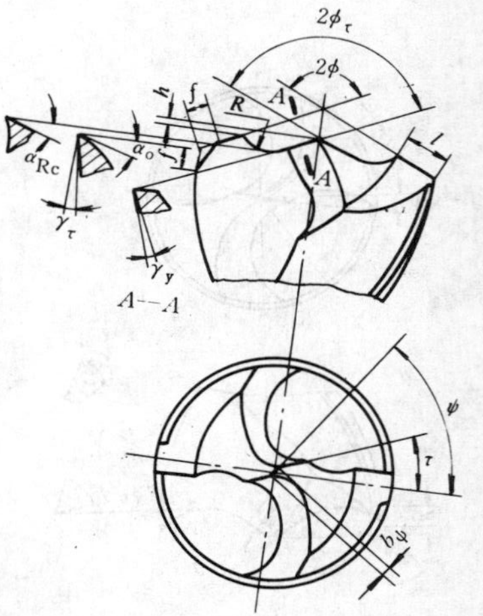

钻头直径 d /mm	尖高 h /mm	圆弧半径 R /mm	横刃长 b_ψ /mm	外刃长 l /mm	修磨长度 f /mm	外刃锋角 2ϕ /(°)	内刃锋角 $2\phi_\tau$ /(°)	横刃斜角 ψ /(°)	外刃纵向前角 γ_y /(°)	内刃前角 γ_τ /(°)	内刃斜角 τ /(°)	外刃后角 α_{fc} /(°)	圆弧后角 α_{Rc} /(°)
5～7	0.2	0.75	0.15	1.3									
>7～10	0.3	1	0.2	1.9	1.5						20	15	18
>10～15	0,4	1.5	0.3	2.6									
>15～20	0.55	2	0.4	3.8		125	135	65	8	—10			
>20～25	0.7	2.5	0.48	4.9									
>25～30	0.85	3	0.55	6	3						25	12	15
>30～35	1	3.5	0.65	7.1									
>35～40	1.15	4	0.75	8.2									

注：1. 参数按直径范围的中间值来定，允许偏差为±；
2. γ_g 指外缘点纵向修磨前角，便于观察控制。

向下切入了。根据以上分析，要避免扎刀现象，就要设法把钻头外缘处的较大前角磨小，此时切削刃的锋利程度稍差，而分力 F_c 可以减小了。

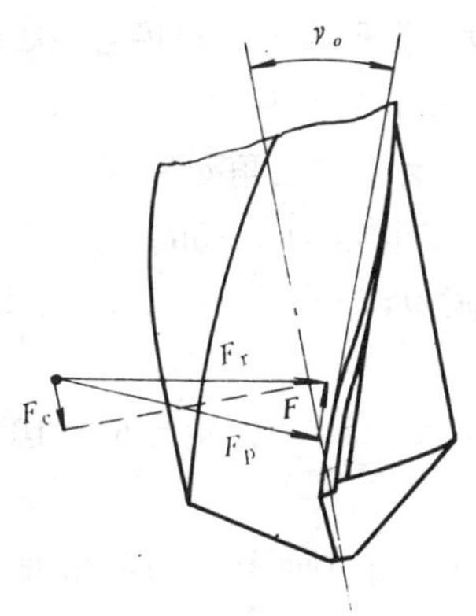

图 2-1　钻头受力示意图

为了进一步提高生产效率，钻头的横刃可磨得更短。

在主切削刃与副切削刃的交角处，磨出 $r=0.5\sim1$mm 的过渡圆弧，还可改善孔壁的表面粗糙度。

表 2-4 为钻黄铜群钻切削部分形状和几何参数。

第二节　各种特殊孔的钻削方法

在机械加工中，经常需要钻削一些特殊类型的孔。加工这些孔时，由于钻孔部位、长径比及质量等要求的不同，采取的技术措施、加工工艺也要随着改变。下面介绍精密孔、小孔、深孔、斜孔、相交孔等钻削方法。

一、钻精密孔

钻精密孔是一种精加工孔的方法。钻孔公差等级可达

IT8～IT7 级，表面粗糙度值可达 R_a3.2～1.6μm。

钻精密孔时必须采取下列措施：

1. 改进钻头的几何角度

（1）磨出第二锋角（$2\phi_{r1}$），一般 $2\phi_1 \leqslant 75°$，新切削刃长度为 3～4mm，为了改善孔壁表面粗糙度，刀尖处还必须用油石研磨出 R0.2～R0.5mm 的小圆角。

（2）磨窄刃带或磨出副后角 $\alpha'_o=6°\sim8°$，并保留棱边宽 0.10～0.20mm，修磨长度为 4～5mm，以减小摩擦。

（3）磨出负刃倾角，一般 $\lambda_o=-10°\sim-15°$，使切屑流向未加工面。

（4）后角不宜过大，一般 $\alpha_o=6°\sim10°$，以免产生振动。

（5）切削刃附近的前刀面和后刀面用油石研磨光。

2. 须具备的切削条件

（1）加工余量留 0.5～1mm 左右；预加工孔表面粗糙度为 R_a6.3。

（2）切削速度：钻铸铁时 v=20m/min 左右，钻钢时 v=10m/min 左右。

（3）尽量采用机动进给，f=0.10mm/r 左右。

（4）切削液选用铰孔用润滑性较好的切削液。

3. 其他要求

（1）选用精度较高的钻床。如果主轴径向圆跳动量较大时，可采用浮动夹头。

（2）使用较新的或尺寸精度接近公差要求的钻头。

（3）钻头两切削刃应尽量修磨对称，两刃轴向摆动差应控制在 0.05mm 范围内。

（4）钻削过程中要有充足的切削液。

二、钻小孔

小孔是指直径在 3mm 以下的孔。钻小孔的钻头直径小，强度低，螺旋槽又比较窄，不易排屑，故钻头容易折断。钻孔时，转速高，产生的切削温度高，又不易散热，加剧了钻头的磨损。在钻削过程中，一般手动进给不易掌握均匀，孔表面质量不易控制，钻头刚性差，钻头碰到硬点会滑离原定位置，致使钻孔容易发生倾斜。为此钻小孔时必须掌握以下几点：

（1）选用精度较高的钻床，采用相应的小型钻夹头。

（2）开始进给时，进给力要小，防止钻头弯曲和滑移，以保证钻孔的正确位置。进给时要注意用力大小和感觉，以防钻头折断。

（3）钻削过程中，需及时提起钻头进行排屑，并借此使孔中输入切削液和使钻头在空气中得到冷却。

（4）钻小孔的转速：

在一般精度不甚高的钻床上钻小孔：

钻头直径$D=2\sim3$mm　　$n=1500\sim2000$r/min

$D\leqslant1$mm　　$n=2000\sim3000$r/min

在精度很高的钻床上钻小孔时，对上述直径的钻头 n 均可选 3000～10000r/min 以上。

（5）钻孔时应有充足的切削液，其成分按加工材料选用。如转速很高，实际加工时间又很短，钻头在空气中冷却得很快，可以不用切削液。

三、钻斜孔

斜孔有三种情况：在斜面上钻孔、在平面上钻斜孔和在曲面上钻孔。它们有一共同特点，即孔中心线与孔端面不垂直。

用一般方法钻斜孔时，钻头刚接触工件先是单面受力，作用在钻头切削刃上的径向分力会使钻头偏斜、滑移，使钻孔中心容易偏位，钻出的孔很难保证正直。如钻头刚度不足时会造成钻头因偏斜而钻不进工件，使钻头崩刃或折断。

为此，可采用以下几种方法：

(1)先用与孔径相等的立铣刀在斜面上铣出一个平面，然后再钻孔。

(2) 用錾子在斜面上錾出一个小平面后，然后用中心钻钻出一个较大的锥坑或用小钻头钻出一个浅孔，再用所需孔径的钻头钻孔。

四、钻深孔

深孔，通常是指孔的深度为孔径的10倍以上。深孔加工较一般孔为困难，不论是用接长钻还是深孔钻钻深孔，均存在以下几个方面的问题。

(1) 由于钻头较长（长径比大），使钻头的刚度减弱，容易弯曲或折断。

(2) 由于孔比较深，故给排屑带来困难，切屑堵住或排屑不畅，不但容易使钻头折断，而且还会擦伤孔壁，降低孔壁表面质量。

(3) 冷却困难，切削液不易注入到切削刃上，造成钻头磨损加快，甚至退火烧坏钻头。

(4) 导向性能差，使孔容易偏斜。

(5) 切削用量不能选得过高。

为此，在钻深孔时要掌握以下几点：

(1) 钻头的接长部分要有很好的刚度和导向性，接长杆必须经调质处理，接长杆的四周须镶上铜制的导向条。

(2) 钻深孔前先用普通钻头钻至一定深度后，再用接长钻继续钻孔，这样孔容易钻准，不易产生歪斜现象。

(3)用接长钻钻深孔时，钻进至一定深度后须及时退出排屑，以防堵塞。

（4）用深孔钻钻深孔时，不论内排屑还是外排屑，都必须保持排屑畅通，即通入一定压力的切削液。

（5）钻头前面或后面须磨出分屑与断屑槽，使铁屑呈碎块状，容易排屑。

（6）切削速度不能太高。

五、钻多孔

有些工件，在同一加工面上有较多轴线互相平行的孔，有的孔距也有一定的要求。这种孔可在钻床上用钻、扩、镗或钻、扩、铰的方法进行加工，适宜深度不大的孔。加工时应掌握以下几点：

（1）钻孔前做好基准，划线要划得非常准确，划线误差不超过 0.10mm。直径较大的孔须划出扩孔前的孔圆周线。

（2）用 0.5 倍孔径的钻头按划线钻孔。

（3）先对基准（可以是待加工的孔，也可以是已加工好的孔），然后边扩、镗，边测量，直至符合要求为止。

对于孔径和中心距精度要求较高的孔，可在精度较高的钻床上，采用镗铰的方法进行加工，具体方法如下：

（1）划线。

（2）分别在工件各孔的中心位置上钻、攻小螺纹孔（例 M5 或 M6）。

（3）制作与孔数相同的、外径磨至同一尺寸的若干个带孔（孔径为 6mm 或 7mm）的校正圆柱。

（4）把若干个圆柱用螺钉装于工件各孔中心位置，并用量具校正各圆柱的中心距尺寸与图样要求的各孔中心距一致，然后紧固各校正好的圆柱。

（5）工件加工前，在钻床主轴装上杠杆百分表并校正其中任意一个圆柱，使之与钻床主轴同轴，然后固定工件与机床主轴的相对位置并拆去该圆柱。

（6）在拆去校正圆柱的工件位置上钻、扩、镗孔并留铰削余量，最后铰削符合图样要求。

（7）照上述方法依次逐个加工其他各孔至符合图样要求。

六、钻相交孔

某些阀体在互成角度的各个面上都有一些大小相等或不等的孔，有正交、斜交的，也有偏交或交叉的孔。这些孔进行加工时，须保证它们的孔径和交角的正确性。故在加工时须掌握如下几点：

（1）对基准、精确划线。

（2）按划线时采用的基准钻孔，先钻直径较大的孔，再钻直径较小的孔。

（3）分 2～3 次钻、扩孔。

（4）孔与孔即将钻穿时须减小进给量，或采用手动进给，避免钻头折断或造成孔歪斜。

复习题

1. 标准群钻的结构特点有哪些？起何作用？
2. 钻铸铁群钻的结构特点有哪些？起何作用？
3. 钻黄铜群钻的结构特点有哪些？起何作用？
4. 钻薄板群钻的结构特点有哪些？起何作用？
5. 为什么不能用一般方法钻斜孔？可采用哪些方法？
6. 钻精密孔须掌握哪些方面？
7. 钻小孔时须掌握哪些要点？
8. 试述钻深孔时须掌握的要点。
9. 如何用镗铰的方法来加工精度较高的多孔工件？

第三章　旋转件的平衡

第一节　平衡的概念

机器中旋转的零件或部件是很多的，如带轮、叶轮以及各种转子等。它们往往由于材料密度不匀、本身形状不对称、加工或装配产生误差等各种原因，在其径向各截面上或多或少地存在一些不平衡量。此不平衡量由于与旋转中心之间有一定距离，因此当旋转件转动时，不平衡量便要产生离心力，其离心力大小与不平衡量、不平衡量与旋转中心之间的径向距离，以及转速的平方成正比，即

$$F=mr\left(\frac{2\pi n}{60}\right)^2$$

式中　F——离心力（N）；

m——不平衡量（kg）；

r——不平衡量与旋转中心之间的径向距离（m）；

n——转速（r/min）。

例如，有一直径为 400mm 的叶轮，在离旋转中心 0.18m 的径向位置有 0.04kg 的不平衡量，如果以 3000r/min 的转速旋转，则将产生的离心力为：

$$F=mr\left(\frac{2\pi n}{60}\right)^2=0.04\text{kg}\times0.18\ \text{m}\left(\frac{\pi\times3000\text{r/min}}{30}\right)^2=711\text{N}$$

旋转件因不平衡而产生的离心力，其方向随着物体的旋转而不断周期性地改变，因而，旋转件的旋转中心位置也要不断发生变化，这就是旋转件产生振动的最基本原因。

因此，为了保证机器的运转质量，凡转速较高或直径较大的旋转件，即使其几何形状完全对称，也最好在装配前进行平衡，并达到要求的平衡精度。

旋转件不平衡的种类可归纳为以下两种：

一、静不平衡

旋转件上有不平衡量，这不平衡量所产生的离心力，或几个不平衡量所产生的离心力合力，通过旋转件的重心，它不会使旋转件旋转时产生轴线倾斜的力矩，这种不平衡称为静不平衡。

静不平衡的旋转件在自然静止时，其不平衡量在重力作用下会处于铅垂线下方。在旋转时，其不平衡离心力使旋转件产生垂直于旋转轴线方向的振动。

二、动不平衡

旋转件上的各不平衡量所产生的离心力，如果形成力偶，则旋转件在旋转时不仅会产生垂直于旋转轴线方向的振动，而且还要使旋转轴线产生倾斜的振动，这种不平衡称为动不平衡。动不平衡的旋转件一般都同时存在静不平衡。

旋转件上不平衡量的分布是复杂和无规律的，但它们最终产生的影响，总是属于静不平衡或动不平衡这两种。

第二节　静　平　衡

旋转件的静不平衡可以用静平衡的方法来解决。静平衡只能平衡旋转件重心的不平衡，而不能消除不平衡力偶。因此，静平衡一般仅适用于长径比比较小（如盘状旋转件）或长径比虽比较大而转速不高的旋转件。

静平衡方法的实质在于确定旋转件上不平衡量的大小和位置。

静平衡可以在棱形、圆柱形或滚轮等平衡支架上进行。

静平衡的一般方法如下：

将待平衡的旋转件,装上专用心轴后放在平衡支架上,见图 3-1。用手推动一下旋转件使其缓慢转动,待自然静止后在它的正下方作一记号。重复转动若干次，若每次自然静止后，原来记号的位置保持不变，说明静平衡工艺具有一定的准确性，记号位置就是不平衡量的所在处。然后在记号位置的相对部位，粘上一定重量的橡皮泥，使橡皮泥重量 M 对旋转中心产生的力矩，恰好等于不平衡量 G 对旋转中心产生的力矩，即 $Mr=Gl$，见图 3-1b，此时旋转件便获得了静平衡。去掉橡皮泥，秤出其重量，然后在不平衡位置去除适当的材料(其重量要按力矩平衡的原理算出)，直至旋转件在任意角度都能自然地静止不动，静平衡便告完成。

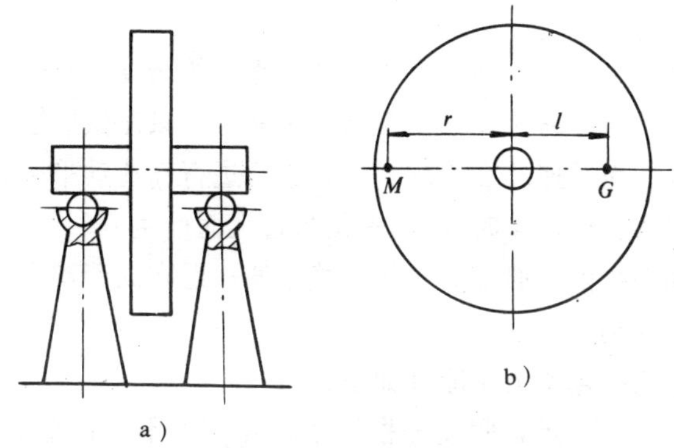

图 3-1　旋转件的静平衡

为了使静平衡工艺准确，旋转件装上心轴后，其转动的灵敏度是很关键的，太低不可能获得较高的静平衡精度。因此对平衡支架和心轴都有较高的要求，平衡支架的支承面(圆柱面或棱形面)必须坚硬(50～60HRC)、光滑(表面

粗糙度值小于 $R_a0.4\mu m$）和具有较好的直线度（不大于 0.005mm）。两个支承面在水平面内必须相互平行（平行度误差不大于 1mm），并严格找正至水平位置（水平度不大于 0.02/1000）。专用心轴本身应具有较好的平衡精度，心轴的直线度和圆柱面的粗糙度都应有较良好的质量。

第三节　动　平　衡

对于长径比比较大的旋转件，动不平衡问题也往往较普遍和突出，所以都要进行动平衡。由于动平衡是在旋转状态下进行的，较小的不平衡量可反映出较大的离心力，因此高速旋转的盘状零件，经过动平衡可获得较高的平衡精度。而如果只进行静平衡，则由于灵敏度受限，微小的剩余不平衡量，在高速旋转时仍会产生较大的离心力而达不到要求的平衡精度。

由此可见，动平衡转速的高低对平衡的精度也有一定影响。所以，有些转速和要求不高的旋转件，只需做低速动平衡就可以。而转速较高的旋转件则必须进行高速动平衡。

为了防止动平衡时，因不平衡量过大而产生剧烈的振动，在低速动平衡前一般都要先经过静平衡；而在高速动平衡前要先做低速动平衡。

动平衡的基本力学原理如下：

如图 3-2 所示，假设一根转子存在两个不平衡量 T_1 和 T_2，当转子旋转时，它们产生的离心力分别为 P 和 Q。P 和 Q 都垂直于转子的轴线，但不在同一轴向平面上。P 处在 B_1 平面上，Q 处在 B_2 平面上。为了平衡这两个力，可在转子上选择两个与轴线垂直的截面Ⅰ和Ⅱ，作为动平衡的两个校正面。将离心力 P 和 Q 分别分解到Ⅰ和Ⅱ两个校正面上，并使它们都符合静力学原理。然后将 P_1 和 Q_1 合成得合力 F_1；将 P_2 和 Q_2 合成得合力 F_2。可见，合力 F_1 和 F_2 与不平衡离心力 P 和 Q 是等效的。如果在 F_1 和 F_2 两力的对面各加上一个相应的平衡重量，使它们产生的离心力分别为 $-F_1$ 和 $-F_2$，那么转子就被动平衡了（在 F_1 和 F_2 方向上去除相应的重量也一样）。

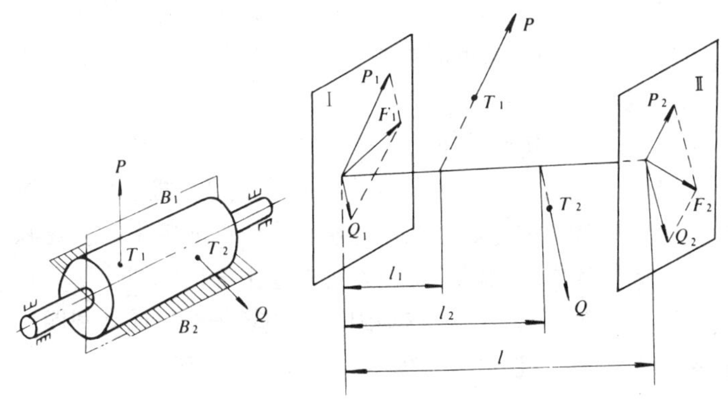

图 3-2　动平衡的力学原理

通过以上分析可知，对于任何不平衡的转子，都可将其不平衡离心力（可多达两个以上）分解到两个任意选定的校正面上。因此，只需在两个校正面上进行平衡校正，就能使不平衡的转子获得动平衡。

低速动平衡的平衡转速较低，通常为 150～500r/min；而高速动平衡的平衡转速则较高，通常要在旋转件的工作转速下进行平衡。

动平衡一般都在动平衡机上进行，旋转件在旋转时，使动平衡机的支承（或轴承座）产生振动，依靠测振仪器测出振动的幅值和相位，再通过一定的计算，使可进行平衡工作。动平衡有时也可在机器的现场进行，直接测定转子或轴承座的振动幅值和相位，按同样的原理可以进行平衡工作。

测定振动的幅值和相位有很多方法，今以闪光测相法为例，说明其原理和动平衡的方法。

图 3-3 所示为闪光测相法的原理图。主要的设备是闪光测振仪 2、传感器 1 和闪光灯 3。

测试前先在转子端面（或外圆）的任意处画一径向白线 4。在动平衡机轴承座侧面有刻度（刻度按转子转向依次标注 0°～360°数值）。

在一定的平衡转速下，转子每转一周便要振动一次，其振动幅值 A 通过传感器并从闪光测振仪上可直接读出。在每次振动的同时，闪光灯也闪光一次，由于闪光频率与转速频率（即振动频率）相同，可以发现转子上的白线“停留”在某一刻度位置不动（需要移动闪光灯在转子端面或外圆四周搜索才能找到）。设白线“停留”位置的角度值为 ϕ，则根据图示关系可以推算出振幅 A 的相位角 α，显然，$\alpha=90°-\phi$。例如，白线位置角 $\phi=12°$，则振幅 A 的相位角 $\alpha=90°-12°=78°$。转子静止后，振幅 A 的相位便可找到，即自白线开始，顺转向 78°处便是。

必须指出，振幅 A 的相位 α 处，并不是不平衡量 G 的所在处，因为惯性效应，振幅的相位总是滞后于不平衡量某一角度 δ。转速越高，滞后角越大。所以，实际工作中不能一次直接确定不平衡量的位置。

动平衡时，只要再做一次试加重试验，就可设法确定不平衡量的实际位置及其大小。

在转子的某一角度 β_0（可以以白线作为“0”度基准）试加一重量为 T_0，在原来的平衡转速下测得新的振动幅值为

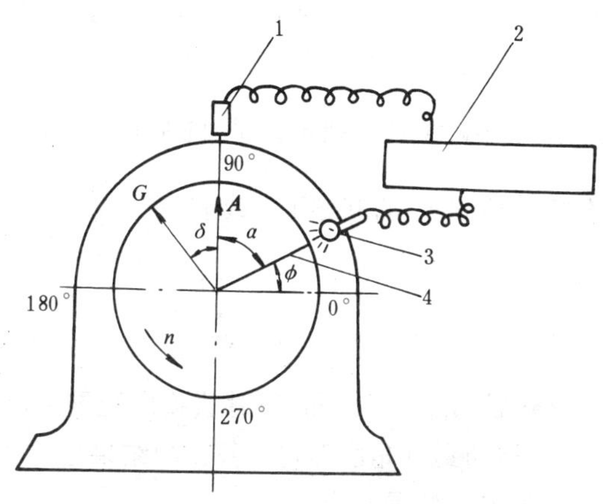

图 3-3 闪光测相法动平衡

1—传感器 2—闪光测振仪 3—闪光灯 4—径向白线

A_0，相位为 α_0，于是根据矢量合成原理可知：$A_0\angle\alpha_0$ 是原始不平衡量 G 和试重 T_0 综合引起的振动，而 $A_1\angle\alpha_1$ 是试重 T_0 本身引起的振动，见图 3-4。

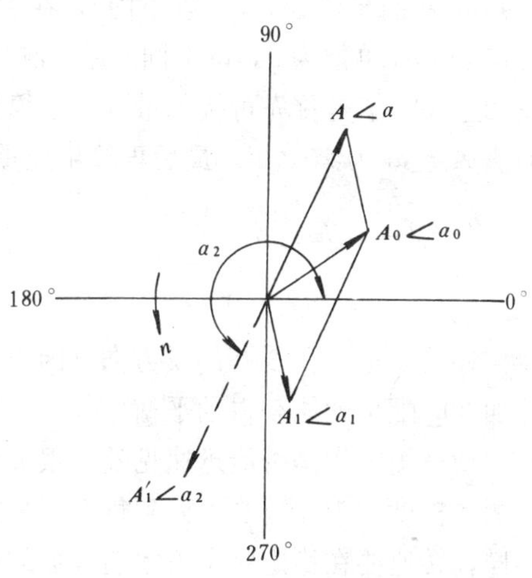

图 3-4 动平衡时的振动矢量运算

对图 3-4 进行分析可知，要获得动平衡，应该设法使 $A_0\angle\alpha_0$ 减小或等于零。而要达到此目的，显然依赖于配重的方法。从图中可看出，如果将试重引起的振动按图示位置转到 α_2 角度，并使其生产的振动幅值 A_1' 与原始振动幅值 A 相等，就达到完全平衡了。

因此，准确的配重 T 应在试重 T_0 的基础上，增加$\dfrac{A}{A_1}$倍；而其相位角应在原来 β_0 的基础上，改变$\dfrac{\angle\alpha}{\angle\alpha_1}$。把以上关系综合起来，可写出动平衡时配重的计算式，即：

$$T\angle\beta=-T_0\angle\beta_0\frac{A\angle\alpha}{A_1\angle\alpha_1}$$

算出 $T\angle\beta$ 后，将原来试重 T_0 移去换成配重 T，并在原来的相位 β_0 处移动到 β 角度即可。算出的结果是负值时，β 角按其数值的反方向位置确定。

必须注意，以上振幅值均为矢量，计算时应以矢量运算法则进行。

例如，动平衡时测得的原始不平衡振动值 $A\angle\alpha$ 为 $20\angle90°$（A 的单位为μm，以下同），在加以试重 $T_0\angle\beta_0$ 为 $30\angle150°$（T_0 单位为 g，以下同）后，测得的振动值 $A_0\angle\alpha_0$ 为 $28.2\angle45°$，于是首先可按矢量合成法算得试重本身引起的振动值 $A_1\angle\alpha_1$ 为 $20\angle0°$。最后再算出配重，即

$$T\angle\beta=-T_0\angle\beta_0\frac{A\angle\alpha}{A_1\angle\alpha_1}=-30\angle150°\frac{20\angle90°}{20\angle0°}$$

$$=-30\angle240°$$

移去试重，在 240°的反方向（因为有“负”号），即 60°处加 30g 配重就能获得动平衡。

动平衡工作是否能迅速见效，很大程度上取决于振动值的测量精度。为此，必须做到每次测量振动时的平衡转速要一样，转速要在稳定状态下才能读数或记录。对于放置较长时间的细长转子，应使其运转一定时间，待变形恢复和振动

值稳定后，方能进行振动值测定。

第四节　平衡精度

转子经过平衡后，总还会存在一些剩余不平衡量。平衡精度就是指转子经平衡后，允许存在不平衡量的大小。

对于一台具体的机器，根据其结构特点和工作条件不同，在保证它安全经济运转的前提下，都规定有一个合理的平衡精度。

平衡精度的表示方法常有以下两种：

一、剩余不平衡力矩 M

$$M=TR=We$$

式中　T——剩余不平衡量（g）；

R——剩余不平衡量所在的半径（mm）；

W——旋转件重量（g）；

e——旋转件重心偏心距（mm）。

用剩余不平衡力矩表示平衡精度时，如果两个旋转件的剩余不平衡力矩相同，而它们的重量不同，显然对于重量大的旋转件引起的振动小，而对于重量小的旋转件引起的振动就要大。所以，一般规定某旋转件的剩余不平衡力矩时，都要考虑其重量的大小。

二、偏心速度 v_e

所谓偏心就是旋转件的重心偏离旋转中心的距离。因此，偏心速度是指旋转件在旋转时的重心振动速度，即

$$v_e=\frac{e\omega}{1000}$$

式中　v_e——偏心速度（mm/s）；

e——偏心距（μm）；

ω——旋转件角速度$\left(\omega=\frac{2\pi n}{60}, 1/s\right)$。

偏心速度的许用值有标准规定,根据平衡精度等级而异。平衡精度等级有 G0.4、G1、G2.5、G6.3、G16、G40、G100、G250、G630、G1600、G4000 共十一种,G0.4 等级为最高,G4000 为最低。机械的旋转精度和使用寿命等要求越高时,规定的平衡精度等级也越高。

例如某旋转件规定的平衡精度等级为 G2.5,则表示平衡后的偏心速度许用值为 2.5mm/s。

又如某旋转件的重量为 1000kg,工作转速为 10000r/min,平衡精度等级规定为 G1,则平衡后允许的偏心距 $e=\frac{1000v_e}{\omega}=\frac{1000\times1\times60}{2\pi\times10000}=0.95\ \mu m$。

根据偏心距 e 还可换算出剩余不平衡力矩 M,即

$$M=TR=We=1000\times0.95=950\ g\cdot mm$$

假定此旋转件上两个动平衡校正面在轴向是与旋转件的重心等距的,则每一校正面上允许的不平衡力矩可取 $\frac{M}{2}=475\ g\cdot mm$,这相当于在半径 475mm 处允许的剩余不平衡量为 1g。

复 习 题

1. 旋转件为什么会产生不平衡?它对机器工作有何影响?

2. 离心力的大小与哪些因素有关?怎样计算不平衡离心力?

3. 什么叫静不平衡?什么叫动不平衡?对机器工作各产生怎样的影响?

4. 试述静平衡的一般方法。

5. 静平衡支架和心轴的质量对静平衡精度有何关系?应符合哪些技术要求?

6. 试述动平衡的基本力学原理。

7. 怎样做好动平衡?

8. 试述闪光测相法动平衡的基本原理。怎样确定和算出动平衡所需的配重?

9. 什么叫平衡精度?什么叫剩余不平衡力矩?

10. 什么叫偏心速度?标准规定有几种精度等级?

11. 某旋转件的平衡精度等级规定为G6.3，其重量为50kg，工作转速为2900r/min,则允许的偏心距和两个平衡校正面上共允许的剩余不平衡力矩各为多少?

第四章　精密轴承的装配

第一节　精密滑动轴承的装配

一、液体动压润滑原理

滑动轴承的主要优点是工作可靠、平稳、噪声小、润滑油膜具有吸振能力，故能承受较大的冲击载荷，尤其适用于高速和高精度的机械上，为了延长滑动轴承的使用寿命，保持其长期精密的性能，必须力求达到优良的润滑性能，使摩擦磨损减至最低程度。滑动轴承最理想的润滑性能是液体摩擦润滑，在这种条件下，润滑油把轴与轴承的两个摩擦表面完全隔开而不直接接触，因此摩擦和磨损都极微小。

液体摩擦润滑产生的机理，是依靠油的动压把轴颈顶起，故也称液体动压润滑。建立液体动压润滑的过程如下：

轴在静止状态时，由于轴的自重而处在轴承中的最低位置（见图 4-1a），轴颈与轴承孔之间形成楔形油隙。当轴按箭头方向旋转时，依靠油的粘性和油与轴的附着力，轴带着油层一起旋转，油在楔形油隙中产生挤压而提高了压力，即产生了动压。但当转速不高，动压不足以使轴顶起时，轴与轴承仍处在接触摩擦状态，并可能沿轴承内壁上爬（见图 4-1b）。当轴的转速足够高，动压升高到足以平衡轴的载荷时，轴便在轴承中浮起，形成了动压润滑（见图 4-1c）。

滑动轴承在液体动压润滑条件下工作时，轴颈中心顺旋转方向偏移和上浮，与轴承孔中心之间的距离 e 称为偏心距（见图4-2)，显然，此时的偏心距要比轴静止时的小。当轴

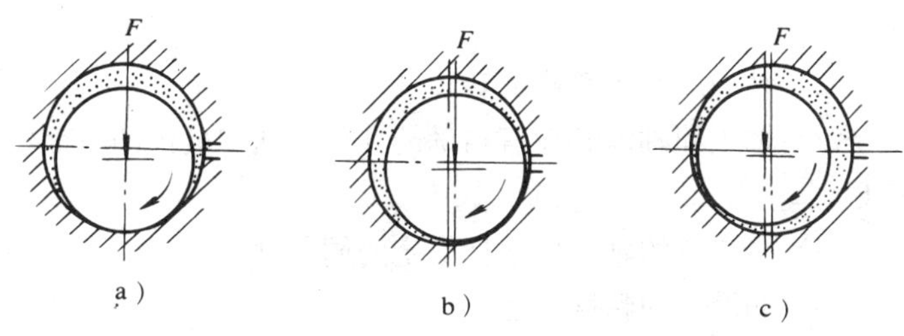

图 4-1　液体动压润滑过程

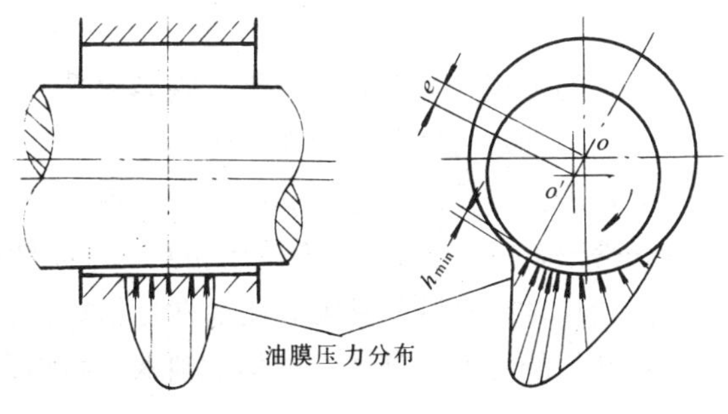

图 4-2　液体动压润滑时的状态

的转速越高和载荷越小时，偏心距也越小。但此时油楔角过小而影响动压的建立，故有时可能使轴的工作不稳定。图中所示的 h_{min} 为最小油膜厚度，它保证了两个金属之间完全隔离所需的间隙。最小油膜厚度不足时，当轴颈和轴承孔表面粗糙度欠细，或轴颈在轴承中工作时轴线产生倾斜时，往往无法实现两个金属表面之间的完全隔离，而达不到液体动压润滑的目的。

形成液体动压润滑必须同时具备以下一些条件；

（1）轴承间隙必须适当（一般为 $0.001d \sim 0.003d$，d 为轴颈直径）。

（2）轴颈应有足够高的转速。

（3）轴颈和轴承孔应有精确的几何形状和较细的表面粗糙度。

（4）多支承的轴承应保持一定的同轴度。

（5）润滑油的粘度适当。

二、对轴承衬材料的要求

滑动轴承的轴承衬（或称轴瓦、轴套）与轴颈直接接触，为了保证具有良好的工作性能，必须满足以下一些要求：

（1）有足够的强度和塑性，使轴承衬既能承受一定的工作压力，又使它与轴颈之间载荷分布均匀。

（2）有良好的跑合性、减摩性和耐摩性。跑合性是指材料表面质量获得改善，而与另一表面达到相互吻合的性能；减摩性是指具有较低摩擦系数的性能；耐磨性是指材料抵抗磨料磨损和胶合磨损的性能。这些性能均对轴承衬和轴颈的使用寿命有关。

（3）润滑和散热性能好。

（4）有良好的工艺性。

（5）有良好的嵌藏性。嵌藏性是指材料嵌藏污物和外来微粒，防止刮伤和磨损的性能。

三、轴承合金及其浇铸

轴承合金（又称巴氏合金）是锡（Sn）、铅（Pb）、锑（Sb）、铜（Cu）的合金，它以锡或铅作为基体，悬浮锑锡及铜锑的硬晶粒。硬晶粒起抗磨作用，软基体可增加材料的塑性。

轴承合金的嵌藏性和跑合性在所有轴承衬材料中为最

好，也有较好的减摩性和耐磨性。轴承合金是高速和精密机械上应用十分广泛的一种轴承衬材料，其中锡基比铅基的热胀条件下性能要好，故更适用于高速场合，但价格较贵。

轴承合金中常用的牌号有：锡基轴承合金 ZSnSb11Cu6 和 ZSnSb8Cu4，铅基轴承合金 ZPbSb10Sn6 和 ZCuAl10Fe3。

轴承合金由于本身强度较低，故通常都将它浇铸在低碳钢、铸铁或青铜的轴瓦基体上。轴承合金粘附在轴瓦基体上的粘附能力，随基体材料不同而异，粘附能力强弱是按青铜、低碳钢、铸钢、铸铁依次减低的。对于粘附能力较弱的材料，可在轴瓦基体上加工出燕尾槽或孔等辅助办法，来增加结合的可靠性，但往往因燕尾槽和孔的清洁工作不易彻底做好，而结果不能达到理想的粘附质量。

轴承合金浇铸的方法如下：

1. 清理轴瓦　轴瓦表面的清洁程度，对轴承合金的粘附质量有极大的影响。轴瓦上的氧化皮、污垢可用砂布、钢丝刷或喷砂等方法去除。油污的去除是把轴瓦放入加热到 80～90℃的苛性钠溶液中，冲洗 10～15min，然后再放到 80～100℃的热水中冲洗，取出后烘干。当轴瓦有严重锈蚀时，可进行酸洗处理，用体积分数为 10%～15%的稀硫酸或稀盐酸溶液，酸洗 5～10min，酸洗后取出并立即放入热水中冲洗，然后再用冷水冲洗并烘干。

2. 镀锡　轴瓦表面镀锡后再浇轴承合金，可增加粘附的牢固程度。

镀锡前，先把轴瓦的非浇铸表面涂上保护膜（白垩粉质量分数为 40%、水玻璃质量分数为 40%和水质量分数为 20%组成），立即烘干后在镀锡表面涂一层助熔剂，用镀锡时容易与轴瓦结合。常用的助熔剂是质量分数为 50%的氧化锌和质量分数为50%的氯化铵所制成的饱和溶液。

将锡在锅中加热到420℃，并每隔一小时左右要在溶液面上撒一层氯化铵来脱氧，以保持锡的纯洁。锡的质量分数要在99.5%以上。

将准备好的轴瓦立即镀锡，时间间隔一久，便因氧化而要影响镀锡质量。对于小型轴瓦，需先将轴瓦预热至110～150℃，浸入助熔剂里，取出烘干，再浸入一次。取出后再预热至200℃，就可浸入锡锅里镀锡，浸入时间约0.5～2min，等轴瓦受热均匀后便可取出。镀锡质量应保证牢固而且薄而均匀。对于大型轴瓦，需先将轴瓦预热至260～300℃（可用喷灯、电热炉等），然后在镀锡表面涂一层助熔剂，再用锡条往上擦，接着用麻刷或木片将锡布匀。

3. 浇铸轴承合金　轴瓦镀锡后要立即浇铸轴承合金。浇铸方法有手工和离心浇铸两种。离心浇铸适用于小型轴瓦，生产效率较高。手工浇铸适用于大型轴瓦、小量生产场合下。

手工浇铸的方法如下：

浇铸前先把胎具放到铁板上，预热至250～350℃。为了取出芯棒时方便，可预先在芯棒表面涂一层石墨粉。然后把镀好锡的轴瓦放在胎具上，见图4-3。

为了防止轴承合金溶液从胎具的缝隙中漏出来，可用质量分数分别为粘土65%、食盐17%、水18%的涂料加以密封。将已经溶化的轴承合金（温度在470～510℃）倒入已预热至300℃左右的铁勺或容器内，并进行浇铸。浇铸时溶液自下而上地充满形腔，这种方法能防止熔渣或其他杂质流入轴瓦形腔，有利于提高浇铸质量。

四、多瓦式动压轴承的装配

多瓦式动压轴承的结构见图4-4。图中所示为三个瓦块

（也有四个或五个瓦块的），每个瓦块由球头销支承，其支点偏离瓦块中心约 0.40B～0.45B，有利于瓦块在油压作用下进油边摆动而形成楔形油隙。为了保证瓦块摆动有足够余地，其瓦背的圆弧半径要小于轴承体内孔的半径。

多瓦式动压轴承工作时，可产生多个油楔，因此轴承的工作稳定性良好，适用于高速机械上。

图4-4 所示多瓦式轴承装配的要求和主要工艺过程如下：

（1）支承瓦块的球头螺钉必须与瓦块的球形坑相互研配，使接触面积达到 70%～80%，研配后成组编号，并作好旋转方向的标记。未经研配或瓦块支承面接触不良的，将不能获得本轴承所需的精确几何形状和工作时各瓦块的性能要求。

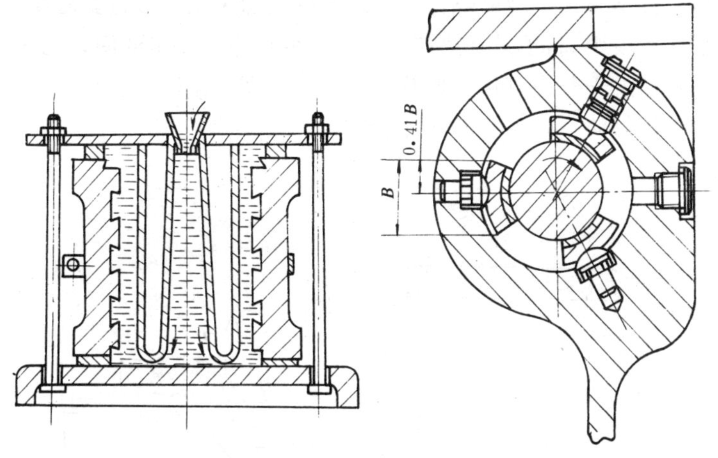

图 4-3　手工浇铸轴承合金　　图 4-4　多瓦式动压轴承

（2）轴瓦内孔必须加工到较高的精度。通常采用精车完成，小批生产或修理时也可用研磨方法。表面粗糙度要求在 R_a0.4μm 以下。轴瓦内孔采用刮削的方法，往往由于表面粗糙度达不到要求，而使轴承在高速下油的流动性能变差，同时轴承间隙也难于调整到精确的数值，最终将不能获得这种轴承应有的良好性能。

（3）轴承的安装和调整工艺可按下述步骤进行，如图 4-5a 所示。先在壳体孔中装上定心工艺套 1，调节球面螺钉 3，使各瓦块 2 刚好与主轴接触，并保证两端的定心工艺套都能进出自如，转动轻便。此时表示主轴中心与工艺套中心一致，达到了主轴定心精度。定心工艺套内外圆的配合间隙越小，可使主轴获得较高的定心精度。

主轴中心调整好以后，可旋入空心螺钉 4（见图 4-5b），使它与球面螺钉接触后再退回约 2mm，然后旋入拉紧螺钉 5 并用力拧紧。由于球面螺钉螺纹之间的空隙关系，被拉紧后要缩回一段距离，于是瓦块与主轴之间便产生了一定的间隙。此间隙通过千分表测量，如符合要求，则调整便结束。封口螺钉 6 用以防止轴承中润滑油的泄漏。

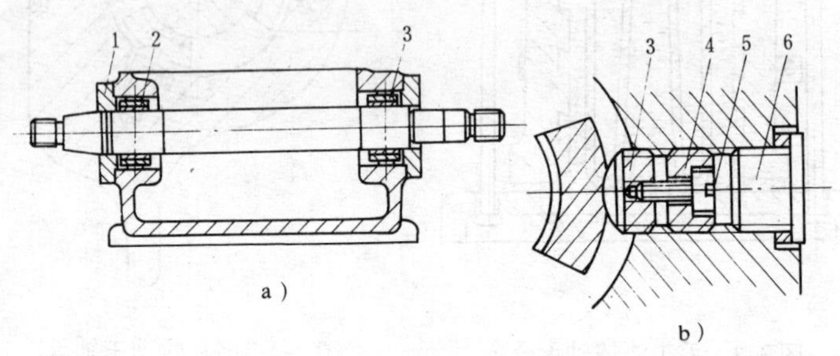

图 4-5 多瓦式动压轴承的装配

1—工艺套 2—瓦块 3—球面螺钉 4—空心螺钉 5—拉紧螺钉 6—封口螺钉

五、液体静压轴承的装配

1. 静压轴承的优点　液体静压轴承（以下简称静压轴承）是依靠轴承外部供给的压力油进入轴承油腔，而使轴颈浮起达到液体润滑的目的。因而，它有以下一些优点：

（1）启动和正常运转时的耗功均很小。

（2）轴心位置稳定，而且具有良好的抗振性能。

（3）旋转精度高，而且能长期保持精度。

（4）能在极低的速度下正常工作。

静压轴承的缺点是需要有一套可靠的供油系统。

2. 静压轴承的工作原理　如图 4-6 所示，压力为 p_S 的压力油，经过四个节流器（其阻力分别为 R_{G1}、R_{G2}、R_{G3}、R_{G4}）分别流入轴承的四个油腔，油腔中的油又经过两端的间隙 h_0 流回油池。

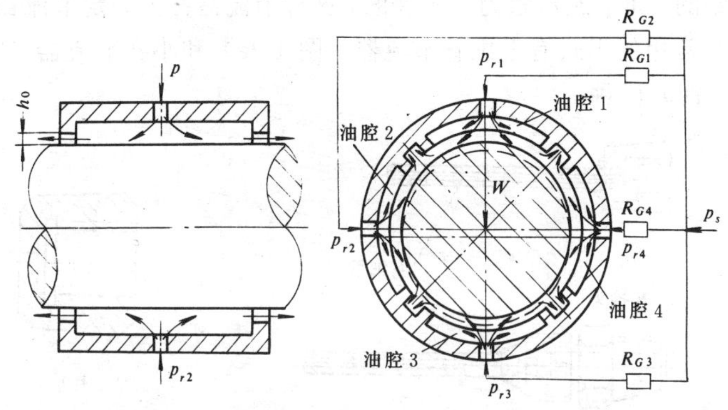

图 4-6　静压轴承工作原理

当轴没有受到载荷时，如果四个节流器阻力相同，则四个油腔的压力也相同，即 $p_{r1}=p_{r2}=p_{r3}=p_{r4}$，主轴轴颈被浮在轴承中心。

当轴受到载荷 W 的作用时，轴颈中心要向下产生一定的位移，此时油腔 1 的回油间隙 h_0 增大，回油阻力减少，使油腔压力 p_{r1}降低；反之，油腔 3 的回油间隙减小，回油阻力增大，使油腔压力 p_{r3}升高。只要使油腔 1、3 的油压变化而产生的压力差 $p_{r3}-p_{r1}=\dfrac{W}{A}$，轴颈便能处在新的平衡位置。其中 A 为每个油腔的有效承载面积。由此可见，为了平衡载荷 W，轴颈需要向下偏移一定的距离（偏心距），经过妥善设计，此偏心距可以极微小。

载荷变化（ΔW）与轴颈偏心距变化（Δe）的比值$\dfrac{\Delta W}{\Delta e}$，通常称为静压轴承的刚度。对于机床和其他精密机械，常要求其静压轴承有足够的刚度。

上述系统的油腔压力的变化，是通过回油阻力的改变达到的，而节流器阻力是不变的，这种节流器称为固定节流器。其常用的形式有毛细管节流器（图 4-7a）和小孔节流器（图 4-7b）两种。

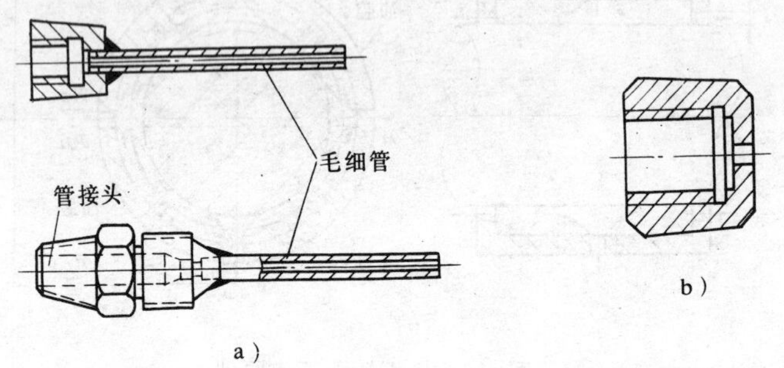

图 4-7　固定节流器

如果要进一步提高静压轴承的刚度和旋转精度，可采用可变节流器（见图 4-8）。

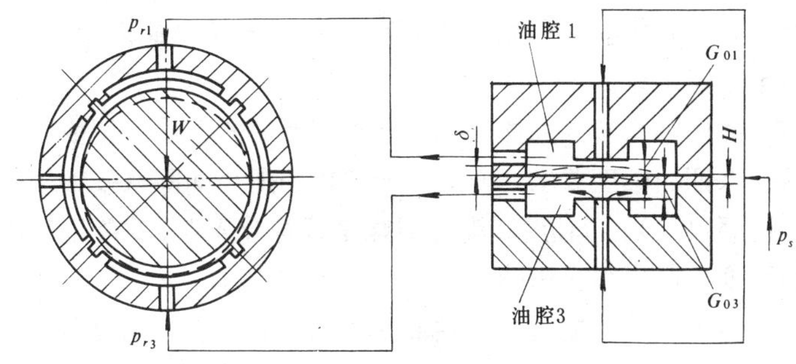

图 4-8　可变节流器工作原理图

采用可变节流器的静压轴承，当轴受到载荷 W 作用时，轴颈向下偏移，使上下油腔的回油间隙改变，产生压力差为 $p_{r3}-p_{r1}$，此压力差除了能平衡载荷外，同时还使节流器中的薄膜变形。设其变形量为 δ，若此时油腔 1 的节流间隙 G_{01} 被减少，节流阻力增大，使 p_{r1} 更进一步降低；反之，油腔 3 的节流间隙 G_{03} 增大，节流阻力减小，使 p_{r3} 更进一步升高。因此，平衡载荷的力又多了一个由可变节流器阻力变形而形成的反馈力，所以轴心的实际偏移量比用固定节流器时要小。

可变节流器静压轴承适用于重载或工作载荷变化范围大的精密机床和重型机床。

3. 静压轴承的装配　静压轴承装配时，除必须严格检查有关零部件的制造精度和表面粗糙度外，还应做好清洗工作和装配后的调整工作。

清洗工作从油箱开始，直至静压轴承回油的各个有关零部件和管路，清洗要彻底，并切忌使用棉纱。

静压轴承的外圆与轴承壳体内孔的配合，应保证一定的过盈量。过盈量太小或有间隙，将使外圆上各油孔或油槽的互通，从而引起各油腔之间也互通，以致轴承承载能力降低，甚至不能工作。

静压轴承装入壳体内孔后，可用研磨的方法，使前后轴承孔保证同轴度要求，并达到所要求的配合间隙（按轴颈确定研磨尺寸）。同轴度和配合间隙是否符合要求，对静压轴承的刚度会产生很大影响。

静压轴承装配后接上供油系统，在启动前，先要用手轻轻转动主轴，当感觉轻便灵活时，方可启动。

静压轴承正常工作的根本要求，是四个油腔的压力应相等，因此当发现不相等时，便说明有故障，应及时查找和分析原因，把故障排除。

静压轴承产生的故障及其原因有以下几种：

（1）主轴不能浮起：此时用手转动不灵活或转不动，说明没有建立液体磨擦润滑。其原因有：轴承油腔漏油；节流器堵塞；轴承制造精度低。以上这些原因都带来各油腔压力不等的后果，以致使主轴不能正常地浮起。

（2）压力稳定性差：油腔的压力都可从压力表上直接读出。由于轴颈和轴承孔的圆度或同轴度误差，轴承间隙发生周期性的变化；以及旋转件平衡精度不良而产生振动等因素。油腔油压有一定的波动是允许的，但一般的波动范围不应超过0.05～0.1MPa。油压波动太大的原因有：个别节流器有堵塞，供油系统的滤油器堵塞或油泵供油不足等。

第二节　精密滚动轴承的装配

滚动轴承本身的精度高低，并不能直接说明它在机械上旋转精度的高低。当精密机械的旋转精度要求很高时，除应选用高精度的滚动轴承外，还要掌握必要的装配技术后才能达到目的。

一、滚动轴承的游隙和预紧

滚动轴承游隙的意义是：如果将一个套圈固定，另一套圈沿径向或轴向的最大活动量称为游隙。滚动轴承的游隙分为两类，即径向游隙（图 4-9a）和轴向游隙（图 4-9b）。

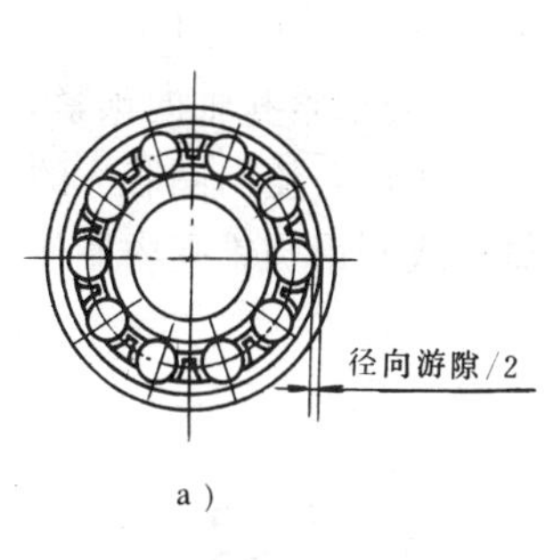

a）

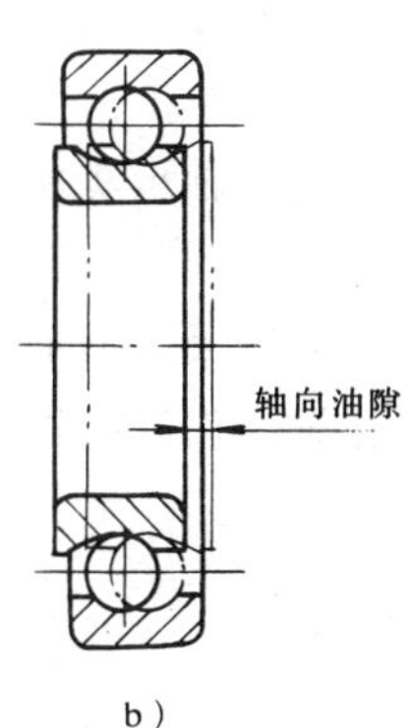

b）

图 4-9　滚动轴承的游隙

根据滚动轴承所处的状态不同，径向游隙有原始游隙、配合游隙和工作游隙之分。

原始游隙是指轴承在未安装时自由状态下的游隙。新轴承的原始游隙，按轴承内径的大小而有所不同，有专门的表格可查阅。

配合游隙是指轴承安装以后存在的游隙。显然，由于轴承的配合有一定过盈，所以配合游隙总是小于原始游隙。

工作游隙是指轴承在工作状态时的游隙，轴承在工作状态时，由于内外圈的温度差，或在工作负荷的作用下，滚动体和套圈产生弹性变形使配合游隙增大。在两方面综合作用下，通常是工作游隙大于配合游隙。

滚动轴承由于存在游隙，在载荷作用下，内外圈就要产生相对移动，这将降低轴承的刚度，引起轴的径向和轴向振动，使机器的工作精度和寿命受到影响。为了减小这种振动，对于高速和高精度的机械，在安装滚动轴承时往往采用预紧的方法，即在安装时预先给予轴承一定的载荷（径向或轴向），消除其原始游隙，而且使滚动体和内外套圈产生弹性变形，从而防止工作时内外圈之间产生相对移动（见图 4-10）。

滚动轴承实现预紧的方法有两种：径向预紧和轴向预紧。

径向预紧，通常使轴承内圈胀大来实现。使内圈胀大的方法可以采取增加与轴的配合过盈量；或利用圆锥孔内圈使其在轴上作轴向移动，见图 4-11。

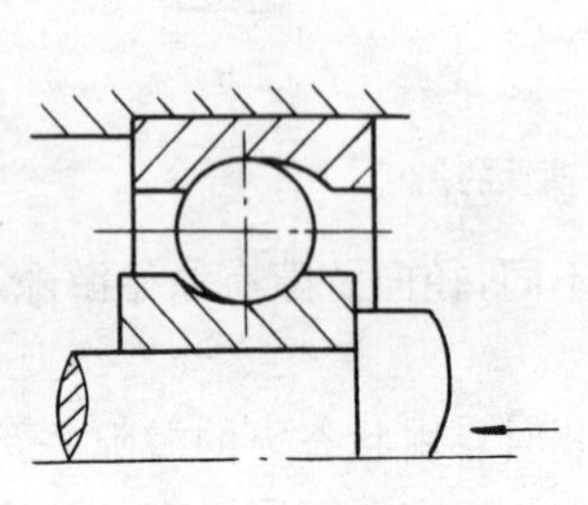

图 4-10　滚动轴承的预紧

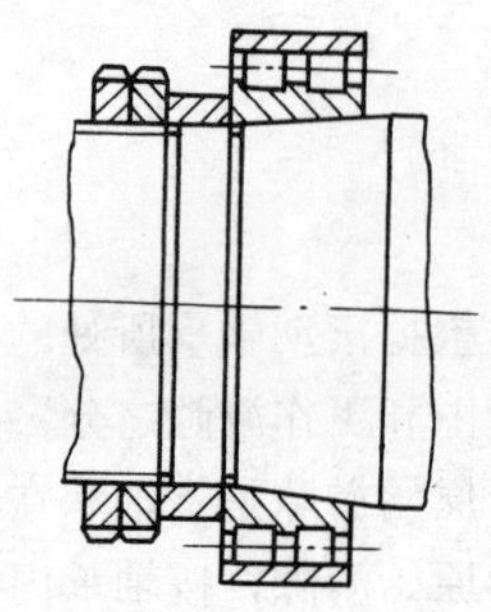

图 4-11　移动轴承内锥孔的轴向位置实现预紧

轴向预紧的方法常用的有以下几种：

（1）用修磨垫圈厚度的方法，使轴承内外圈相对移动而实现预紧。如图4-12a所示，当垫圈1的厚度越小时，则角接触球轴承的预紧力越大；而如图 4-12b 所示，当垫圈 2 厚度越小时，则预紧力越小。

（2）用调节内外隔圈厚度的方法实现预紧，如图 4-13 所示。由于隔圈厚度 $L+\Delta L>L$，故角接触球轴承内外圈之间产生了预紧力。

（3）用弹簧实现预紧。见图 4-14。它能随时补偿轴承的磨损和轴向热胀伸长的影响，而预紧力基本保持不变。

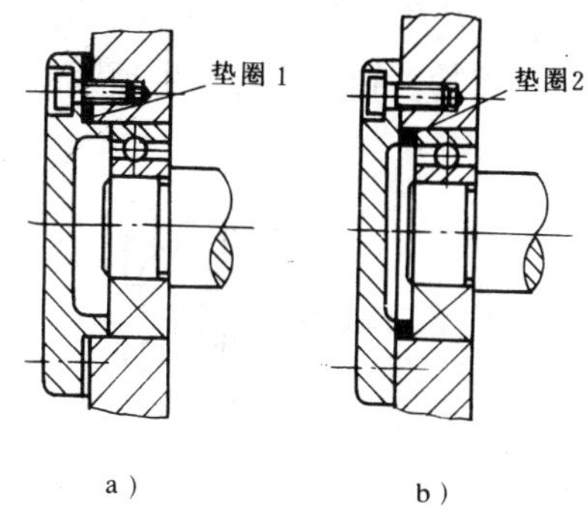

图 4-12　修磨垫圈厚度实现预紧

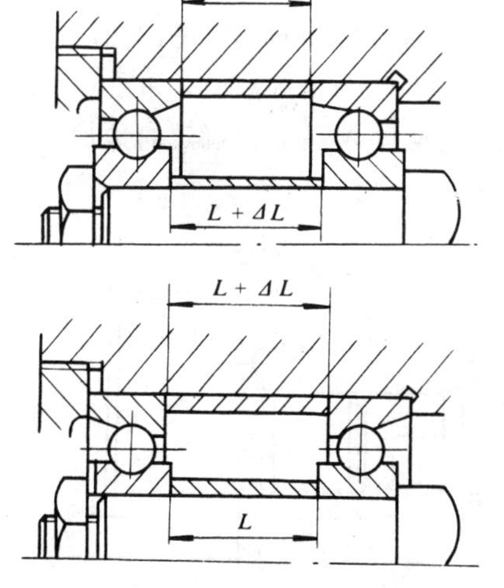

图 4-13　调节内外隔圈厚度实现预紧

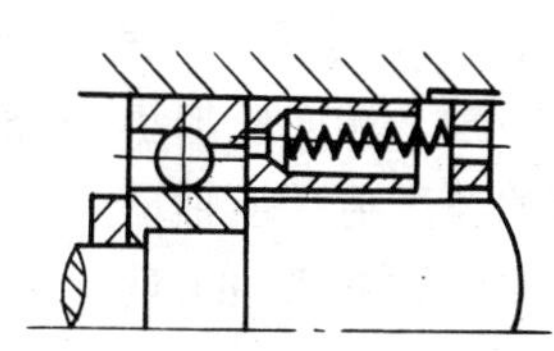

图 4-14　用弹簧实现预紧

（4）用磨窄成对使用的轴承内圈或外圈的方法来实现预紧。图 4-15a 所示为磨窄内圈，装配时两个内圈相对压紧，轴承便可产生预紧。图 4-15b 所示为磨窄外圈，装配时两个外圈相对压紧，轴承便可产生预紧。

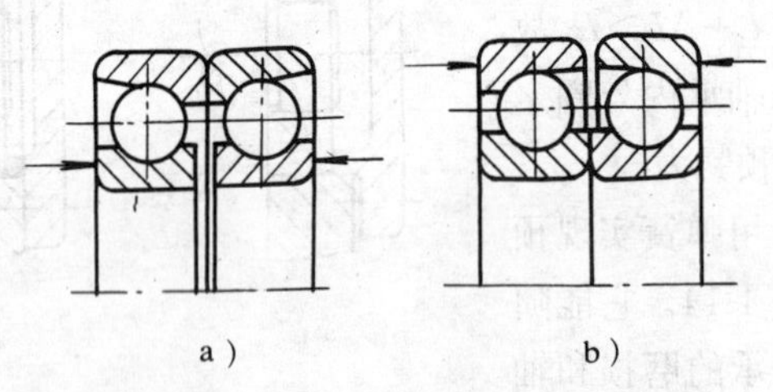

图 4-15　磨窄轴承厚度实现预紧

实现轴向预紧，都是靠内外圈之间相对移动而达到的。内外圈之间相对移动量，决定于预加的负荷值。为此，当预加负荷已由设计确定时，便可用测量法来测量内外圈的相对移动量，从而可得出加垫圈或磨窄轴承所需的数值。如图 4-16 所示，被测轴承上加一重物，其重量 W 等于已确定的预加负荷，用千分表测出轴承两端的内外圈高度差 Δh_A 和 Δh_B（每隔 120°测一次，取其平均值），即可获得，装配前轴承端面应加垫圈的厚度值，或轴承端面应磨窄的量值。

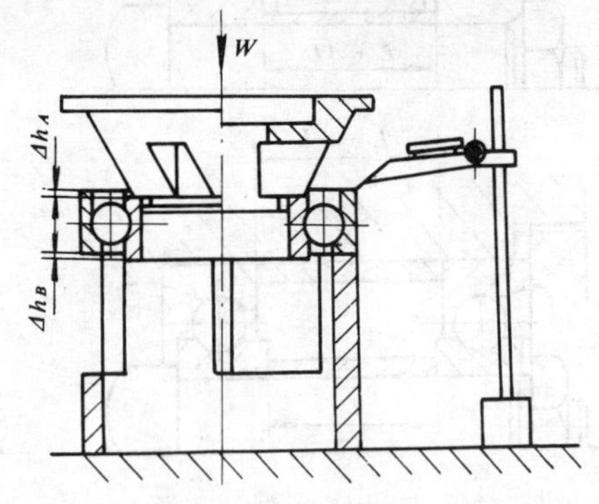

图 4-16　预加负荷下测量内外圈高度差

预加负荷的大

小，一般是根据工作载荷大小、主轴旋转精度和转速高低来确定的。主轴载荷小、旋转精度高、转速低的，可取较大的预加负荷；工作载荷大、转速高的，由于容易发热膨胀，宜取较小的预加负荷。

二、滚动轴承的定向装配

对于旋转精度要求很高的主轴，安装滚动轴承时，应采用定向装配法。滚动轴承的定向装配，就是使轴承内圈的偏心（径向圆跳动）与轴颈的偏心；轴承外圈的偏心与壳体孔的偏心，都分别配置于同一轴向截面内，并按一定的方向装配。定向装配的目的是为了抵消一部分相配尺寸的加工误差，从而可以提高主轴的旋转精度。

定向装配前的主要工作，是要测出滚动轴承及其相配零件配合表面的径向圆跳动量和方向。

1. 滚动轴承内圈和轴颈径向圆跳动的测量

（1）滚动轴承内圈径向圆跳动的测量：如图 4-17 所示，测量时外圈固定不转，内圈端面上加以均匀的测量负荷 F（不同于滚动轴承实现预紧时的预加负荷），F 的数值可由表 4-1 查得。使内圈旋转一周以上，用千分表便可测得内圈内孔的径向圆跳动及其方向。

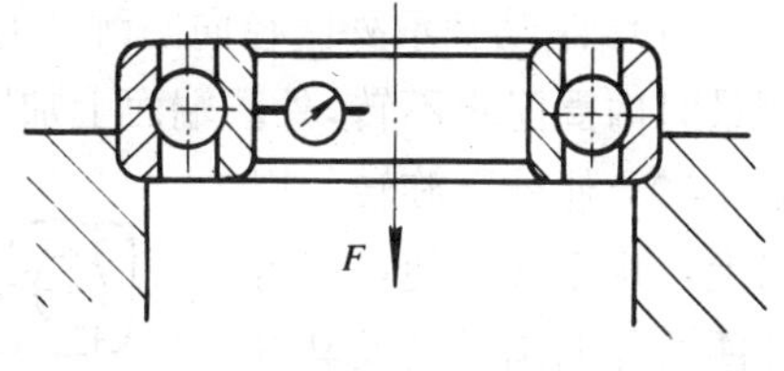

图 4-17　滚动轴承内圈径向圆跳动的测量

（2）轴颈径向圆跳动的测量：如图 4-18 所示，将主轴 1 的两轴颈放在精密的 V 形架 2（成对等高的）上，在主轴锥孔内插入量棒3，转动主轴用千分表可测得量棒圆周上的

表 4-1　测量滚动轴承圆跳动所加的负荷

轴承公称直径 d/mm		测量时所加的负荷 W/N	
超过	到	角接触球轴承	深沟球轴承
	30	≤40	≤15
30	50	≤80	≤20
50	80	≤120	≤30
80	120	≤150	≤50
120		≤200	≤60

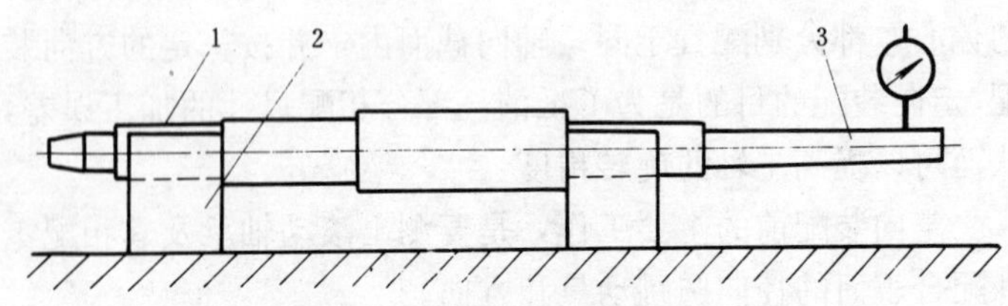

图 4-18　主轴径向圆跳动的测量

1—主轴　2—V 形架　3—量棒

最高点，在对应的主轴母线上，便是轴颈最低点的方向。

2. 滚动轴承外圈和壳体孔径向圆跳动测量

（1）滚动轴承外圈径向圆跳动的测量：如图 4-19 所示，测量时内圈固定不转，外圈端面上加以均匀的测量负荷 F（见表 4-1），使外圈旋转一周以上，用千分表便可测得外圈的径向圆跳动及其方向。

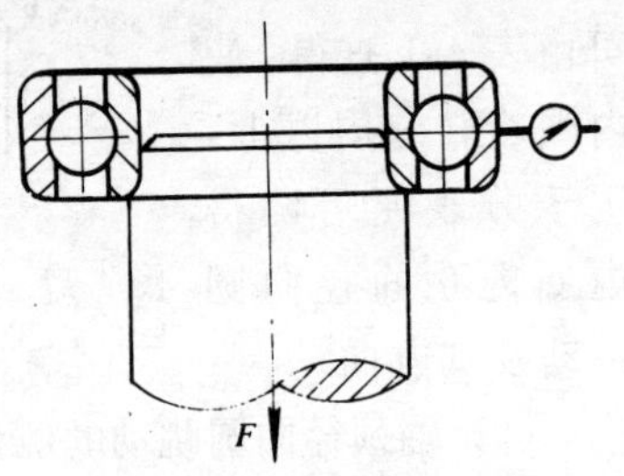

图 4-19　滚动轴承外圈径向圆跳动的测量

（2）壳体孔径向圆跳动的测量：如图 4-20 所示，将壳体 1 两端放在成对等高的精密 V 形架 2

上，转动壳体，用千分表便可测得两端内孔的径向圆跳动及其方向。

（3）定向装配：通过以上径向圆跳动的测量后，已经确定了径向圆跳动的最高点和最低点。定向装配时，应使滚动轴承内圈的最高点与主轴轴颈的最低点相对应；使滚动轴承外圈的最高点与壳体孔的最低点相对应。同时，前后两个滚动轴承的径向圆跳动量不等时，应使前轴承的径向圆跳动量比后轴承的小。

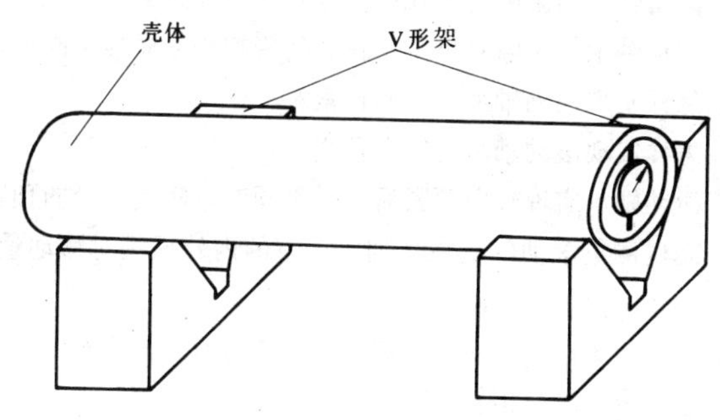

图 4-20　壳体孔径向圆跳动的测量

复　习　题

1. 液体动压润滑的原理是怎样的？
2. 什么叫液体动压轴承的偏心距和最小油膜厚度？
3. 形成液体动压润滑必须具备哪些条件？
4. 对滑动轴承轴承衬材料应具有哪些良好的性能？
5. 轴承合金的性能怎样？常用的材料牌号有哪几种？
6. 轴承合金常与哪些基本材料相结合？
7. 浇铸轴承合金时有哪几个主要工艺？保证浇铸质量的关键有哪

些？

8. 试述多瓦式动压轴承的工作原理。它有什么优点？

9. 装配多瓦式动压轴承要注意哪些要求？

10. 试述静压轴承的工作原理。它有什么特性？

11. 要保证静压轴承正常工作的根本要求是什么？

12. 什么叫静压轴承的刚度？它对工作性能有何影响？

13. 试述薄膜节流器在静压轴承中的作用原理。

14. 装配静压轴承要掌握哪些主要要求？

15. 静压轴承常见的故障有哪些？分别说明其原因。

16. 滚动轴承的游隙有哪几种？分别说明其意义。

17. 滚动轴承的游隙对机械工作有何影响？怎样减小或消除？

18. 怎样实现滚动轴承的径向预紧？

19. 怎样实现滚动轴承的轴向预紧？

20. 滚动轴承实现轴向预紧后，是否同时也实现了径向预紧？

21. 怎样测量滚动轴承在预加负荷下的内外圈相对移动量？测量后起何作用？

22. 什么叫滚动轴承的定向装配法？其目的是什么？

23. 定向装配时要预先做哪些工作？

24. 怎样测量滚动轴承内外圈的径向圆跳动及其方向？

25. 怎样测量轴颈和壳体孔的径向圆跳动及其方向？

26. 定向装配时应怎样使相配尺寸的误差相互抵消或减小？

第五章 导轨和螺旋机构的装配修理

第一节 导轨的结构类型和精度要求

一、机床导轨的结构类型

机床导轨是用来承载和起导向作用的，是机床各运动部件作相对运动的导向面，是保证刀具和工件相对运动精度的关键。因此，对导轨有如下几点要求：

（1）保证运动的正确性：应具有良好的导向精度。

（2）保证精度的持久性和稳定性：应具有足够的刚度和达到一定的耐磨要求。

（3）保证有良好的结构工艺性：修复应简便，磨损后容易调整。

导轨的种类，按运动的性质不同可分为直线运动的导轨和旋转运动的导转；按摩擦状态不同可分为滑动导轨、滚动导轨和静压导轨（以下只介绍直线运动的滑动导轨）。

滑动导轨的结构，按截面形状分有三角形、矩形、燕尾形和圆柱形四种。

为了保证机床导轨具有良好的导向性、稳定性和承载能力，通常都有两条导轨组成，其截面形状可以相同或不同（图 5-1）。

1. 双三角形导轨（图 5-1a）它的导向性和精度保持都较好，导向性能随顶角 α 的大小而不同。α 越小，导向性越好，但导轨面的摩擦系数增大，通常导轨的顶角 α 为 90°。对于重型机床，由于载荷大，常取 α 为 110°～120°。三角形导轨当导轨面磨损后，有自动下沉补偿磨损量的特点。三角形导轨适用于精度较高的机床，例如丝杠车床和齿轮加工机床等。

2. 双矩形导轨（图 5-1b）它承载能力大，摩擦因数比三角形导轨小，加工检验方便，但导向性较差。适用于普通精度的机床和重型机床，例如重型车床和龙门铣床等。

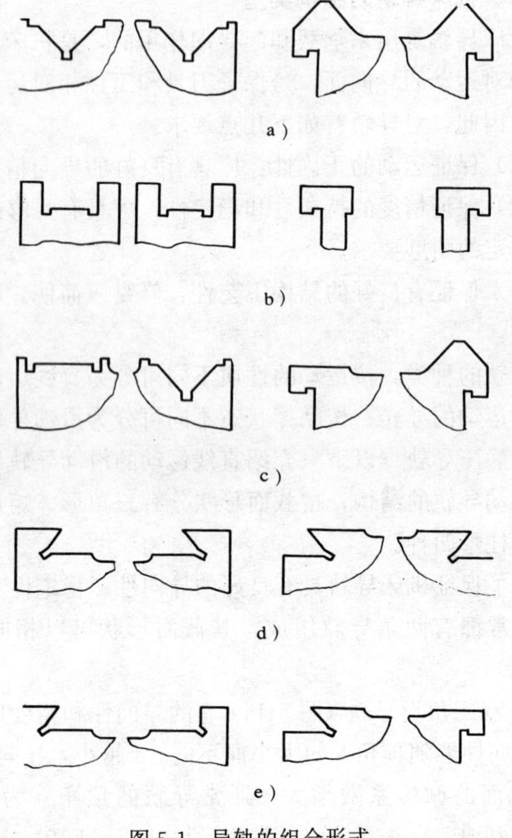

图 5-1　导轨的组合形式

3. 三角形—矩型组合导轨（图 5-1c）它兼有导向性好和刚度好的优点，制造方便，故应用很广，例如车床、磨床等。

4. 燕尾导轨（图 5-1d），这种导轨夹角 α 通常为 55°。导轨接触面小，刚度较差，但它间隙调整方便，并可承受倾侧力矩。常用于牛头刨床和插床的滑枕导轨和车床刀架等。

5. 燕尾形—矩形单面组合导轨（图 5-1e）它兼有调整方便和承载能力高的优点，常用在横梁和立柱上。

二、导轨的精度要求

1. 导轨的几何精度　它包括导轨本身的几何精度，即导轨在垂直平面和水平平面内的直线度；以及导轨与导轨之间或导轨与其他结合面之间相互位置精度，即导轨之间平行度和垂直度。

(1) 导轨在垂直平面内的直线度（图 5-2a）：沿导轨的长度方向作假想垂直平面 M 与导轨相截，得交线 oab，该交线即为导轨在垂直平面内的实际轮廓。包容 oab 曲线而距离为最小的两平行线之间的数值 δ_1，即为导轨在垂直平面内的直线度误差值。

(2) 导轨在水平平面内的直线度（图 5-2b）：沿导轨

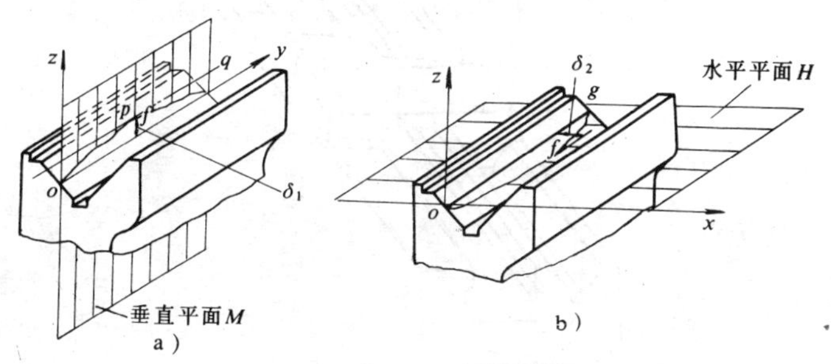

图 5-2　导轨的直线度误差

a）垂直平面内的直线度　b）水平平面内的直线度

长度方向作一假想水平平面 F 与导轨相截，得交线 ocd，包容 ocd 曲线而距离为最小的两平行线之间的数值 δ_2，即为导轨在水平平面内的直线度误差值。

通常对导轨的直线度误差有两种表示方法：即导轨在 1m 长内的直线度误差和导轨在全长内的直线度误差。一般机床导轨的直线度误差为 0.015～0.02mm/1000mm。

(3) 两导轨面间的平行度误差：也称为导轨的扭曲（图5-3）。它是两导轨面在横向每米长度内的扭曲值 δ_3（图5-3a）。而实际上测量的是测量桥板或溜板移动时的横向倾斜值（图

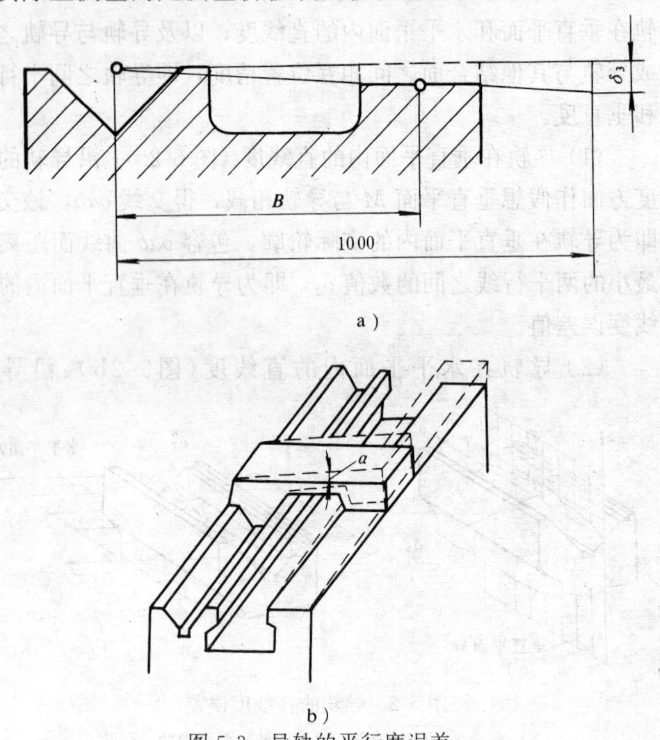

图 5-3　导轨的平行度误差

5-3b）。一般机床导轨的平行度误差为 0.02～0.05mm/1000mm。

（4）导轨的垂直度：导轨与导轨之间的垂直度要求，其形式很多，例如龙门铣床横梁导轨对立柱导轨、车床溜板燕尾形导轨对床身导轨，它们都有一定垂直度要求。

2. 导轨的接触精度　为保证导轨副的接触刚度和运动精度，导轨的两配合面必须有良好的接触，可用涂色法检查。对于刮削的导轨，以导轨表面 25mm×25mm 内的接触点数作精度指标，以不低于表 5-1 所规定的数值。对于磨削的导轨，一般用接触面大小作为指标。

表 5-1　刮研导轨表面的接触精度

每条导轨宽度 W/mm 接触点数 机床类别	≤250	＞250	镶条、压板
高精度机床	20	—	12
精密机床	16	12	10
普通机床	10	6	6

3. 导轨的表面粗糙度　一般的刮削导轨表面粗糙度值在 R_a1.6μm 以下，磨削导轨和精刨导轨表面粗糙度值应在 R_a0.8μm 以下，见表 5-2。

表 5-2　滑动导轨表面粗糙度

机床类别		表面粗糙度 R_a/μm	
		支承导轨	动导轨
普通精度	中小型	0.8	1.6
	大型	1.6～0.8	1.6
精密机床		0.8～0.2	1.6～0.8

第二节 导轨的刮削和检查

经刮削后机床导轨不但精度高、耐磨性好、贮油条件好、表面美观，而且不需要大型设备，不受导轨结构的限制，故导轨的刮削方法应用较为普遍。不仅机床制造业中采用，而且更广泛地应用于机床导轨的维修。

一、刮削导轨的基本原则

导轨的刮削劳动强度大，生产率低。采用合理的刮削步骤，不仅能保证和提高刮削质量，而且还明显地提高生产效率。所以，不论导轨的结构和精度有什么要求，但刮削时都必须遵循如下基本原则：

（1）首先要选择刮削时的基准导轨，通常是选择比较长的、限制自由度比较多的、比较难刮的支承导轨作为基准导轨。例如车床床身的溜板用三角形导轨。

（2）刮削一组导轨时，先刮基准导轨，刮削时必须进行精度检验。然后再根据基准导轨刮削与其相配的另一导轨。刮削时只需进行配刮，达到接触要求即可，不作单独的精度检验。

（3）对于组合导轨上各个表面的刮削次序，应先刮大表面，后刮小表面。这样刮削量小，容易达到精度，而且减少刮削时间；先刮比较难刮的表面，后刮容易的，这样测量方便，容易保证精度；先刮削刚度较好的表面，以保证刮削精度和稳定性。

（4）应以工件上其他已加工面或孔为基准来刮削导轨表面这样可保证导轨位置精度。

（5）刮削导轨时，一般应将工件放在调整垫铁上，以便调整导轨的水平（或垂直）位置，这样可以保证刮削时精度稳定和测量方便。

二、导轨的刮削方法

1. 卧式车床床身导轨的刮削　图 5-4 所示的车床导轨，其刮削方法有多种，现只选其中一种叙述如下：

（1）选择刮削工作量最大，最难刮的溜板三角形导轨 5、6 作为刮削时的基准。刮削前先检查一下这两个面在刨削以后的直线度误差，并调整好安放位置。然后先按标准平尺刮削平面 6，再按角度平尺刮削平面 5，用水平仪测量基准导轨面的直线度。直至直线度和接触点数以及表面粗糙度均符合要求为止。

（2）刮削平面 1。以刮好的 5、6 平面为基准，用平尺研点刮削，此时不但要保证平面 1 本身的直线度要求，而且还要保证对基准导轨的平行度要求。检查时，将百分表座放在与基准导轨吻合的垫铁上，表头触及平面 1，移动垫铁，便可测出平行度误差（图 5-4a）。

（3）刮削尾座平面 4，使其达到自身的精度和对平面 1 的平行度要求。平面 4 之所以要比 2、3 先刮，是因为 5、6、4 导轨面均已刮好。按平面 1 检查平面 4 的平行度比较方便，容易保证精度；同时当刮 2、3 面时，可按此平面作为测量基准，这样有利于保证各面之间的平行度要求。检查方法见图 5-4b。

（4）刮削导轨面 2、3 时，刮削方法与刮削平面 5、6 相同，必须保证自身的精度和对基准面 5、6 及平面 1 的平行度要求。检查方法见图 5-4c 。

2. 双矩形导轨的刮削　刮削时，对两条导轨可用标准平板同时进行研刮，使两条导轨的自身精度和平行度要求同时达到。标准平板的宽度应大于或等于床身的宽度，标准平柜

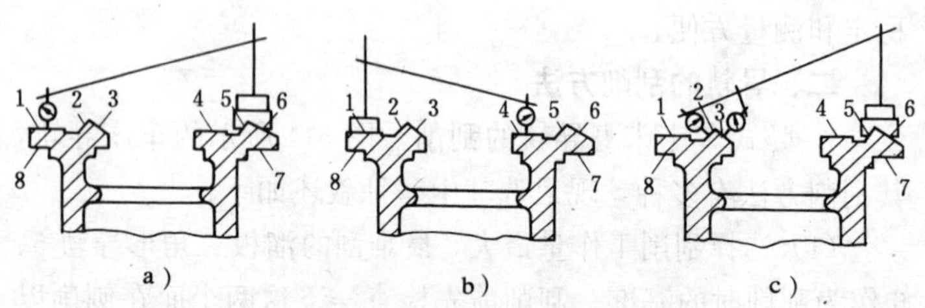

图 5-4 车床床身导轨刮削时的检查

的长度等于或稍小于导轨的长度。当刮削大型机床导轨时，其导轨的长度较长，而标准平板的长度又不够长，则可用方框水平仪和桥板配合测量，以达到其规定的精度要求。

3. V 形-矩形组合导轨的刮削 （图 5-5a）刮削时，除了用与它相配的已刮好或磨好的工作台导轨面来配研显点外，还可用组合平板（图 5-5b）进行刮削。用组合平板研刮时，A、B、C 可同时显点刮好，只需进行直线度误差检查即可；按图 5-5c 所示的 V 形直尺研刮时，则应先刮好 V 形导轨的 A、B 两面，并保证自身的直线度要求，然后以 V 形导轨为基准刮削平面 C。

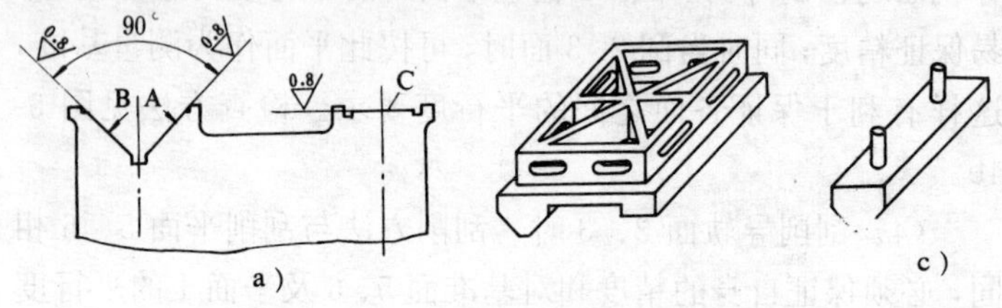

图 5-5 V 形、平面导轨副及其配磨工具

4. 燕尾形导轨的刮削 一般采取成对交替配刮的方法进行。如图 5-6 所示，A 为支承导轨，B 为动导轨。刮削时，

先将动导轨平面 3、6 按标准平板刮削到所要求精度，这样容易保证两个平面的精度。然后以此两平面为基准，刮研支承导轨面 1、8 并达到精度要求。接着再按 $\alpha=55°$的角度直尺研刮斜面 2（或斜面 7），刮好斜面 2 后，在刮斜面 7 时，不但要达到接触精度，还要边刮边检查平行度，直至斜面 7 与斜面 2 的平行度符合要求为止。最后分别研刮动导轨的斜面 4、5。由于动导轨与支承导轨的燕尾面之间有镶条，其中一个燕尾面有斜度（图中斜面 5）。楔形镶条是在按平板粗刮后，放入斜面 5 与 7 之间配刮完成的。

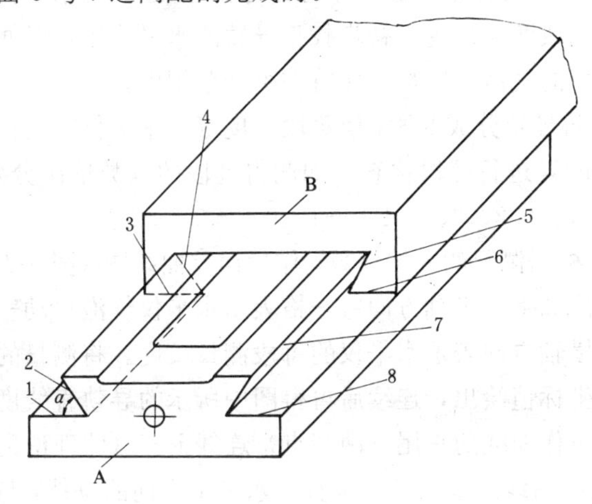

图 5-6　燕尾形导轨

三、导轨几何精度的检查方法

导轨几何精度的检查方法很多，按其原理可分为线值测量和角值测量两种。

线值测量因精度低应用较少，下面介绍几种角值的测量方法。

1. 导轨直线度误差的检查方法　上述各种导轨的刮削

中，为达到其精度要求，必须进行直线度误差的检查，通常用框式水平仪或光学平直仪来检查其直线度误差。下面介绍这两种常用的检查方法：

(1) 用水平仪检查的方法：它只能检查导轨在垂直面的直线度误差，其检查方法如下：

设导轨长度为1600mm，刮削时，用尺寸为200mm×200mm、刻度值为0.02mm/1000mm的框式水平仪检查其直线度误差值。

1）将被测的导轨放在可调的支承垫铁上，置水平仪于导轨的中间或两端位置，初步找正导轨的水平位置，以便检查时水平仪的气泡位置都能保持在刻线范围内。

2）将导轨分成8段，使每段长度等于水平仪的边框尺寸(200mm)，进行分段检查，如测得8段的读数依次分别为：+1、+1、+2、0、-1、-1、0、-0.5。

3）根据测得的8档读数，作出误差曲线图（图5-7)。其作图方法如下：纵轴方向每一格表示水平仪气泡移动一格的数值，横轴方向表示水平仪的每段测量长度。将测量的每段读数按坐标值绘出，连续后可得图中所示的导轨直线度误差曲线。再作曲线的首尾（两端点）连线I—I（即理论刮削直线），并经曲线的最高点作垂直于水平轴方向的垂线，与连线相交的那段距离（n)，即为导轨的直线度误差的格数，并呈现出中间凸的状态，在导轨600～800mm长度处凸起值最大。刮削时就可参照曲线拟订刮削方案。

4）按水平仪测量的偏差格数换算成标准的允许值Δ即：

$$\Delta=nil$$

式中 Δ——直线度误差值（mm)；

n——误差曲线中的最大误差格数；

i——水平仪的刻度值（此例为 0.02mm/1000mm）；

l——每段测量长度（mm）。

按所测数值算出：

$\Delta = nil = 3.5 \times 0.02\text{mm}/1000\text{mm} \times 200\text{mm} = 0.014\text{mm}$

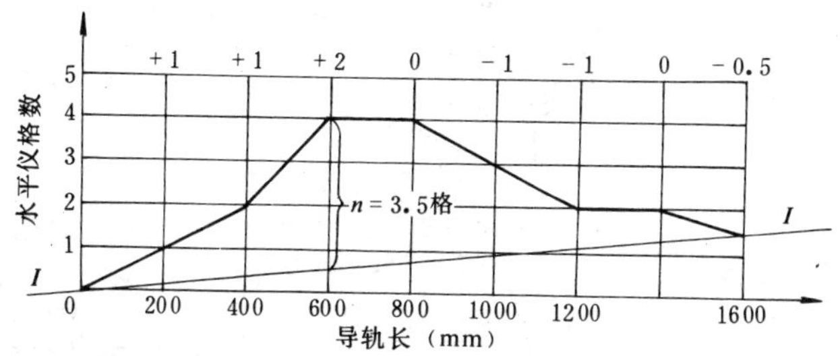

图 5-7　导轨直线度的误差曲线图

（2）用光学平直仪检查的方法：光学平直仪对导轨在垂直平面内和水平平面内的直线度误差都可检查。图 5-8a 所示，用光学平直仪的本体 4 和反光镜 2 分别放置在被测导轨的两端，借助 V 形块 1 移动反光镜，使其接近平直仪本体。左右摆动反光镜，同时观察平直仪目镜 5，直至反射回来的亮“＋”字像，位于视场中心为止。然后将反光镜垫铁移至原位，再观察“＋”字像是否仍在视场中心，如有偏离，则需重新调整平直仪本体和反光镜（可用薄纸片垫准）。使“＋”字像仍在视场中心，其目的是使导轨两端处于同一直线上。调整好后，平直仪本体不再移动。检查时，将反光镜垫铁移至起始位置，转动手轮，使目镜中指示的黑线在亮“＋”字像中间（图 5-8b），记下手轮的刻度数值（图 5-8c 为目镜黑线与“＋”不重合，相差一段距离 Δ）。然后每隔 200mm 移动反光镜一次，并记下手轮刻度数值，直至测完导轨的全长。根据记下的数值便可用作图法求出导轨的直线度误差。

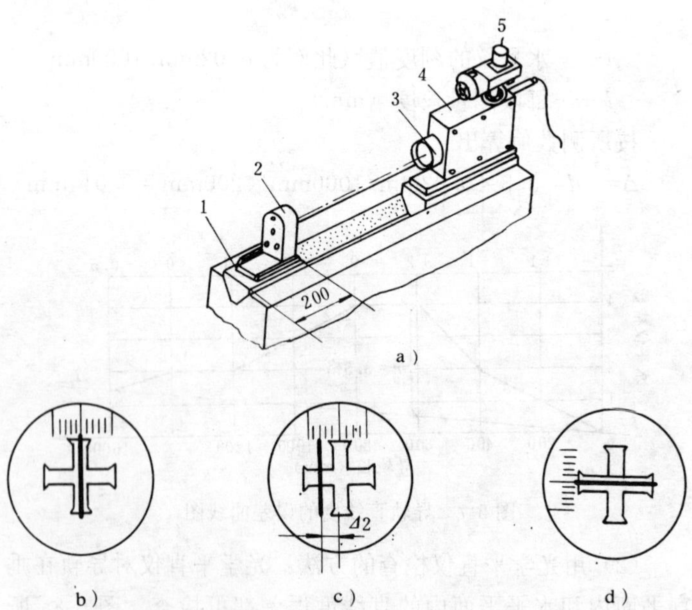

图 5-8　用光学平直仪检查导轨直线度

1—V 形垫铁　2—反光镜　3—望远镜　4—光学平直仪主体　5—目镜

检查导轨水平平面内的直线度误差时，只要将目镜按顺时针方向旋转 90°，使微动手轮与望远镜垂直即可测得（图 5-8），方法与上相同。

用作图法求导轨直线度误差的方法举例如下：

用光学平直仪（刻度值为 0.001mm/200mm）检查 2m 长的导轨，每隔 200mm 检查一次，所得的读数（手轮刻度值）为：28、31、31、34、36、39、39、39、41、42。先将各原始读数减去最小数 28，得另外一组以“0”为基数的读数：0、3、3、6、8、11、11、11、13、14。然后按坐标法画出误差曲线 I，见图 5-9。由图可知导轨的全长直线度误差为 0.02mm，呈现中凹状态。

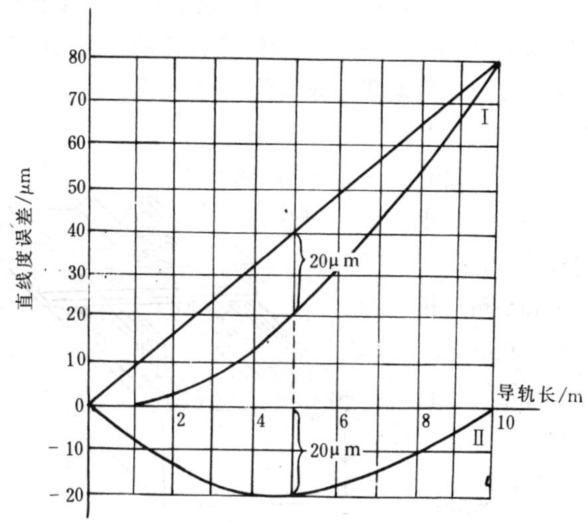

图 5-9 导轨的直线度误差曲线图

图 5-9 中的曲线 Ⅱ 比曲线 Ⅰ 更直观，它的作图方法是：将被简化了的读数 0、3、3…14，相加后取其平均值，再将各简化了的读数去分别减去平均值，把所得出的值逐项累积起来，用新的逐项累积值就能画出曲线 Ⅱ 的形状。

上述各值及计算过程列表如下：

原始读数	28	31	31	34	36	39	39	39	41	42
简化读数	0	3	3	6	8	11	11	11	13	14
平均值	$\frac{0+3+3+6+8+11+11+11+13+14}{10}=8$									
减平均值	−8	−5	−5	−2	0	3	3	3	5	6
逐项累积	−8	−13	−18	−20	−20	−17	−14	−11	−6	0

全长内的最大直线度误差 0.02mm（见图 5-9）。

2. 导轨面间平行度的检查方法　目前常用水平仪检查。检查方法是将测量桥板横跨在两条导轨上，在垂直于导轨的方向上放水平仪（图 5-10）。桥板沿导轨移动，逐段检查，水平仪读数的最大代数差即为导轨的平行度误差。

例如：测量 2m 长的导轨，水平仪原始读数见表 5-3（水平仪刻度值为0.02 mm/1000mm 测量桥板长度为 250mm）。

全长内导轨平行度误差为：

$$\frac{0.008}{1000}-\left(\frac{0.008}{1000}\right)=\frac{0.016}{1000}$$

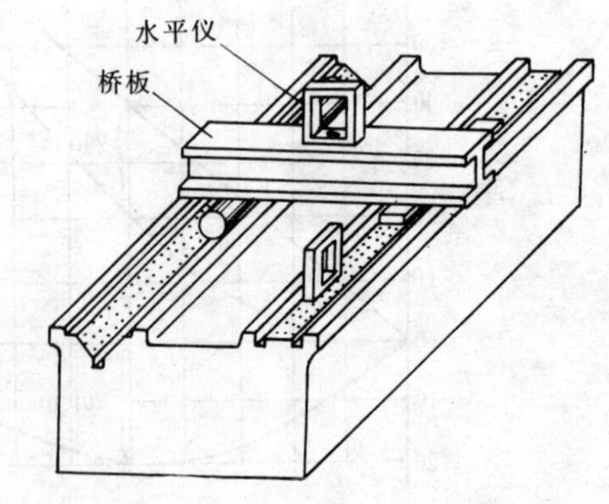

图 5-10　用水平仪测量导轨的平行度误差

表 5-3　水平仪原始读数表

测量长度 L/mm	0～250	250～500	500～750	750～1000	1000～1250	1250～1500	1500～1750	1750～2000
水平仪格数	+0.4	+0.2	+0.3	0	+0.2	−0.1	−0.4	−0.3
误差值	$+\frac{0.008}{1000}$	$+\frac{0.004}{1000}$	$+\frac{0.006}{1000}$	0	$+\frac{0.004}{1000}$	$-\frac{0.002}{1000}$	$-\frac{0.008}{1000}$	$-\frac{0.006}{1000}$

3. 导轨面间垂直度的检查方法　机床上两组互相垂直的导轨面间的垂直度误差，可用水平仪、矩形角尺和百分表配合测量（图 5-11、图 5-12）。

(1)用水平仪检查两组导轨间的垂直度：如图5-11

所示的工件 1 是机床的横梁，它的水平导轨 2 与升降导轨 3 要求互相垂直。测量前，先用水平仪校正平台和角铁工作面，然后用水平仪 9 校正导轨 2 于垂直位置，再以导轨 2 为基准，用水平 4 测量导轨 3 的水平度，即能测出导轨 2 与导轨 3 的垂直度误差。

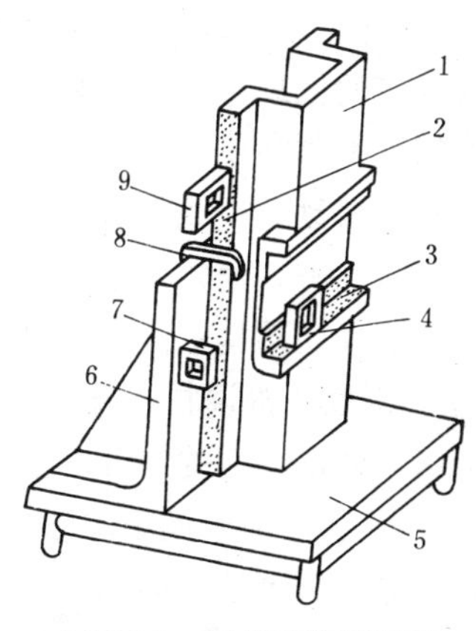

图 5-11 用水平仪测量两组导轨的垂直度

1—工件 2、3—导轨 4、7、9—水平仪 5—平台 6—角铁 8—C 形夹

（2）用矩形角尺、百分表检查两组导轨的垂直度：如图 5-12 所示两组导轨，要求互相垂直。先以纵导轨 3 的 V 形导轨为基准，用百分表校正方框角尺 2 工作面，使之与 V 形导轨平行。然后用另一只百分表测量横导轨 1 的 V 形导轨与方框角尺垂直工作面的平行度，所测得的误差值，即为两组导轨间的垂直度误差。

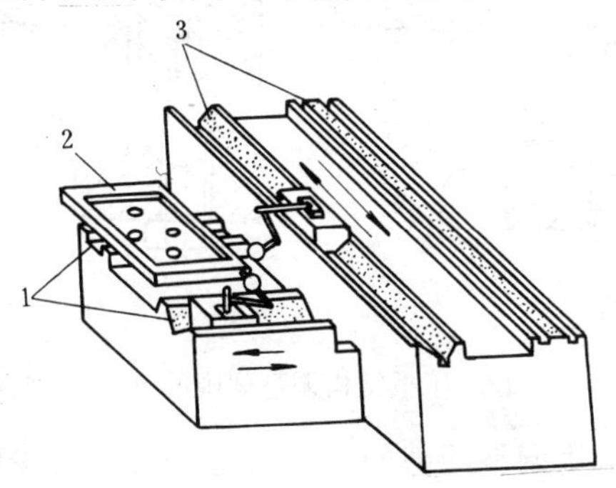

图 5-12 用矩形角尺、百分表测量两组导轨的垂直度

1—横导轨 2—矩形角尺 3—纵导轨

第三节　导轨的修理

导轨的修理方法有很多种。导轨的加工方法原则上均可作为导轨的修理方法，除利用刮削方法可修复导轨外，还有导轨的调整与补偿。

一、滑动导轨间隙调整法

调整间隙，通常采用镶条（塞铁）或压板结构的调节装置。由于导轨结构不同，调整间隙的方法也有所不同。

1. 压板结构调整间隙的方法

（1）磨刮相应的结合面法（图 5-13a）：磨削或刮削压板上的 A 面或 B 面来调整间隙。这种方法调整麻烦，需经多次拆装才能调到合理的间隙。

（2）使用垫片法（图 5-13b）：依靠改变压板与导轨结合面之间垫片的厚度来调整间隙。如采用多层垫片，调整就更为方便，但结合面的接触刚度较差。

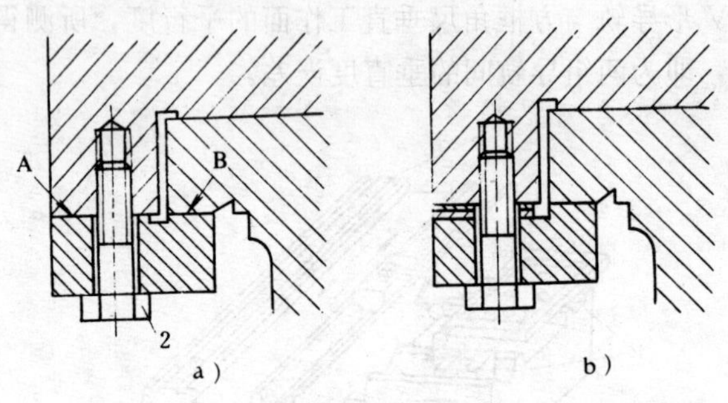

图 5-13　压板结构调整间隙的方法

2. 镶条结构调整间隙的方法　这种方法用平镶条或楔形镶条来调整间隙。调整时，镶条放在受力较小的一侧。平镶条间隙的调整，是靠调节螺钉1，横向移动镶条2的位置

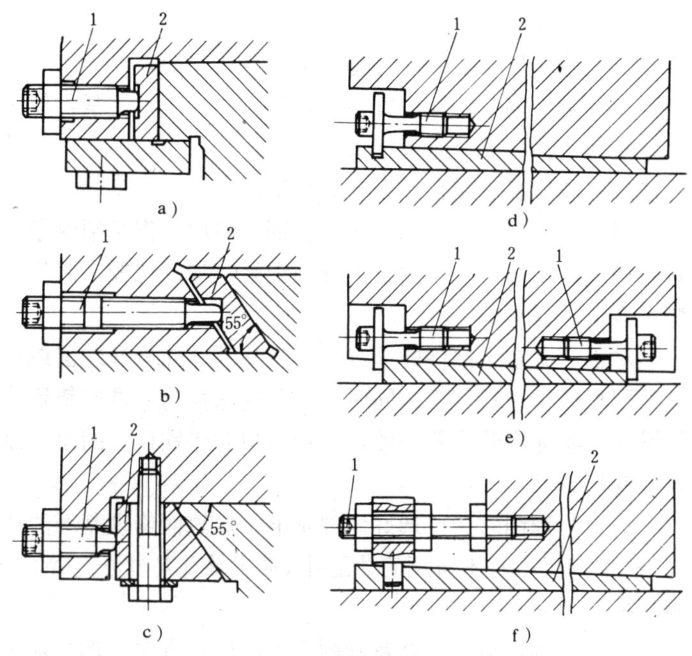

图 5-14　镶条结构调整间隙的方法
1—调节螺钉　2—移动镶条

来实现的（见图 5-14a、b、c）。由于平镶条只在螺钉接触处受力，故容易变形，与导轨接触面的情况也较差。楔形镶条间隙的调整是靠调节螺钉 1，纵向移动镶条 2 的位置来实现的（见图 5-14d、e、f）。由于楔形镶条的两个面都与导轨面均匀接触，所以比平镶条接触刚度好，但加工稍为困难。调好间隙，应使螺钉锁紧，防止镶条移动而使调好的间隙改变。

二、导轨的刮研修复法

在刮研修复导轨之前，除了要检测导轨磨损情况外，还要了解引起导轨变形的原因，其原因有：

（1）装在导轨上的部件重量引起导轨变形。

（2）由于调整垫铁位置不当，地脚螺钉压得过紧，使床身导轨变形。

（3）环境温度变化所引起的变形。

因此在刮削前，拆卸机床主要部件前后，都必须测量导轨的精度，将两次测得的结果分别记录，加以比较，制订出变形方位和变形量。

对于装有重型部件的床身，应将该部件先修好装上或在该处配重后再进行刮削。同时，在刮削床身时，调整垫铁的位置应与实际安装位置一致，以免使用时垫铁位置的改变而发生变形。

另外，刮削时还要选好修理基准。导轨面修理基准的选择，一般应以本身不可调的装配孔（如主轴孔与丝杆孔等）或不磨损的平面为基准。

刮削工具，刃、量具及刮削方法和检查方法，都与加工导轨的方法相同。

三、滑动导轨的补偿法

导轨磨损后产生偏移，可用补偿法将动导轨镶加垫板，使其复位。

图 5-15 为滚齿机工作台，因为床身导轨 1 是双矩形导轨，采用平镶条 2 调整导轨间隙，故导轨面经修理后，使工作台回转中心向右偏移 Δ_1，造成刀架回转中心线与工作台回转中心线同轴度超差。为了调整 Δ_1，必须移动刀架立柱、锥齿轮架、差动装置等一系列部件。同时分度蜗杆中心线也会向下偏移 Δ_2。为此，可在导轨面上加接垫板 3、4（可胶接、铆接和螺钉连接等），然后刮研，以恢复其原始位置。

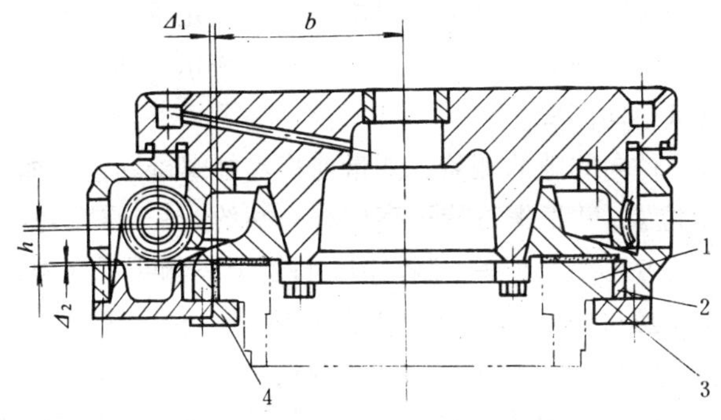

图 5-15 滚齿机工作台

1—床身导轨 2—移动镶条 3、4—垫板

第四节 螺旋机构的装配修理

螺旋机构，是将旋转运动转变为直线运动的机构。它具有传动精度高、工作平稳无噪声、易于自锁、能传递较大动力等特点。所以得到广泛的应用。

一、螺旋机构的装配技术要求

螺旋机构中丝杠与螺母的配合精度，决定丝杠的传动精度和定位精度。故不论是装配或修理螺旋机构，都要达到如下要求：

（1）保证丝杠螺母副规定的配合间隙 。

（2）丝杠与螺母的同轴度，以及丝杠轴心线与基准面的平行度应符合规定要求。

（3）丝杠的回转精度应符合规定要求。

二、螺旋机构装配和修理时的调整方法

1．丝杠螺母副配合间隙的测量及调整　轴向间隙直接影响丝杠螺母副的传动精度。为此，需要用消隙机构予以调

整。但测量时，径向间隙比轴向间隙更能正确反映丝杠螺母的配合精度，故配合间隙常用径向间隙表示。通常配合间隙也只测量径向间隙。

（1）径向间隙的测量：测量前将丝杠螺母副置于如图 5-16 所示位置，并把螺母旋至离丝杠一端约 3～5 螺距处，以免丝杠弹性变形引起误差。测量时，将百分表测头抵在螺母上，轻轻抬动螺母，抬动螺母的作用力 Q 只需稍大于螺母重量，百分表指针的摆动差即为径向间隙值。

（2）轴向间隙的调整：无消隙机构的丝杠螺母副，用单配或选配的方法来决定合适的配合间隙，修理时可单配调换螺母来恢复原有的配合间隙。有消隙机构的可采用下列方法调整：

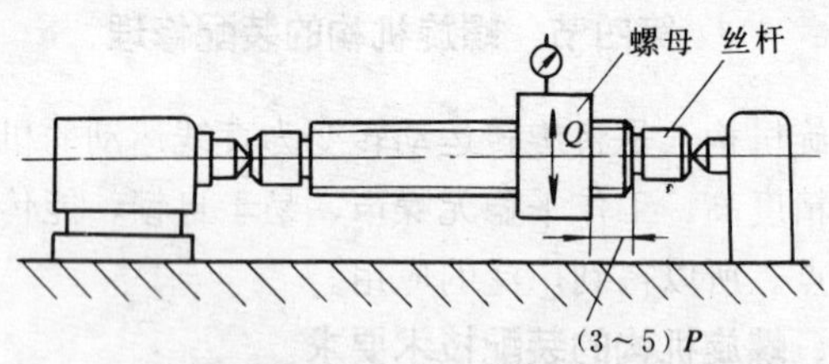

图 5-16　径向间隙的测量

1）单螺母结构，常采用图 5-17 所示的单螺母消隙机构，使螺母与丝杠始终保持单面接触。装配或修理时，可调整或选择适当的弹簧压力 1（图 5-17a）、油缸压力 2（图 5-17b）、重锤重量 3（图 5-17c），使螺母与丝杠始终保持单面接触，以消除轴向间隙。消隙机构中的消隙力方向与切削力方向必须一致，以防进给时产生爬行，影响进给精度。

2）双螺母结构，常采用如图 5-18 所示的双螺母消隙机构。调整两螺母轴向相对位置，可消除轴向间隙并实现预紧。装配或修理调整方法如下：

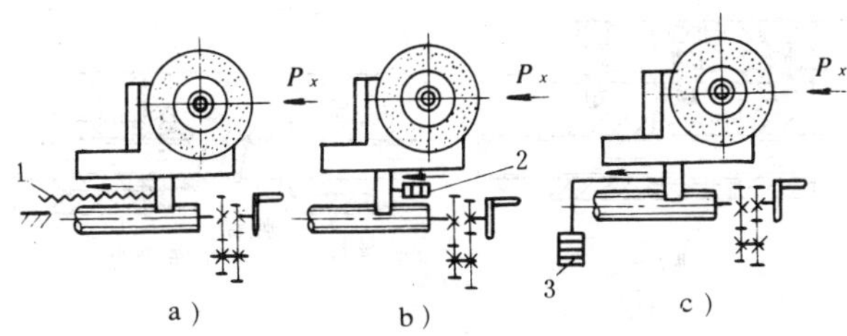

图 5-17　单螺母消隙机构

1—弹簧压力　2—油缸压力　3—重锤重量

图 5-18a，拧松螺钉，再拧动螺钉使斜楔向上移动，以推动带斜面的螺母右移，调好后再用螺钉锁紧，从而消除轴向间隙。

图 5-18b 是转动调节螺母，通过垫圈压缩弹簧，使螺母轴向移动，以消除丝杠与螺母之间的轴向间隙。

图 5-18c 是用修磨垫片 A 的厚度来消除轴向间隙。

2. 校正丝杠螺母副同轴度及丝杠中心线对基准面的平行度　通常在产品的总装配中采用专用量具来校正；而在修理时，则用丝杠直接来校正。

(1) 用专用量具校正：可以以丝杠两轴承孔中心的连线为基准，来校正螺母孔的同轴度（图 5-19)。校正时，先校正两轴承孔 1 与 5 的中心连线在同一直线上，且与 V 形导轨平行，如图 5-19a 所示。然后根据实测数值修刮轴承座结合面，并调整前、后轴承的水平位置，以达到要求。再以此中心连线为基准，校正螺母中心，如图 5-19b 所示。校正时将检验棒 4 装在螺母座 6 的孔中，移动工作台 2，如检验棒能顺利插入前、后轴承座 1 与 5 的孔中，即符合要求，否则应根据尺寸 h 修磨垫块 3 的厚度。也可用螺母孔中心线为基准，校正丝杠两轴承孔的同轴度（见普通车床总装工艺)。

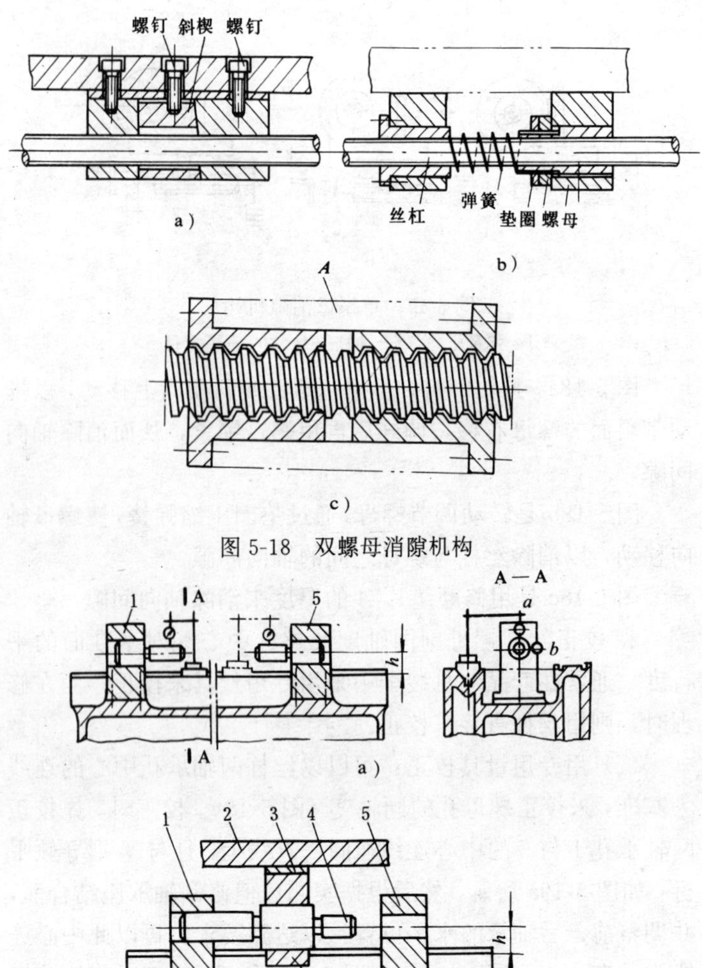

图 5-18　双螺母消隙机构

图 5-19　校正螺母孔与前后轴承孔同轴度

1、5—轴承孔　2—工作台　3—垫块　4—检验棒　6—螺母座

（2）用丝杠直接校正（图 5-20）：校正时，先修刮螺母座 4 的底面，并调整其水平位置，使丝杠 3 的上母线 a 和侧母线 b 均与导轨面平行。然后修磨垫片 2、6，并在水平方向调整前、后轴承座 1、5，使丝杠两端轴颈能顺利插入轴承孔，而且丝杠转动灵活。

校正丝杠螺母副同轴度时应注意以下几点：

1）在校正丝杠轴心线与导轨面的平行度时，各支承孔中检验棒的上翘（即“抬头”）或下斜（即“低头”）方向应一致。

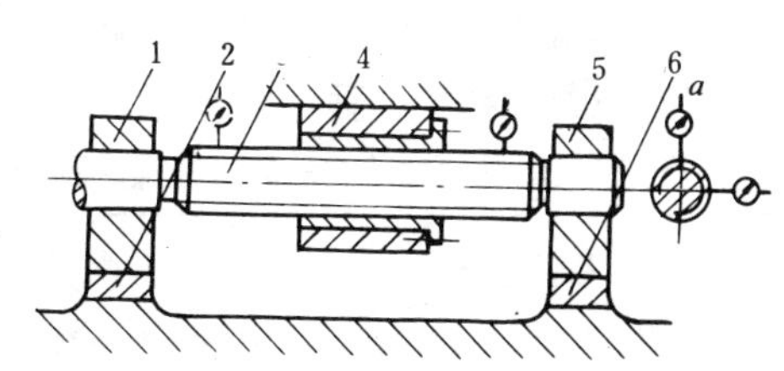

图 5-20　用丝杠直接校正两轴承孔与螺母孔的同轴度

1、5—前后轴承座　2、6—垫片　3—丝杠　4—螺母座

2）为消除检验棒在各支承孔中的安装误差，可将其转过 180°后再测量一次，取其平均值。

3）具有中间支承的丝杠螺母副，考虑丝杠有自重挠度，中间支承孔中心位置校正时应略低于两端。

4）检验棒的精度要求：测量部分与安装部分其同轴度误差，为丝杠螺母副同轴度的 $\frac{2}{3}\sim\frac{1}{2}$；测量部分直径允差＜0.005mm，圆度、圆柱度允差为 0.002～0.005mm，表面粗糙度值为 R_a0.4μm 以下；安装部分直径与各支承孔配合间隙为 0.005～0.001mm。

3. 丝杠回转精度的调整　回转精度主要由丝杠的径向圆跳动和轴向窜动的大小来表示。根据轴承的不同（滚动轴承或滑动轴承），其调整方法也有所不同。

（1）用滚动轴承支承时，先测出影响丝杠径向圆跳动的各零件最大径向圆跳动量的方向，然后按最小累积误差进行定向装配，同时消除轴承间隙或预紧滚动轴承，使丝杠径向圆跳动量和轴向窜动量为最小。

（2）用滑动轴承支承时，装配过程中应保证丝杠上各相配零件的配合精度、垂直度和同轴度等符合要求，见表5-4。

表5-4　用滑动轴承支承的丝杠螺母副精度要求与调整方法

装配要求	精度要求	调整及检验方法
保证前轴承座与前支座、后轴承与后支座端面接触良好，并与中心线垂直	(1)接触面研点数12点/25mm×25mm，研点分布均匀（螺孔周围较密） (2)前、后支座端面与孔中心的垂直度误差≤0.005mm	修刮支座端面，并用研具涂色检验，使端面与中心线的垂直度达到要求
保证前、后轴承与轴承座或支座的配合间隙	配合间隙≤0.01mm	测量轴承外圆及轴承座内孔直径，如配合过紧，研磨轴承座孔或支座孔
保证丝杠轴肩与前轴承端面的接触质量	(1)轴肩端面对中心线的垂直度误差≤0.005mm (2)接触面积≥80%，研点分布均匀	以轴肩端面为基准，配刮前轴承端面
保证止推轴承的配合间隙	(1)两端面平行度误差≤0.002mm (2)表面粗糙度 R_a0.2以下 (3)配合间隙0.01～0.02mm	配磨后研磨推力轴承，达到配合间隙

（续）

装 配 要 求	精 度 要 求	调整及检验方法
保证轴承孔与丝杠轴颈的间隙	丝杠轴颈为 ϕ30mm～ϕ100mm 时，配合间隙推荐 0.01～0.02mm	分别检验轴承孔与丝杠轴颈的直径，如间隙过紧可研磨轴承孔
前、后轴承孔同轴	同轴度误差≤0.01mm	见本章第四节

复 习 题

1. 机床导轨有何作用？对导轨有哪些要求？

2. 机床导轨有哪些结构形式？各有何特点？

3. 机床导轨有哪些精度要求？

4. 试述机床导轨刮削的基本原则。

5. 简述车床床身导轨的刮削方法。

6. 试述用方框水平仪测量导轨在垂直平面内的直线度误差的方法。

7. 当水平仪气泡移动格数为：

0.5、+1、+0.5、+1、0、−0.5、−0.5、0、−0.5、0 时，作出导轨在垂直平面内的直线度误差曲线图。

8. 试述用光学平直仪测量导轨在垂直平面内的直线度误差值的方法。

9. 简述滑动导轨间隙的调整方法（镶条结构）。

10. 螺旋机构的装配技术要求有哪些？

11. 单、双螺母螺旋传动机构消隙的方法各有哪几种？

12. 校正两轴承孔与螺母孔同轴度的方法有哪几种？

13. 以什么来表示丝杠回转精度的高低？

14. 简述丝杠螺母副回转精度的调整方法？

第六章 卧式车床及其装配修理

卧式车床在金属切削加工中，应用很广，在传动和结构上也比较典型。同时车床的装配工艺，对解决各类机床的装配工艺问题，具有一定的普遍指导意义。本章将对较有代表性的 CA6140 型卧式车床的传动、结构、精度要求及其装修工艺等问题作较详细的介绍。

第一节 CA6140 型车床的传动系统和主要部件

一、车床的组成及其传动系统

1. 车床的组成及其作用 卧式车床主要由主轴箱、进给箱、溜板箱、溜板与刀架、尾座和床身等部件组成（见图 6-1）。

床身 7 固定在左、右床腿 12 和 8 上，用来支承车床的各个部件，顶面上有两组导轨，用作溜板及尾座的运动导向。

主轴箱 1 固定安装在床身的左端，内装有主轴和变速传动机构，用来把电动机的旋转运动传给主轴，再通过安装在主轴上的夹具带动工件旋转。变换主轴箱内侧面上的变速操纵手柄位置，可改变主轴的转速。

尾座 6 安装在床身的右端，其上可装后顶尖以支承长工件，也可安装钻头等孔加工刀具以进行钻、扩、铰孔等加工。尾座可沿床身顶面的一组导轨（尾座导轨）作纵向调整移动，然后夹紧在所需要的位置上，以适应加工不同长度工件。

溜板部件有床鞍 2、中滑板 3 和小滑板 5 三层。床鞍可在床身顶面的一组导轨（溜板导轨）上作纵向进给运动；中

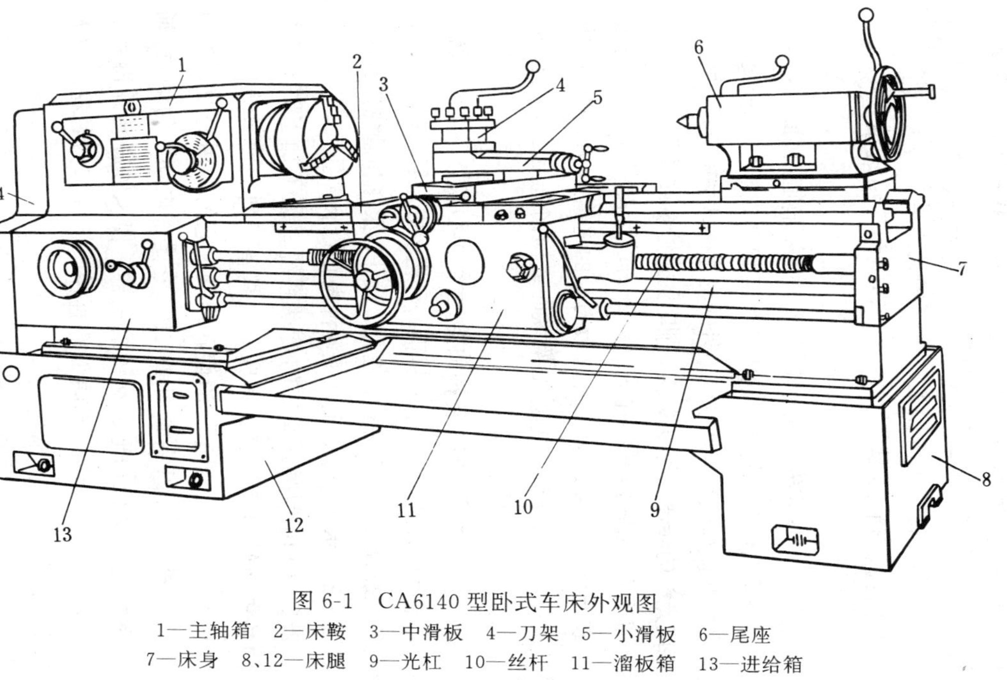

图 6-1　CA6140 型卧式车床外观图

1—主轴箱　2—床鞍　3—中滑板　4—刀架　5—小滑板　6—尾座
7—床身　8、12—床腿　9—光杠　10—丝杆　11—溜板箱　13—进给箱
14—挂轮箱

滑板可在床鞍上面的燕尾导轨上作横向进给运动；小滑板可在转盘上的燕尾导轨上作纵向手动进给运动。

刀架 4 安装在小滑板上，用来装夹刀具。

交换齿轮箱 14 是把主轴的旋转运动传给进给箱的过渡部件。

进给箱 13 固定安装在主轴箱下方的床身前左侧面上，用来把交换齿轮箱传来的旋转运动传给丝杠 10 或光杠 9。调换交换齿轮架上的配换齿轮和变换进给箱外的变速操纵手柄位置，可改变丝杠或光杠的转速，可以变换车削时的进给量或导程。

溜板箱 11 固定安装在床鞍前下方的装配基面上，用来把丝杠或光杠的旋转运动变为溜板刀架的进给运动。变换溜板箱外的操纵手柄位置，可对刀架纵向或横向进给运动的接通、断开和变向进行控制。

卧式车床适用于加工各种轴类、套筒类和盘类零件的回转表面，如车削内外圆柱表面、圆锥面、环槽及成形回转表面；车端面及各种螺纹；还能作钻孔、镗孔、铰孔、滚花和盘绕弹簧等工作。图 6-2 所示为在车床上加工各种表面的示意图。

2. CA6140 型卧式车床的传动系统　为了加工图 6-2 所示的各种回转表面，卧式车床必须具备下列三种运动：

（1）主运动：即主轴的旋转运动。它的作用是使刀具与工件作相对运动，以完成切削工作。它是以电动机为动力，通过一系列的传动机构把运动传给主轴，使主轴旋转并得到各种不同的转速，以满足不同工件直径、工件和刀具材料以及进行不同加工工序的需要。

（2）进给运动：即刀架的直线运动。它的作用是使工件上的金属层不断地进入切削，以便切削出整个加工表面。它是由主轴开始，通过一系列的传动机构把运动传给刀架，使

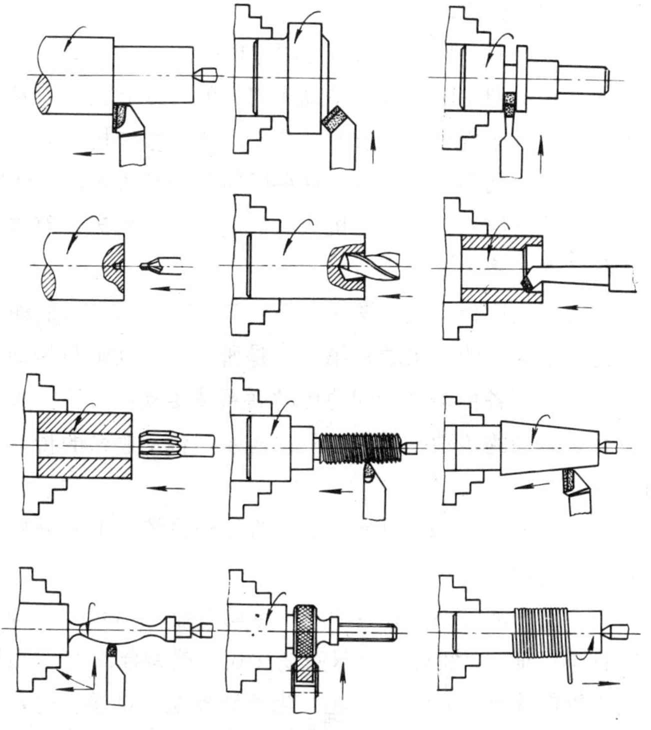

图 6-2　车床加工的基本内容

刀架实现三种不同的进给运动（车螺纹运动、纵向进给运动和横向进给运动），并得到各种不同的进给量，以满足不同车削加工。

（3）辅助运动：除了主运动和进给运动以外，卧式车床还有辅助运动，也叫切入运动。它使工件达到所需的尺寸，通常切入运动的方向与进给运动的方向相垂直。例如车外圆时，切入运动是由刀架间歇地作横向运动来实现的。

除上述三种运动外，在 CA6140 卧式车床上还有刀架纵向和横向的快速移动。

图 6-3 所示为卧式车床的传动方框图。

从电动机到主轴，或由主轴到刀架的传动联系，通常称为传动链。机床所有传动链的综合就组成了整台机床的传动系统，并用传动系统图表示。这种图能简明地表示出机床的传动情况及其结构。在装修机床时，它是分析机床内部传动规律和基本结构的重要资料。

在阅读机床传动系统图时，第一步首先找出动力的输入端，再找出动力的输出端；第二步是研究各传动轴与传动件的连接形式和各传动轴之间的传动联系及传动比；第三步是分析整个运动的传动关系，并列出表示其传动联系的传动链结构式。

图 6-4 为 CA6140 型卧式车床的传动系统，下面分析说明其主要传动链。

（1）主运动传动链：运动由主电动机经 V 带传至主轴箱中的轴Ⅰ。轴Ⅰ上装有一个双向多片式摩擦离合器 M_1，用以控制主轴的正转、反转或停止。当离合器左半部接合时，轴Ⅰ的运动经离合器 M_1 左部摩擦片及齿轮副$\frac{56}{38}$或$\frac{51}{43}$传给轴Ⅱ。当离合器右半部接合时，轴Ⅰ的运动经离合器 M_1 右部摩擦片及齿轮副$\frac{50}{34}\times\frac{34}{30}$传给轴Ⅱ。由于增加了中间隋轮，使轴Ⅱ的转向与经 M_1 左部传动时的转向相反。轴Ⅱ的运动分别通过齿轮副$\frac{22}{58}$、$\frac{30}{50}$或$\frac{39}{41}$传给轴Ⅲ，然后分两路传给主轴。当主轴Ⅵ上的滑移齿轮 Z50 处于左边位置时，运动经齿轮副$\frac{63}{50}$直接传给主轴，使主轴得到高转速。当滑移齿轮Z50向右

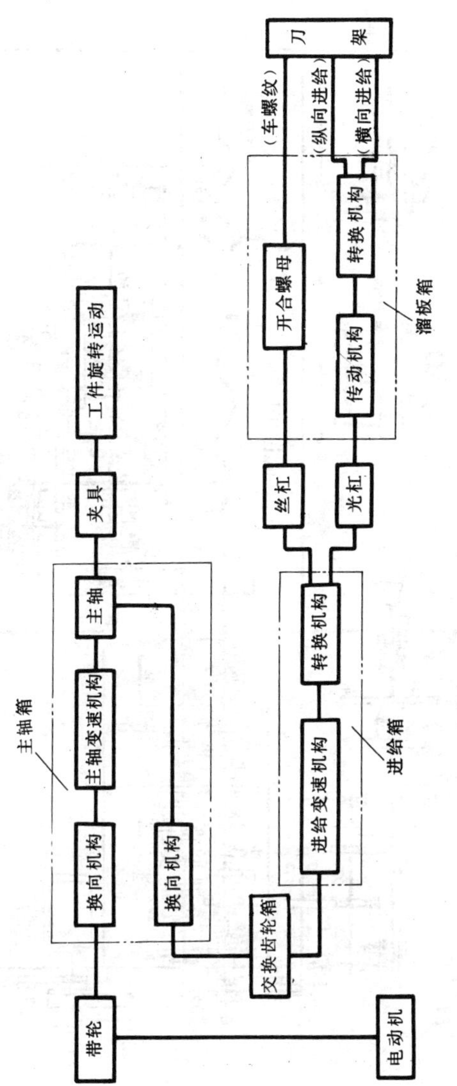

图 6-3 卧式车床传动方框图

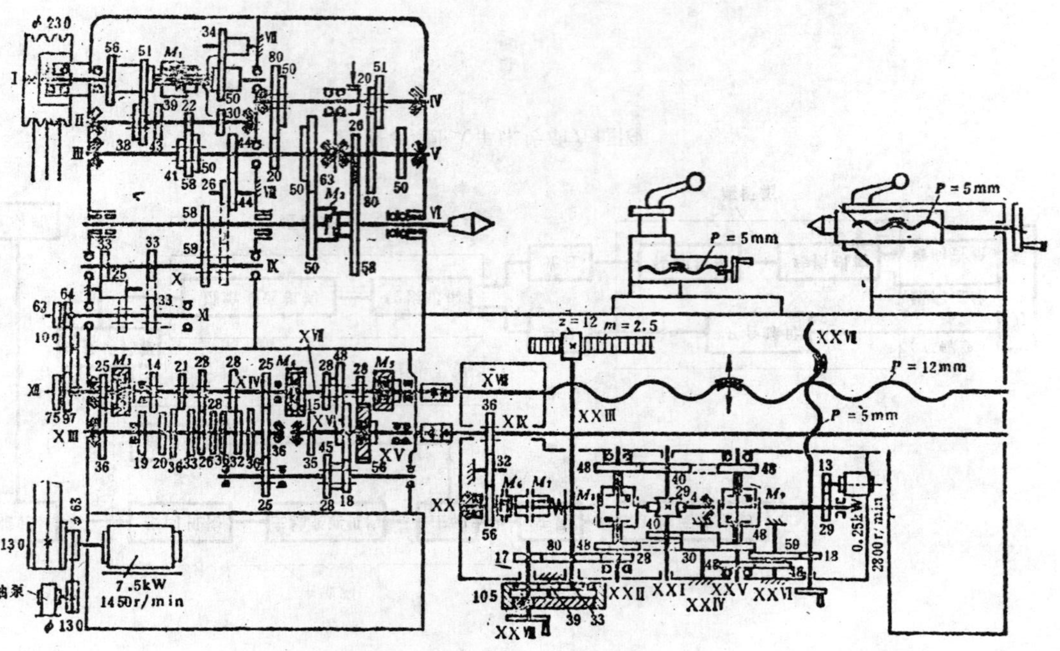

图 6-4 CA6140型卧式车床传动系统

移，使齿轮式离合器 M_2 接合时，于是轴Ⅲ的运动经齿轮副$\frac{20}{80}$或$\frac{50}{50}$传动轴Ⅳ，再经过齿轮副$\frac{20}{80}$或$\frac{51}{50}$传动轴Ⅴ，然后经过齿轮副$\frac{26}{58}$及 M_3 传动主轴，使主轴获得中、低转速。主运动传动链的传动路线结构式如下：

$$
\underset{\left(\begin{array}{c}7.5\text{kW}\\1450\text{r/min}\end{array}\right)}{\text{电动机}}-\frac{130}{230}-\text{I}-\left\{\begin{array}{l}\overset{\leftarrow}{M_1}\ (\text{正转})-\left\{\begin{array}{c}\frac{51}{43}\\\frac{56}{38}\end{array}\right\}-\\ M_1\ (\text{反转})-\frac{50}{34}-\text{Ⅶ}-\frac{34}{30}\end{array}\right\}-\text{Ⅱ}-\left\{\begin{array}{c}\frac{39}{41}\\\frac{30}{50}\\\frac{22}{58}\end{array}\right\}-
$$

$$
-\text{Ⅲ}-\left\{\begin{array}{l}\frac{63}{50}\overset{\leftarrow}{M_2}-\!-\!-\!-\!-\!-\!-\!-\!-\!-\\ \left\{\begin{array}{c}\frac{20}{80}\\\frac{50}{50}\end{array}\right\}-\text{Ⅳ}-\left\{\begin{array}{c}\frac{20}{80}\\\frac{51}{50}\end{array}\right\}-\text{Ⅴ}-\frac{26}{58}-\overset{\rightarrow}{M_3}\end{array}\right\}-\text{主轴Ⅵ}
$$

（2）车螺纹传动链：CA6140 型卧式车床能车削公制、英制、模数制和径节制四种标准的常用螺纹；此外，还可以车削大导程、非标准和较精密的螺纹。下面仅对车削公制螺纹的传动链进行叙述。

车削公制螺纹时，进给箱中的离合器 M_5 接合，M_3 和 M_4

脱开。此时，运动由主轴Ⅵ经齿轮副$\frac{58}{58}$、轴Ⅸ-Ⅺ间的换向机构、交换齿轮$\frac{63}{100}\times\frac{100}{75}$传至进给箱的轴Ⅻ。然后再经齿轮副$\frac{25}{36}$、轴ⅩⅢ-ⅩⅣ间的滑移齿轮变速机构、齿轮副$\frac{25}{36}\times\frac{36}{25}$传至轴ⅩⅤ。接下去再经轴ⅩⅤ-ⅩⅦ间的两组滑移齿轮变速机构和离合器 M_5，传动丝杠ⅩⅧ旋转。合上溜板箱中的开合螺母，使之与丝杠啮合，便带动刀架纵向移动。

车削公制螺纹时，传动链的传动路线结构式如下：

$$\text{主轴 VI}-\frac{58}{58}-\text{IX}-\left\{\begin{array}{l}\frac{33}{33}\\ \text{(右旋螺纹)}\\ \frac{33}{25}\times\frac{25}{33}\\ \text{(左旋螺纹)}\end{array}\right\}-\text{XI}-\frac{63}{100}\times\frac{100}{75}-$$

$$-\text{XII}-\frac{25}{36}-\text{XIII}-\left\{\begin{array}{c}\frac{26}{28}\\ \frac{28}{28}\\ \frac{32}{28}\\ \frac{36}{28}\\ \frac{19}{14}\\ \frac{20}{14}\\ \frac{33}{21}\\ \frac{36}{21}\end{array}\right\}-$$

$$—\text{XIV}—\frac{25}{36}\times\frac{36}{25}—\text{XV}—\begin{vmatrix}\frac{28}{35}\times\frac{35}{28}\\ \frac{18}{45}\times\frac{35}{28}\\ \frac{28}{35}\times\frac{15}{48}\\ \frac{18}{45}\times\frac{15}{48}\end{vmatrix}—\text{XVII}—M_5—\text{XVIII}\text{(丝杠)}—\text{刀架}$$

（3）纵向和横向进给传动链：刀架机动进给的纵向和横向运动传动链。由主轴至进给箱轴 XXII 的传动路线，与车削公制和英制螺纹时的传动路线相同。运动由轴 XVII 经齿轮副 $\frac{28}{56}$ 传至光杠 XIX（此时离合器 M_6 脱开，齿轮 Z28 与轴 XIX 上的齿轮 Z56 啮合），再由光杠经溜板箱中的传动机构，分别传至齿轮齿条机构和横向进给丝杠 XXVII，使刀架作纵向或横向机动进给运动。进给方向的变换，由双向牙嵌公离合器 M_8、M_9 和齿轮副 $\frac{40}{48}$、$\frac{40}{30}\times\frac{30}{48}$ 组成的换向机构来实现。进给传动链的传动路线结构式如下：

$$\text{主轴VI}—\left\{\begin{matrix}\text{公制螺纹传动路线}\\ \text{英制螺纹传动路线}\end{matrix}\right\}—\text{XVII}—\frac{28}{56}—\text{XIX(光杠)}—\frac{36}{32}\times\frac{32}{56}—M_6\text{(超越离合器)}—M_7\text{(安全离合器)}—\text{XX}—\frac{4}{29}—\text{XXI}—$$

$$\left\{\begin{matrix}\left\{\begin{matrix}\frac{40}{48}—M_8\uparrow\\ \frac{40}{30}\times\frac{30}{48}—M_8\downarrow\end{matrix}\right\}—\text{XXII}—\frac{28}{80}—\text{XXIII}—Z12—\text{齿条}—\text{刀架(纵向进给)}\\ \left\{\begin{matrix}\frac{40}{48}—M_9\uparrow\\ \frac{40}{30}\times\frac{30}{48}—M_9\downarrow\end{matrix}\right\}—\text{XXV}—\frac{48}{48}\times\frac{59}{18}—\text{XXVII}—\text{刀架(横向进给)}\end{matrix}\right.$$

刀架的纵向和横向机动快速移动，由装在溜板箱内的快速电动机（0.25kW，2800r/min）传动。运动经齿轮副$\frac{13}{29}$传至轴 XX，然后沿着工作进给时相同的传动路线，传至齿轮齿条机构和横向进给丝杠，使刀架快速移动。当快速电动机传动轴 XX 快速旋转时，依靠齿轮 Z56 与轴 XX 间的超越离合器 M_6，使工作进给传动链自动断开。快速电动机停转时，工作进给传动链又自动重新接通。

二、主要结构及其调整方法

1. 主轴部件的结构及调整　图 6-5 所示为 CA6140 车床主轴部件的结构图。为提高主轴的刚度和抗振性，采用三支承结构。前后支承各装有一个调心滚子轴承 8 和 3，中间支承处则装有一个圆柱滚子轴承 4，用以承受径向力。在前支承处还装有一个 60°角接触球轴承 6，用以承受左右两个方向的轴向力。向左的轴向力由主轴 Ⅵ 经螺母 10、轴承 8 的内圈、轴承 6 传至箱体；向右的轴向力由主轴经螺母 5、轴承 6、

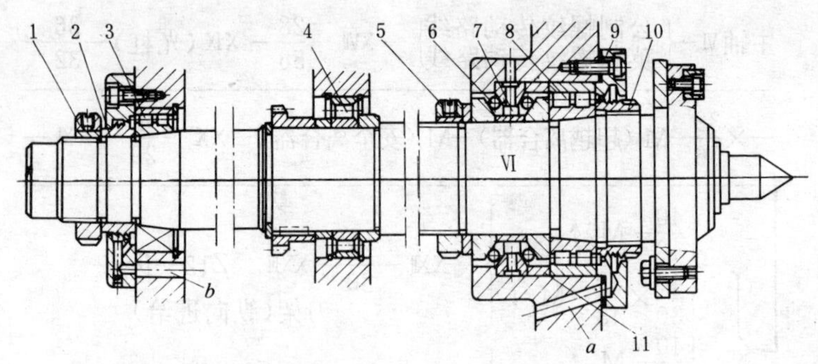

图 6-5　CA6140 型卧式车床主轴部件

1、5、10—螺母　2—端盖　3、4、6、8—轴承　7—垫圈　9—轴承盖　11—隔套

隔套 11、轴承 8 的外圈、轴承盖 9 传至箱体。轴承间隙的调整方法如下：前轴承 8 可用螺母 5 和 10 调整。调整时先拧松螺母 10，然后拧紧带锁紧螺钉的螺母 5，使轴承 8 的内圈相对主轴锥形轴颈向右移动。由于锥面的作用，薄壁的轴承内圈产生径向弹性膨胀，将滚子与内外圈之间的间隙消除。调整妥当后，再将螺母 10 拧紧。后轴承 3 的间隙可用螺母 1 调整。中间的轴承 4，其间隙不能调整。一般情况下，只要调整前轴承即可，只有当调整前轴承后仍不能达到要求的旋转精度时，才需调整后轴承。

主轴是空心阶梯轴。主轴前端的锥孔为莫氏 6 号锥度，用以安装顶尖和心轴。主轴前端的短圆锥定位面，用短法兰盘式结构安装卡盘或拨盘。内孔用以通过长棒料。

2. 双向多片式摩擦离合器、闸带式制动装置及其操纵机构　双向摩擦离合器的作用是接通或停止主轴的正转和反转。它的结构如图 6-6 所示。它由若干内摩擦片和外摩擦片相间地套在轴 I 上，内摩擦片的内孔是花键孔，套在轴 I 的花键上作为主动片，外摩擦片的内孔是圆孔，空套在轴 I 上，它的外缘上有四个凸起，刚好卡在齿轮一端的四个槽内作被动片。两端的齿轮是空套在轴 I 上的，当压紧左面内外摩擦片时，左端齿轮随轴 I 一起旋转；当压紧右端内外摩擦片时右端齿轮随轴 I 一起旋转；当左右两端内外摩擦片均不压紧时，左右两端齿轮均不旋转。

摩擦离合器除了能传递动力以外，还能起过载保护作用。当机床过载时，内外摩擦片打滑，于是主轴就停止转动，避免机床损坏。

闸带式制动装置的作用是：在摩擦离合器脱开主轴停转过程中，用来克服主轴箱各运动件的惯性，使主轴迅速停止

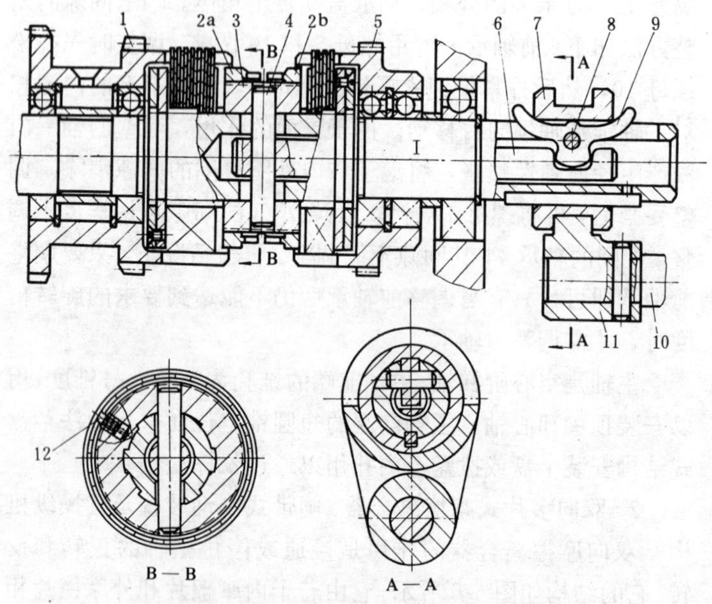

图 6-6　双向多片式摩擦离合器

1—双联齿轮　2—螺母　3—花键压套　4、8—销子　5—空套齿轮　6—杆　7—滑套　9—摆杆　10—齿条轴　11—齿条　12—定位销

转动，以缩短辅助时间，其结构如图 6-7 所示。它由制动轮 7、制动带 6 和杠杆 4 等组成。制动轮 7 是一钢制圆盘，与传动轴Ⅳ用花键联接。制动带为一钢带，其内侧固定着一层铜丝石棉，以增加摩擦因数。制动带绕在制动轮上，它的一端通过调节螺钉 5 与主轴箱体 1 联接，另一端固定在杠杆 4 的上端。杠杆通过操纵机构可绕轴 3 摆动，使制动带处于拉紧或放松状态，主轴便得到及时制动或松开。

摩擦离合器和制动装置是联动操纵的，其操纵机构见图6-8所示。当向上扳动手柄6时，通过由零件7、8和9组

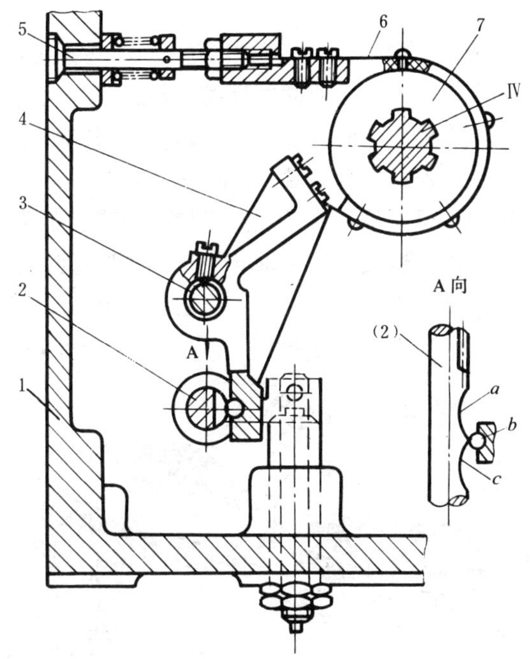

图 6-7 闸带式制动装置

1—主轴箱体 2、3—轴 4—杠杆 5—调节螺钉 6—制动带 7—制动轮

成的杠杆机构使轴 10 和齿扇 11 顺时针转动，传动齿条轴 12 及固定在其左端的拨叉 13 右移，拨叉又带动滑套 3 右移。滑套右移时，依靠其内孔的锥形部分将摆杆 9（见图 6-6）的右端下压，使它绕销子 8 顺时针摆动，其下部凸起部分便推动装在轴 I 内孔中的杆 6 向左移动，再通过固定在杆 6 左端的销子 4，使花键压套 3 和螺母 2*a* 向左压紧左面一组摩擦片，将空套双联齿轮 1 与轴 I 联接，于是主轴起动沿正向旋转。向下扳动手柄时，齿条轴 10 带动滑套 7 左移，摆杆 9 逆时针摆动，杆 6 向右移动，带动花键压套 3 和螺母 2*b* 向右压紧右面一组摩擦片，将空套齿轮 5 与轴 I 联接，于是主轴起动沿反

向旋转。手柄6（见图6-8）扳至中间位置时，齿条轴12和滑套3也都处于中间位置，双向摩擦离合器的左右两组摩擦片都松开，传动链断开主轴停止不转。此时，齿条轴12上的凸起部分压着制动器杠杆的下端，将制动带6（见图6-7）拉紧，于是主轴被制动迅速停止旋转。而当齿条轴移向左端或右端位置，使摩擦离合器接合，主轴起动时，圆弧形凹入部分与杠杆4接触，制动带松开，主轴不受制动作用。

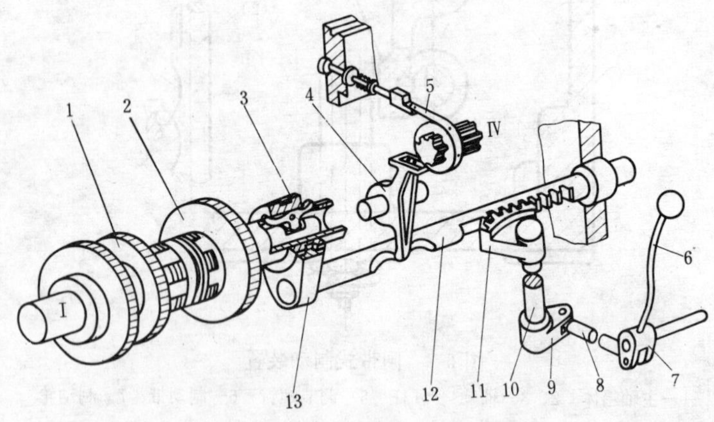

图6-8 主轴开停及制动操纵机构

1—双联齿轮 2—空套齿轮 3—滑套 4—销子 5—杆 6—手柄 7、8、9—杠杆机构 10—轴 11—齿扇 12—齿条轴 13—拨叉

制动时，制动带的拉紧程度，可用主轴箱后壁上的螺钉5（见图6-7）进行调整。在调整合适的情况下，应是停车时主轴能迅速停止，而开车时制动带将完全松开。内外摩擦片的压紧程度要适当，过松，不能传递足够的转矩，摩擦片易打滑发热，主轴转速降低甚至停转；过紧，操纵费力。其调整方法是先将定位销12压出螺母2的缺口（见图6-6中B-B剖面），然后旋转螺母2，即可调整摩擦片间的间隙。调整后，

让定位销弹出，重新卡入螺母的另一缺口内，使螺母定位防松。

3. 开合螺母机构　开合螺母用来接通丝杠传来的运动。它由上下两个半螺母 1 和 2 组成，装在溜板箱体后壁的燕尾形导轨中（见图 6-9），可上下移动。上下半螺母的背面各装有一个圆柱销 3，其伸出端分别嵌在槽盘 4 的两条曲线槽中。扳动手柄 6，经轴 7 使槽盘逆时针转动（图 6-9b），曲线槽迫使两圆柱销互相靠近，带动上下半螺母合拢，与丝杠啮合，刀架便由丝杠螺母经溜板箱传动移动。槽盘顺时针转动时，曲线槽通过圆柱销使两半螺母分离，与丝杠脱开，刀架便停止进给。

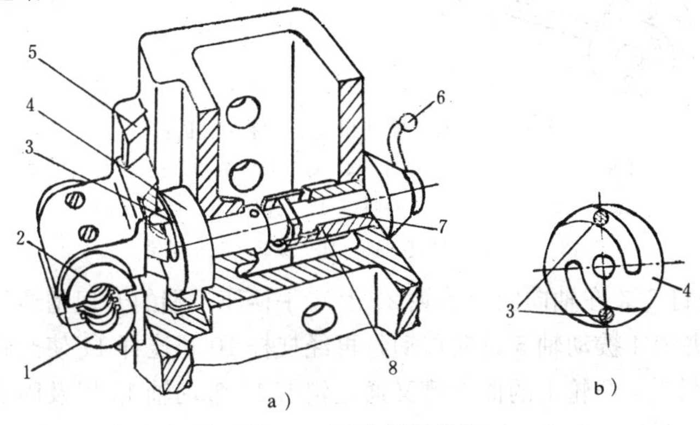

图 6-9　开合螺母机构

1、2—开合螺母　3—圆柱销　4—槽盘　5—机体　6—手柄　7—轴　8—固定套

4. 纵、横向机动进给操纵机构　纵、横向机动进给运动的接通、断开及其变向由一个手柄集中操纵，而且手柄扳动方向与刀架运动方向一致，使用比较方便。图 6-10 为其结构图，向左或向右扳动手柄1，使手柄座3绕着销钉2摆动

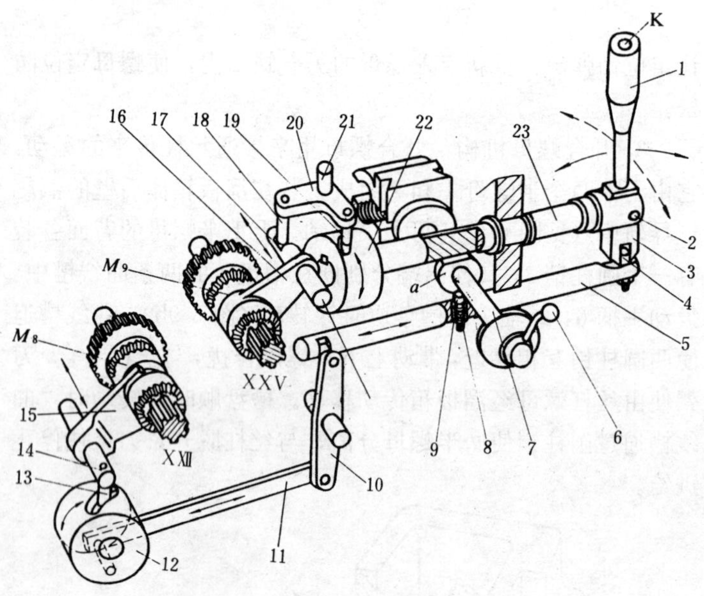

图 6-10　纵、横向机动进给操纵机构

1、6—手柄　2—销钉　3—手柄座　4—球头销　5、7、14、17、23—轴　8、9—球头销　10、20—杠杆　11—连杆　12、22—凸轮　13、18、19—销钉　15、16—拨叉　21—轴销

(销钉 2 装在轴向固定的轴 23 上)。手柄座下端的开口槽通过球夹销 4 拨动轴 5 轴向移动，再经杠杆 10 和连杆 11 使凸轮 12 转动，凸轮上的曲线槽又通过销钉 13 带动轴 14 以及固定在它上面的拨叉 15 向前或向后移动。拨叉拨动离合器 M_8，使之与轴 XXⅡ 上的相应空套齿轮啮合，于是纵向机动进给运动接通，刀架相应地向左或向右移动。

向后或向前扳动手柄 1，通过手柄座 3 使轴 23 以及固定在它左端的凸轮 22 转动时，凸轮上的曲线槽通过销钉 19 使杠杆 20 绕轴销 21 摆动，再经杠杆 20 上的另一销钉 18 带动轴 17 以及固定在其上的拨叉 16 轴向移动。拨叉拨动离合器

M_9，使之与轴XXV上的相应空套齿轮啮合，于是横向机动进给运动接通，刀架相应地向前或向后移动。

手柄1扳至中间直立位置时，离合器M_8和M_9处于中间位置，机动进给传动链断开。

当手柄扳至左、右、前、后任一位置，如按下装在手柄1顶端的按钮K，则快速电动机起动，刀架便在相应方向上快速移动。

5. 互锁机构　互锁机构的作用是使机床在接通机动进给时，开合螺母不能合上；反之，在合上开合螺母时，机动进给就不能接通。

图6-11为CA6140车床溜板箱中互锁机构的工作原理图，是图6-10的局部放大图。它由开合螺母操纵手柄轴6上的凸肩*a*、固定套4和机动操纵机构轴1上的球头销2、弹簧7等组成。

图6-11a所示为停车位置，即机动进给（或快速移动）未接通，开合螺母处于脱开状态。这时，可以任意接合开合螺母或机动进给。图6-11b所示为合上开合螺母时的情况，这时由于手柄的轴6转过一个角度，它的平轴肩旋入到轴5的槽中，使轴5不能转动。同时，轴6转动使V形槽转过一定角度，将装在固定套4横向孔中的球头销3往下压，使它的下端插入轴1的孔中，将轴1锁住，使其不能左右移动。所以，当合上开合螺母时，机动进给手柄即被锁住。图6-11c所示为向左、右扳动机动进给手柄，接通纵向机动进给时，由于轴1沿轴向移动了位置，其上的横孔不再与球头销3对准，使球头销不能往下移动，因而轴6被锁住，开合螺母不能闭合。图6-11d所示为前后扳动机动进给手柄，接通横向机动进给时，由于轴5转动了位置，其上面的沟槽不再对准轴6上的凸肩

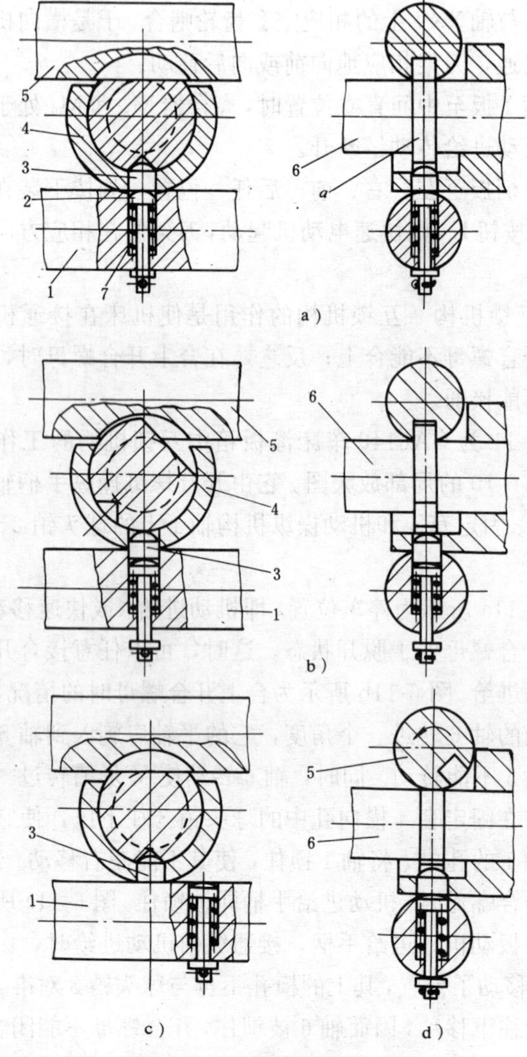

图 6-11 互锁机构工作原理

1、5、6—轴 2、3—球头销 4—固定套 7—弹簧

a，使轴 6 无法转动，开合螺母也不能闭合。

6. 安全离合器和超越离合器　在 CA6140 车床溜板箱中的轴XX上，安装有单向超越离合器（见图 6-12 中的 M_6）和安全离合器（图 6-12 中的 M_7）。超越离合器的作用，是在机动慢进和快进两个运动交替作用时，能实现运动的自动转换；安全离合器的作用，是当进给阻力过大或刀架移动受阻时，能自动断开机动进给传动链，使刀架停止进给，避免传动机构损坏。

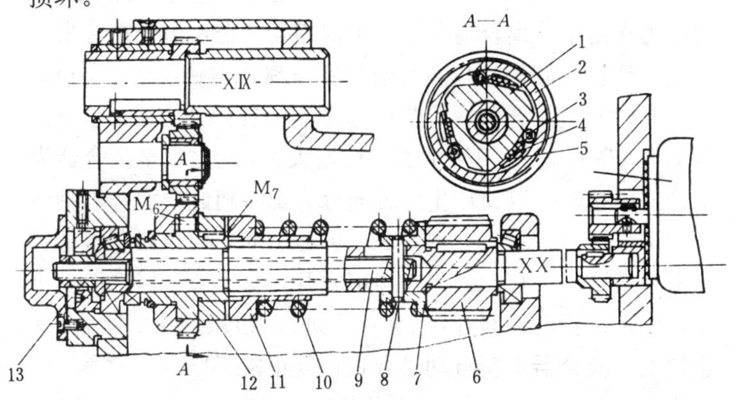

图 6-12　安全离合器和超越离合器

1—星形体　2—圆柱滚子　3—弹簧销　4—弹簧　5—外环　6—齿轮　7—弹簧座　8—横销　9—拉杆　10—弹簧　11、12—螺旋形齿爪　13—螺母

超越离合器的结构见图 6-12 中的 $A—A$ 剖面。它由星形体 1、三个短圆柱滚子 2、三个弹簧销 3 和弹簧 4 以及带齿轮的外环 5 组成。外环空套在星形体上，当慢速运动由轴XIX经齿轮副使外环按图示逆时针方向旋转时，依靠摩擦力能使滚子楔紧在外环 5 与星形体 1 之间，带动星形体一起转动，并把运动传给安全离合器 M_7，再通过花键传给轴XX，实现正常机动进给。当按下快速电机按钮时，轴XX及星形体 1 得到

一种与外环转向相同，而转速快得多的旋转运动。这时，滚子与外环和星形体之间的摩擦力，使滚子向楔形槽的宽端滚动，从而脱开外环与星形体之间的传动联系。这时光杠XIX及齿轮虽然仍在旋转，但不再传动轴XX。因此，刀架快速移动时，无需停止光杠的转动。

安全离合器 M_7 由端面带螺旋形齿爪的左右两半部 12 和 11 组成。其左半部 12 用键固定在超越离合器的星形体 1 上，右半部 11 与轴XX用花键连接。正常工作时，在弹簧 10 的压力作用下，离合器左右两半部相互啮合，由光杠传来的运动，经齿轮副、超越离合器和安全离合器传至轴XX和蜗杆。此时安全离合器螺旋齿面上产生的轴向分力 $F_{轴}$ 小于弹簧压力（图 6-13）。刀架上的载荷增大时，通过安全离合器齿爪传递的扭矩，以及产生的轴向分力都将随之增大。当轴向分力 $F_{轴}$ 超过弹簧 10（图 6-12）的压力时，离合器右半部将压缩弹簧而向右移动，与左半部脱开，安全离合器打滑，于是机动进给传动链断开，刀架停止进给。过载现象消除后，弹簧使安全离合器重新自动接合，恢复正常工作。

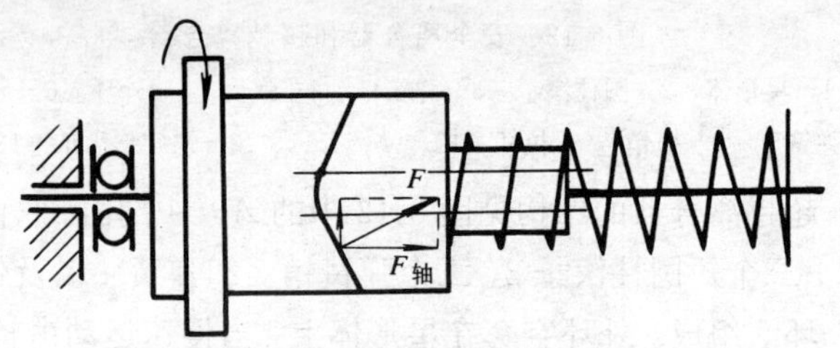

图 6-13　安全离合器工作原理

机床许用的最大进给力，可通过弹簧的调定压力控制。利用螺母 13（见图 6-12）通过拉杆 9 和横销 8 调整弹簧座 7 的轴向位置，可调整弹簧的压力大小。

第二节　卧式车床的精度标准与精度检验方法

为了保证机床的制造质量，保证工件达到所需的加工精度和表面粗糙度，国家对各类通用机床都规定了精度标准及检验方法。卧式车床精度标准（GB/T4020—1997）是以表格形式列出的。内容包括：几何精度检验的项目、检验方法、采用的检验工具和允差值；工作精度检验的项目、检验性质、试件尺寸、切削条件和允差值。金属切削机床精度检验通则（JB2670—82）、则规定了有关检验方法的定义、检验工具的使用、公差的一般原理以及检验前的准备工作等，使机床几何精度和工作精度的检验方法标准化。因此在装修机床之前，必须做到全面熟悉和掌握。表 6-1 所列为最大工件回转直径 $D_a \leqslant 800$mm、最大工件加工长度 $500\text{mm} \leqslant D_c \leqslant 1000$mm 普通车床的精度标准，其中 $G_1 \sim G_{15}$ 项为几何精度，$P_1 \sim P_3$ 项为工作精度。各项目的检验方法作具体介绍如下。

表 6-1　卧式车床精度标准（摘自 GB/T4020—1997）

<table>
<tr><th rowspan="3">序号</th><th rowspan="3">检验项目</th><th colspan="3">允差[1]/mm</th><th rowspan="3">检验工具</th></tr>
<tr><th>精密级</th><th colspan="2">普通级</th></tr>
<tr><th>$D_a \leqslant 500$ 和
$DC \leqslant 1\ 500$</th><th>$D_a \leqslant 800$</th><th>$800 < D_a \leqslant 1\ 600$</th></tr>
<tr><td rowspan="6">G1</td><td rowspan="6">A—床身导轨调平
a)纵向：导轨在垂直平面内的直线度</td><td rowspan="2">$DC \leqslant 500$
0.01（凸）</td><td colspan="2">$DC \leqslant 500$</td><td rowspan="6">精密水平仪，光学仪器或其他方法</td></tr>
<tr><td>0.01（凸）</td><td>0.015（凸）</td></tr>
<tr><td rowspan="4">$500 < DC \leqslant 1000$
0.015 凸
局部公差[2]
任意 250 测量长度上为 0.005</td><td colspan="2">$500 < DC \leqslant 1000$</td></tr>
<tr><td>0.02（凸）</td><td>0.03（凸）</td></tr>
<tr><td colspan="2">局部公差
任意 250 测量长度上为</td></tr>
<tr><td>0.0075</td><td>0.01</td></tr>
</table>

（续）

<table>
<tr><td rowspan="3">序号</td><td rowspan="3">检验项目</td><td colspan="3">允差①/mm</td><td rowspan="3">检验工具</td></tr>
<tr><td>精密级</td><td colspan="2">普通级</td></tr>
<tr><td>D_a≤500 和 DC≤1 500</td><td>D_a≤800</td><td>800<D_a≤1 600</td></tr>
<tr><td rowspan="5">G1</td><td rowspan="4"></td><td rowspan="4">1000<DC≤1500
0.02（凸）
局部公差②
任意 250 测量长度上为 0.005</td><td colspan="2">DC>1 000
最大工件长度每增加 1000 允差增加：</td><td rowspan="4"></td></tr>
<tr><td>0.01</td><td>0.02</td></tr>
<tr><td colspan="2">局部公差
任意 500 测量长度上为</td></tr>
<tr><td>0.015</td><td>0.02</td></tr>
<tr><td>b）横向：导轨应在同一平面内</td><td>b）水平仪的变化
0.03/1 000</td><td colspan="2">b）水平仪的变化
0.04/1 000</td><td>精密水平仪</td></tr>
<tr><td rowspan="5">G2</td><td rowspan="5">B—溜板
溜板移动在水平面内的直线度
在两顶尖轴线和刀尖所确定的平面内检验</td><td rowspan="2">DC≤500
0.01</td><td colspan="2">DC≤500</td><td rowspan="5">a）对于 DC≤2000mm：指示器和两顶尖间的检验棒或平尺
b）不管 DC 为任何值：钢丝和显微镜或光学方法</td></tr>
<tr><td>0.015</td><td>0.02</td></tr>
<tr><td>500<DC≤1000
0.015</td><td>0.02</td><td>0.025</td></tr>
<tr><td rowspan="2">1000<DC≤1500
0.02</td><td colspan="2">DC>1000
最大工件长度每增加 1000 允差增加 0.005 最大允差</td></tr>
<tr><td>0.03</td><td>0.05</td></tr>
<tr><td rowspan="3">G3</td><td rowspan="3">尾座移动对溜板移动的平行度：
a）在水平面内；
b）在垂直平面内</td><td rowspan="3">a）0.02 局部公差，任意 500 测量长度上为 0.01
b）0.03 局部公差，任意 500 测量长度上为 0.02</td><td colspan="2">DC≤1500</td><td rowspan="3">指示器</td></tr>
<tr><td>a）和 b）0.03</td><td>a）和 b）0.04</td></tr>
<tr><td colspan="2">局部公差
任意 500 测量长度上为 0.02
DC>1500
a）和 b）0.04
局部公差
任意 500 测量长度上为 0.03</td></tr>
</table>

（续）

序号	检验项目	允差①/mm			检验工具
		精密级	普通级		
		D_a≤500和 DC≤1 500	D_a≤800	800<D_a≤1 600	
G4	C—主轴 a）主轴轴向窜动； b）主轴轴肩支承面的跳动	a）0.005 b）0.01包括轴向窜动	a）0.01 b）0.02 包括轴向窜动	a）0.015 b）0.02 包括轴向窜动	指示器和专用检具
G5	主轴定心轴颈的径向跳动	0.007	0.01	0.015	指示器
G6	主轴轴线的径向跳动： a）靠近主轴端面； b）距主轴端面 $D_a/2$ 或不超过300mm[1)]	a）0.005 b）在300测量长度上为0.015 在200测量长度上为0.01 在100测量长度上为0.005	a）0.01 b）在300测量长度上为0.02	a）0.015 b）在500测量长度上为0.05	指示器和检验棒
G7	主轴轴线对溜板纵向移动的平行度。 测量长度 $D_a/2$ 或不超过300mm[1)] a）在水平面内； b）在垂直平面内	a）在300测量长度上为0.01 向前 b）在300测量长度上为0.02 向上	a）在300测量长度上为0.015 向前 b）在300测量长度上为0.02 向上	a）在500测量长度上为0.03 向前 b）在500测量长度上为0.04 向上	指示器和检验棒

（续）

序号	检验项目	允差[①]/mm			检验工具
		精密级	普通级		
		D_a≤500 和 DC≤1 500	D_a≤800	800＜D_a≤1 600	
G8	主轴顶尖的径向跳动	0.01	0.015	0.02	指示器
G9	D—尾座 尾座套筒轴线对溜板移动的平行度； a）在水平面内； b）在垂直平面内	a）在100测量长度上为0.01 向前 b）在100测量长度上为0.015 向上	a）在100测量长度上为0.015 向前 b）在100测量长度上为0.02 向上	a）在100测量长度上为0.02 向前 b）在100测量长度上为0.03 向上	指示器
G10	尾座套筒锥孔轴线对溜板移动的平行度： 测量长度 $D_a/4$ 或不超过300mm[1)] a）在水平面内； b）在垂直平面内	a）在300测量长度上为0.02 向前 b）在300测量长度上为0.02 向上	a）在300测量长度上为0.03 向前 b）在300测量长度上为0.03 向上	a）在500测量长度上为0.05 向前 b）在500测量长度上为0.05 向上	指示器和检验棒
G11	E—顶尖 主轴和尾座两尖的等高度	0.02尾座顶尖高于主轴顶尖	0.04尾座顶尖高于主轴顶尖	0.06尾座顶尖高于主轴顶尖	指示器和检验棒

（续）

序号	检验项目	允差[1]/mm			检验工具
		精密级	普通级		
		D_a≤500 和 DC≤1 500	D_a≤800	800<D_a≤1 600	
G12	F—小刀架 小刀架纵向移动对主轴轴线的平行度	在 150 测量长度上为 0.015	在 300 测量长度上为 0.04		指示器和检验棒
G13	G—横刀架 横刀架横向移动对主轴轴线的垂直度	0.01/300 偏差方向 α≥90°	0.02/300 偏差方向 α≥90°		指示器和平盘或平尺
G14	H—丝杠 丝杠的轴向窜动	0.01	0.015	0.02	指示器
G15	由丝杠所产生的螺距累积误差	a）任意 300 测量长度上为：0.03 b）任意 60 测量长度上为 0.01	a）在 300 测量长度上为 DC≤2 000 0.04 DC>2 000 最大工件长度每增加 1 000 允差增加 0.005 最大允差 0.05 b）任意 60 测量长度上为 0.015		电传感器、标准丝杠、长度规和指示器

（续）

序号	检验性质	切削条件	检验项目	允差①/mm			检验工具
				精密级	普通级		
				$D_a \leqslant 500$ 和 $DC \leqslant 1\,500$	$D_a \leqslant 800$	$800 < D_a \leqslant 1\,600$	
P1	车削夹在卡盘中的圆柱试件③（圆柱试件也可插入主轴锥孔中）$D \geqslant D_a/8$ $L_1 = 0.5D_a$ $L_{1max} = 500mm$ $L_{2max} = 20mm$	用单刃刀具在圆柱体上车削三段直径（如果 $L_1 < 50mm$ 则车削两段直径）	精车外圆 a）圆度 试件固定端环带处的直径变化，至少取四个读数（见GB1958） b）在纵截面内直径的一致性 在同一纵向截面内测得的试件各端环带处加工后直径间的变化，应当是大直径靠近主轴端	a)0.007 b)0.02 $L_1 = 300$	a)0.01 b)0.04 $L_1 = 300$	a)0.02 b)0.04 （$L_1 = 300$）	圆度仪或千分尺
				相邻环带间的差值不应超过两端环带之间测量差值的75%（只有两个环带时除外）			
P2	车削夹在卡盘中的圆柱试件③ $D \geqslant 0.5D_a$ $L_{max} = D_a/8$	车削垂直于主轴的平面（仅车两段或三段平面，其中之一为中心平面）	精车端面的平面度只许凹	300直径上为0.015	300直径上为0.025		平尺和量块或指示器

（续）

序号	检验性质	切削条件	检验项目	允差①/mm			检验工具
				精密级	普通级		
				$D_a \leqslant 500$ 和 $DC \leqslant 1\ 500$	$D_a \leqslant 800$	$800 < D_a \leqslant 1\ 600$	
P3	圆柱试件③的螺纹加工 $L=300$mm 车三角形螺纹(GB192)	从丝杠某一点开始切削螺纹，试件的直径和螺距应尽可能接近丝杠的直径和螺距	精车300mm长螺纹的螺距累积误差	a) 在300测量长度上为0.03 b) 任意60测量长度上为0.01	a) 在300测量长度上为： $DC \leqslant 2\ 000$ 0.04 $DC > 2\ 000$ 最大工件长度每增加1 000允差增加 0.005 最大允差 0.05 b)任意60测量长度上为0.015		专用检验工具

① DC=最大工件长度，D_a=床身上最大回转直径。

② F为消除主轴轴承的轴向游隙而施加的恒定力。

③ 试件用易切钢或铸铁件。

一、几何精度检验方法

检验序号 $G_1 \sim G_4$ 的检验内容，实质上是对机床导轨精度的检验项目，其检验方法与第五章中述及的导轨检验方法大致相同。

检验序号 G_4 主轴的轴向窜动和主轴轴肩支承面的跳动，检验方法见图 6-14。

① 主轴的轴向窜动检验：固定百分表，使其测头触及插入主轴锥孔的检验棒端部的钢球上，为消除推力轴承

游隙的影响，在测量方向上沿主轴轴线加一力 F，慢速旋转主轴检验。百分表读数的最大差值就是轴向窜动误差。

② 主轴轴肩支承面的跳动检验：固定百分表，使其测头触及主轴轴肩支承面上，沿主轴轴线加一力 F，慢速旋转主轴，百分表放置在圆周相隔一定间隔的一系列位置上检验，其中最大误差值就是包括轴向窜动误差在内的轴肩支承面的跳动误差。

检验序号 G_5 时，主轴定心轴颈的径向圆跳动检验方法见图 6-15。

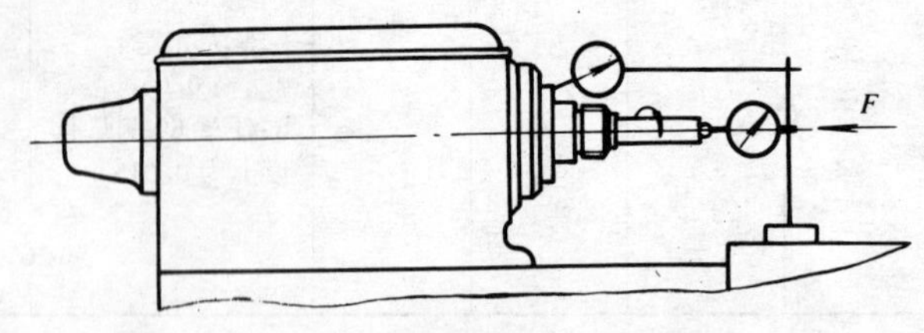

图 6-14 检验 G_4 方法图

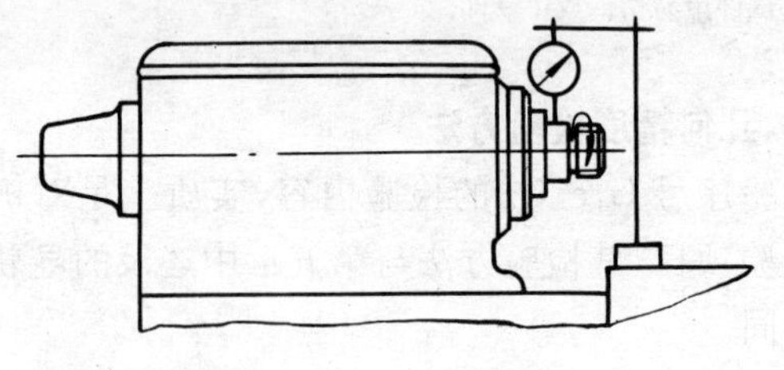

图 6-15 检验 G_5 方法图

固定百分表，使其测头垂直触及轴颈（包括圆锥轴颈）的表面，沿主轴轴线加一力 F，旋转主轴检验。百分表读数的最大差值就是径向圆跳动误差。

检验序号 G_6 时，主轴锥孔轴线的径向圆跳动检验方法可见图 6-16。

将检验棒插入主轴锥孔内，固定百分表，使其测头触及检验棒的表面：a 靠近主轴端面；b 与 a 相距为 L(L 等于 $D_a/2$ 或不超过300mm)处，旋转主轴检验。为了消除检验棒

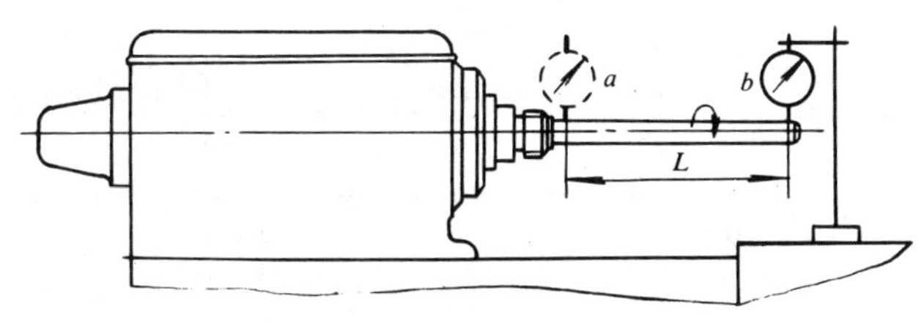

图 6-16　检验 G_6 方法图

误差对测量的影响，可将检验棒相对主轴每隔 90°插入一次检验，共检验四次，四次测量结果的平均值就是径向圆跳动误差，a、b 的误差分别计算。

检验序号 G_7 时，主轴轴线对溜板移动的平行度的检验方法见图 6-17。

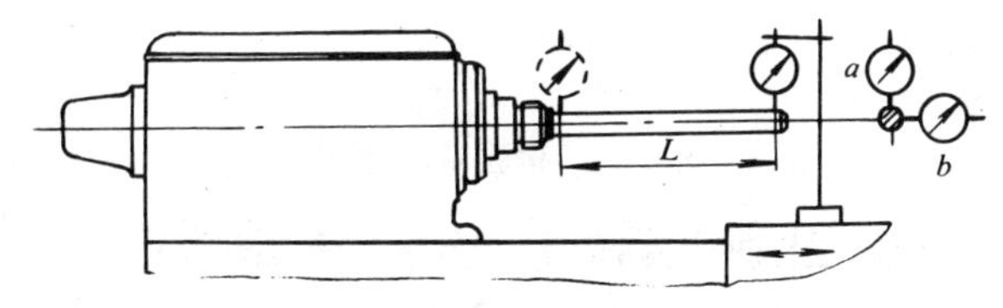

图 6-17　检验 G_7 方法图

百分表固定在溜板上，使其测头触及检验棒表面。a、在

垂直平面内；b、在水平面内，移动溜板检验。为消除检验棒轴线与旋转轴线不重合对测量的影响，必须旋转主轴 180°，作两次测量，a、b 误差分别计算。两次测量结果的代数和之半，就是平行度误差。如图 6-18 所示，其实际误差应为：

$$\Delta_a=\frac{0.03/300+0.01/300}{2}=0.02/300$$

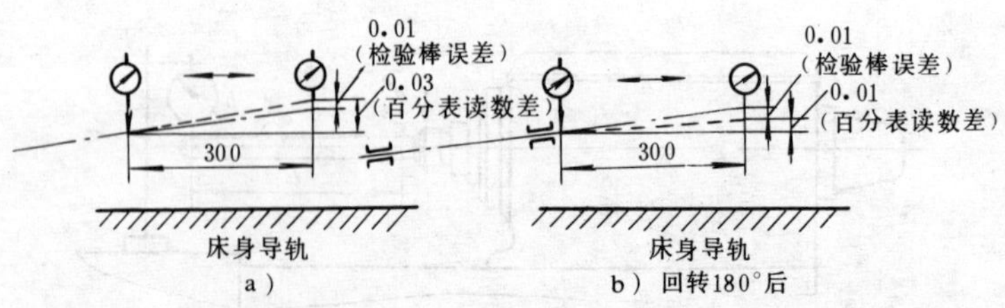

图 6-18　消除检验棒误差对测量的影响

检验序号 G_8 时，顶尖跳动的检验方法见图 6-19。

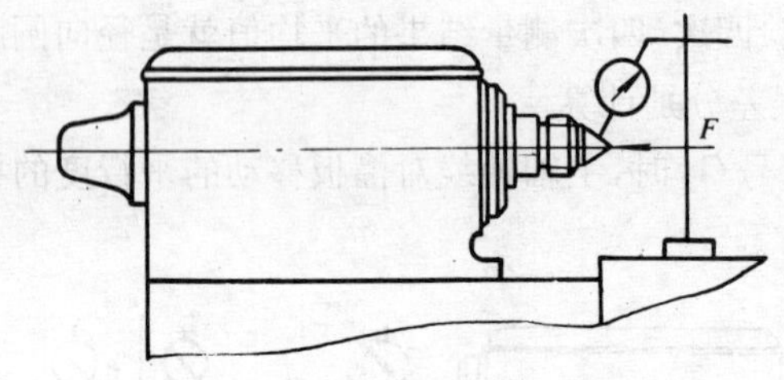

图 6-19　检验 G_8 方法图

顶尖插入主轴孔内，固定百分表，使其测头垂直，触及顶尖锥面上，沿主轴轴线加一力 F，旋转主轴检验，百分表读数除以 $\cos\alpha$（α 为锥体半角）后，就是顶尖跳动误差。

检验序号 G_9 时，尾座套筒轴线对溜板移动平行度的检验方法见图 6-20。

将尾座紧固在检验位置。当 D_c 小于或等于 500mm 时，应紧固在床身导轨的末端；当 D_c 小于

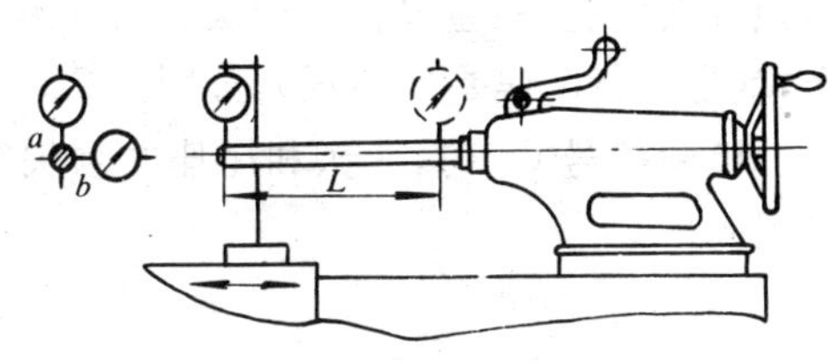

图 6-20 检验 G_9 方法图

或等于 500mm 时，应紧固在床身导轨的末端；当 D_c 大于 500mm 时，应紧固在 $D_c/2$ 处，但最大不大于 2000mm。尾座顶尖套伸出量，约为最大伸出长度的一半，并锁紧。

将百分表固定在溜板上，使其测头触及尾座套筒的表面。*a* 在垂直平面内，*b* 在水平面内。移动溜板检验。百分表读数的最大差值，就是平行度误差，*a*、*b* 误差分别计算。

检验序号 G_{10}时，尾座套筒锥孔轴线对溜板移动平行度的检验方法见图 6-21。

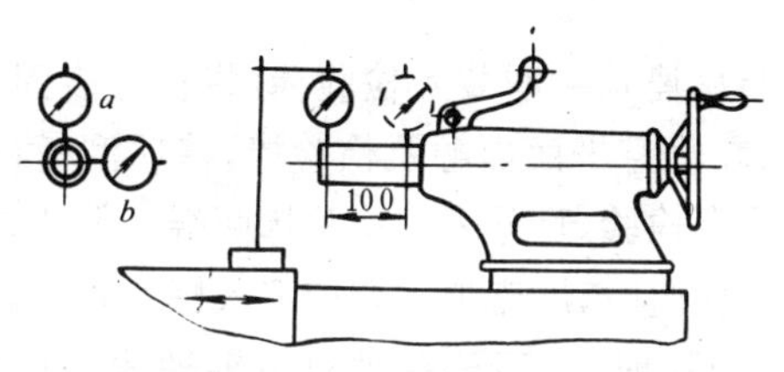

图 6-21 检验 G_{10}方法图

检验时，尾座的位置同检验 G_9，顶尖套筒退入尾座孔内，并锁紧。

在尾座套筒锥孔中插入检验棒。将百分表固定在溜板上，使其测头触及检验棒表面。*a* 在垂直平面内，*b* 在水平面内，移动溜板检验。一次检验后，拔出检验棒，旋转 180°重新描入尾

座顶尖套锥孔中，重复检验一次。两次测量结果的代数和之半，就是平行度误差，a、b 误差分别计算。

检验序号 G_{11}时，床头和尾座两顶尖等高度的检验方法见图 6-22。

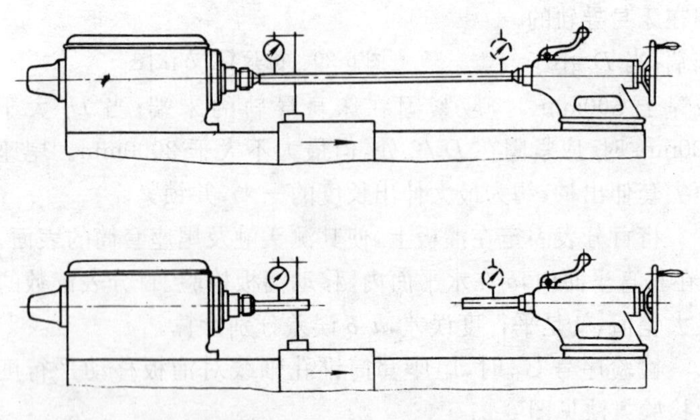

图 6-22　检验 G_{11}方法图

在主轴与尾座顶尖间装入检验棒，将百分表固定在溜板上，使其测头在垂直平面内触及检验棒，移动溜板，在检验棒的两极限位置上检验。百分表在检验棒两端读数的差值，就是等高度误差。检验时，尾座顶尖套应退入尾座孔内，并锁紧。

检验序号 G_{12}时，小刀架移动对主轴轴线平行度的检验方法见图 6-23。

将检验棒插入主轴锥孔内，百分表固定在小刀架上，使其测头在水平面内触及检验棒。调整小刀架，使百分表在检验棒两端的读数相等。再将百分表测头在垂直平面内触及检验棒，移动小刀架检验。将主轴旋转 180°，再同样检验一次。两次测量结果的代数和之半，就是平行度误差。

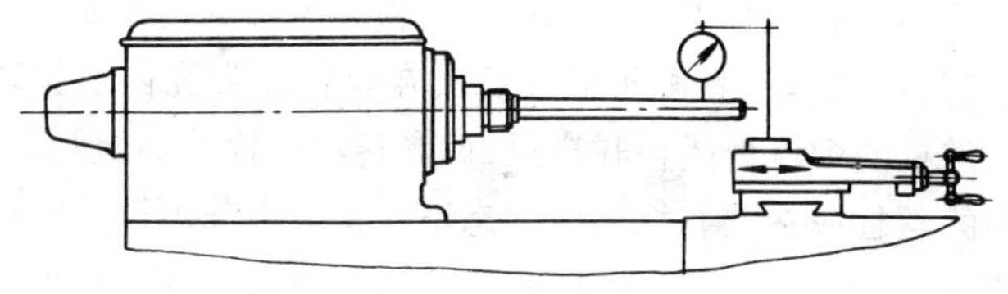

图 6-23　检验 G_{12}方法图

检验序号 G_{13}时，横刀架横向移动对主轴轴线垂直度的检验方法见图 6-24。

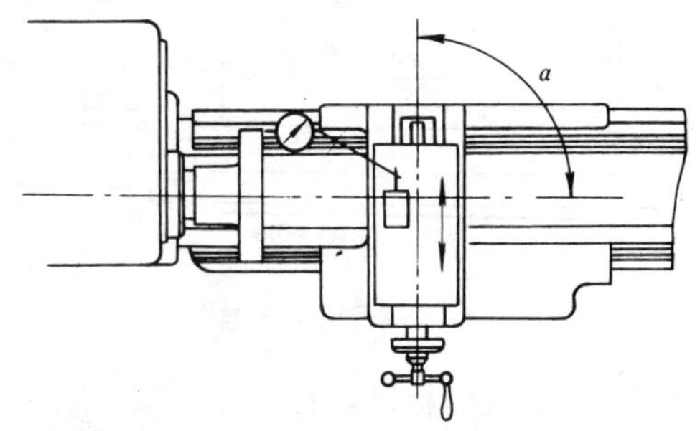

图 6-24　检验 G_{13}方法图

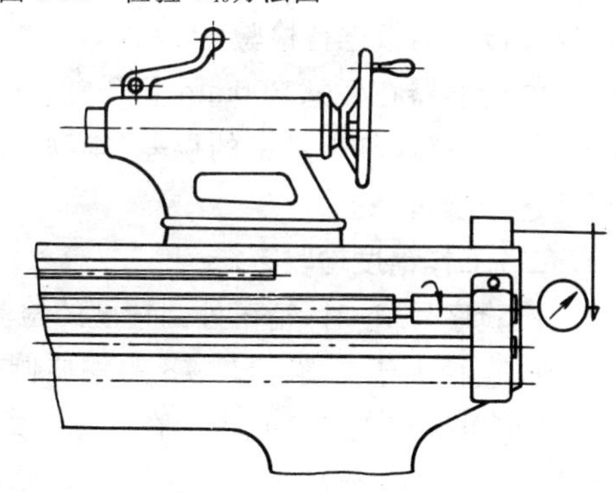

图 6-25　检验 G_{14}方法图

将平面圆盘固定在主轴上。百分表固定在横刀架上，使其测头触及平盘，移动横刀架进行检验。将主轴旋转 180°，再同样检验一次。两次测量结果的代数和之半，就是垂直度误差。

检验序号 G_{14}时，丝杠轴向窜动的检验方法见图 6-25。

固定百分表，使其测头触及安放在丝杠顶尖孔内的钢球上。在丝杠的中段处闭合开合螺母，旋转丝杠检验。检验时，有托架的丝杠应在装有托架的状态下检验。百分表读数的最大差值，就是丝杠的轴向窜动误差。正转、反转均应检验，但由正转变换到反转时的游隙量不计入误差内。

检验序号 G_{15}时，从主轴到丝杠间传动链精度的检验方法见图 6-26。

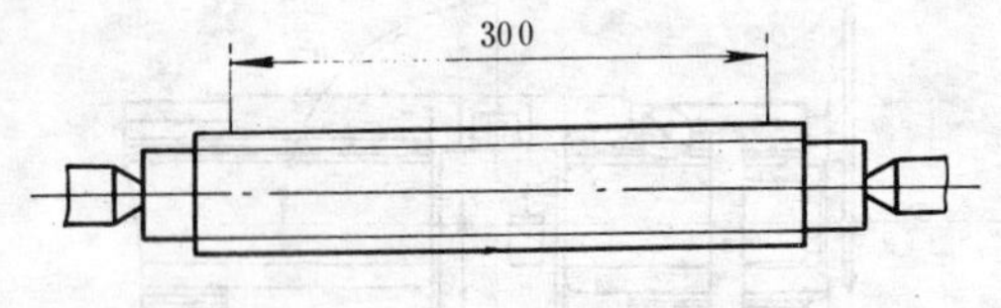

图 6-26　检验 G_{15}方法图

将不小于 300mm 长的标准丝杠装在主轴与尾座的两顶尖间。电传感器固定在刀架上，使其触点触及螺纹的侧面，通过丝杠传动溜板进行检验。

电传感器在任意 300mm 和任意 60mm 测量长度内读数的差值，就是丝杠传动链的误差(本项与工作精度检验 P3 项可任选一项)。

二、工作精度检验方法

检验序号 P_1 时，精车外圆精度的检验方法见图 6-27。

取直径大于或等于 $D_a/8$ 的钢质圆柱试件，用卡盘夹持(试件也可插在主轴锥孔中)，在机床达到稳定温度的条件下，用高速钢车刀在圆柱面上车削三段直径 D 。当实际车削长度小于 50mm 时，可车削两段直径。实际车削尺寸直径 $D \geqslant D_a/$

8；长度 $l_1 = D_a/2$，最长不超过 500mm，三段直径宽 $l_2 \leqslant$ 20mm。

精车后，在三段直径上检验圆度和圆柱度。a 圆度误差以试件同一横剖面内的最大与最小直径之差计。b 圆柱度误差以试件任意轴向剖面内最大与最小直径之差计。

检验序号 P_2 时，精车端面平面度的检验方法见图 6-28。

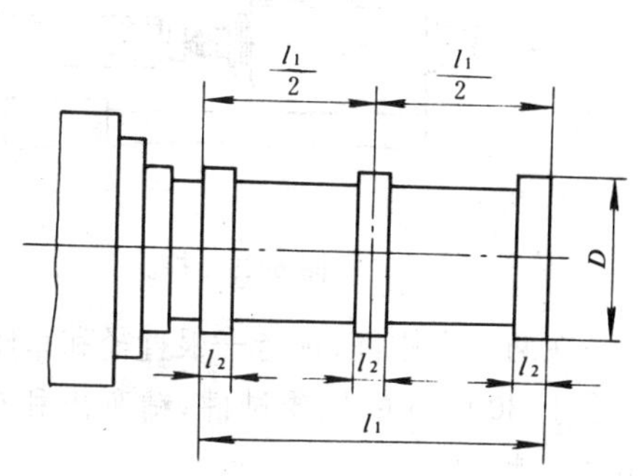

图 6-27　检验 P_1 方法图

取直径大于或等于 $D_a/2$ 的盘形铸铁试件，用卡盘夹持，在机床达到稳定温度的条件下，精车垂直于主轴的端面。实际尺寸其直径 $D \geqslant D_a/2$，L 最大不超过 $D_a/8$，车削两个或三个间隔平面，其宽度为 20mm，其中之一为中心平面。

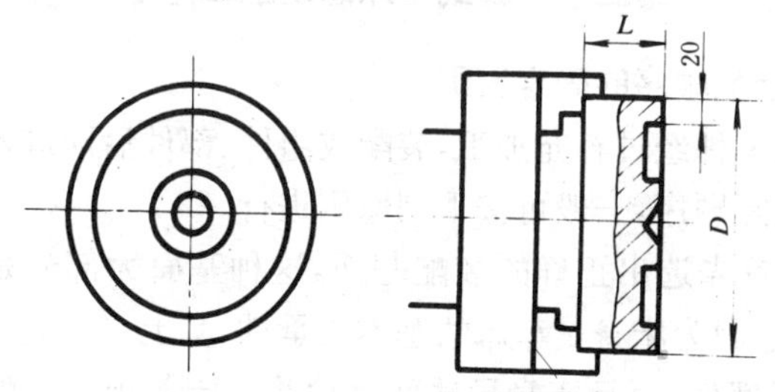

图 6-28　检验 P_2 方法图

精车后，用平尺和量块检验，也可用百分表检验。百分表固定在横刀架上，使其测头触及端面的后部半径上，移动刀架检验。百分表读数的最大差值之半，就是平面度误差。

检验序号 P_3 时，精车 300mm 长螺纹螺距误差的检验方法见图 6-29。

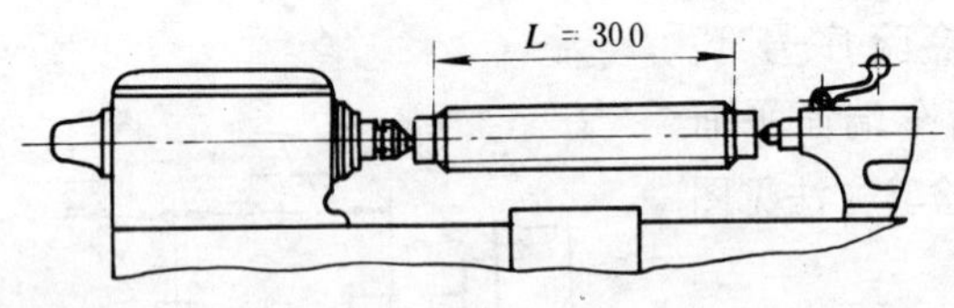

图 6-29　检验 P_3 方法图

在两顶尖中间，顶持一根直径和车床丝杠直径相等、长度不小于 300mm 的钢质试件，精车出和车床丝杠螺距相等的 60°普通螺纹。

精车后在 300mm 和任意 50mm 长度内，在试件螺纹的左、右侧面检验其螺距误差。螺纹表面应洁净、无洼陷与波纹（本项与 G_{15} 项可任检一项）。

第三节　卧式车床总装配工艺

一、装配顺序的确定原则

车床零件经过补充加工，装配成组件、部件后即进入总装配。其装配顺序，一般可按下列原则进行。

(1) 首先选出正确的装配基面，这种基面大部分是床身的导轨面。因为床身是车床的基本支承件，其上将安装着车床的各主要部件，而且床身导轨面是检验机床各项精度的检验基准。因此，机床的装配，应从装置床身并取得所选基面的直线度、平行度及垂直度等精度着手。

（2）在解决没有相互影响的装配精度时，其装配先后以简单方便为原则。一般可按先下后上、先内后外的原则进行。

（3）在解决有相互影响的装配精度时，应该先确定好一个公共的装配基准，然后再按要求达到各有关精度。

（4）关于通过刮削来达到装配精度的导轨部件，其装配刮削顺序可参考第五章的有关原则进行。

二、保证装配精度的几个因素

1．机件刚度对装配精度的影响　由于零件刚度不够，装配后受到机件的重力和紧固力而产生变形。例如在车床装配时，将进给箱、溜板箱和溜板装上床身后，床身导轨的精度会受到重力影响而变形，因此，必须再次校正其精度，才能继续进行其他的装配工序。

2．工作温度变化对装配精度的影响　例如机床主轴与轴承的间隙，将随温度的变化而变化，一般都应调整到使主轴部件达到热平衡时具有合理的最小间隙为宜。又如机床精度标准，一般是指机床在冷车或热车（机床达到热平衡）状态下都能满足的精度。由于机床各部位受热温度的不同，将使机床在冷车的几何精度与热车的几何精度有所不同。对车床受热变形最大的是主轴中心线的抬高和在垂直平面内的向上倾斜，其次是由于床身略有扭曲变形，主轴中心线在水平面内的向内倾斜。因此在装配时必须掌握其变形规律，对其公差带进行不同的压缩。

3．磨损的影响　在装配某些机件的作用面时，其公差带中心坐标，应适当偏向有利于抵偿磨损的一面，这样可以延长机床精度的期限。例如车床主轴顶尖和尾座顶尖，对溜板移动方向的等高度，就只许尾座高；车床床身导轨在垂直平面内的直线度，只许凸。

三、卧式车床总装配工艺

车床的总装配，包括装配和调试两部分，即包括：部件与部件、零件与部件的联接、并进行相对位置的调整或修正，以达到规定的相对几何位置精度。对装配机床进行空运转试验、负荷试验、工作精度试验以及检验机床各零、部件的工作性能和精度，并通过校正或调整使其达到机床的规定加工精度。下面着重介绍总装中一些主要工序的装配、调试方法。

1. 溜板与床身导轨的配刮和安装前后压板　图 6-30 为其装配工序图，装配工艺要点如下。

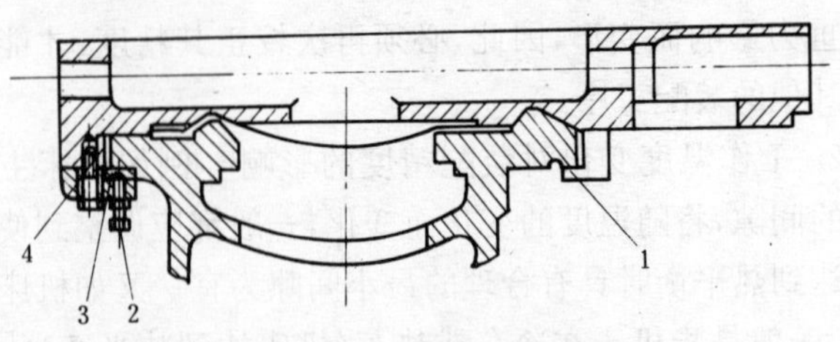

图 6-30　溜板与床身的拼装

1—前压板　2—调整螺钉　3—镶条　4—后压板

(1) 配刮溜板前，床身导轨必须达到规定的精度。整个床身部件置于可调的机床垫铁上，用水平仪指示读数来调整各垫铁，使床身处于自然水平位置，并使溜板同导轨在同一平面内的误差至最小值。各垫铁应均匀受力，使整个床身安放稳定。

(2) 溜板材料的硬度应低于床身的硬度，以保证床身基准导轨面的较少磨损，其相差值不应小于 20HBS。

(3) 溜板与床身导轨的配刮要求，应使其接触点在两端为每 25mm×25mm 内有 12 点以上，逐步过渡到中间有 8 点以上，这样可以得到较好的接触和良好的储油条件。同时，必须保证溜板上下导轨的垂直度误差不超过 0.02mm/300mm，而且只许上导轨后端偏向床头。装配时的检验方法见图 6-31 所示。

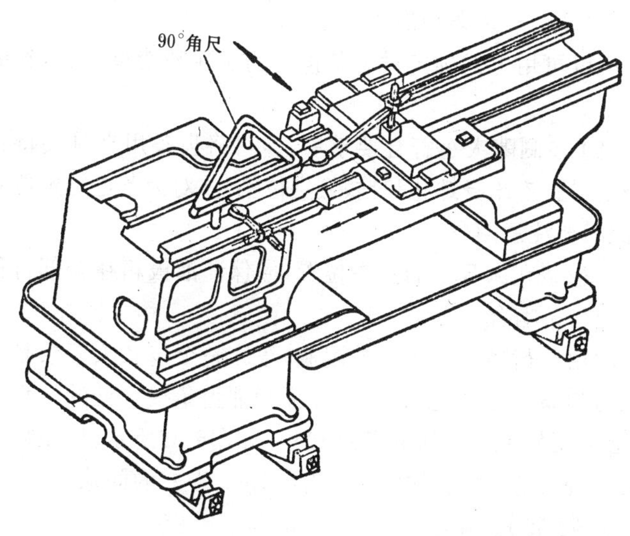

图 6-31　测量溜板上下导轨的垂直度

(4) 在修刮安装前压板 1(见图 6-30)时，压板的刮研点在每 25mm×25mm 面积内不少于 6 点，安装后应保证溜板在全部行程上滑动均匀，而且用 0.04mm 塞尺检验，插入深度不大于 10mm。然后安装后压板 4，通过镶条 3 和调整螺钉 2 调整至上述要求。

2. 安装齿条　装配工艺要点如下：

(1) 用夹具把溜板箱试装在装配位置，塞入齿条，检验溜板箱纵向进给，用小齿轮与齿条的啮合侧隙大小来检验。正常的啮合侧隙应在 0.08～0.16mm 的范围内。由于侧隙的变化量与齿条径向尺寸的变化量，对齿形角为 20°的渐开线齿轮来说，有如下关系：

$$\Delta C_n = 2\Delta A \sin 20° = 0.684\Delta A$$

式中 ΔC_n ——侧隙的变化量；

ΔA ——齿条顶面的补偿量。

所以可用上式确定对齿条顶面的实际补偿量，来达到侧隙要求。

（2）在侧隙大小符合要求后，即可将齿条用夹具夹持在床身上，钻、攻床身螺孔和钻、铰定位销孔，对齿条进行定位固定。此时要注意两点：

1）齿条在床身上的左右位置，应保证溜板箱在全部行程上能与齿条啮合。

2）由于齿条加工工艺的限制，车床整个齿条大多数是由几根短齿条拼接装配而成。为保证相邻齿条接合处的齿距精度，必须用标准齿条进行跨接校正，如图6-32所示。校正后在两根相接齿条的接合端面处应有0.1mm 左右的间隙。

3. 安装进给箱、溜板箱、丝杠、光杠及后支架 装配的相对位置要求，应使丝杠两端支承孔中心线和开合螺母中心线对床身导轨的等距误差小于 0.15mm。在

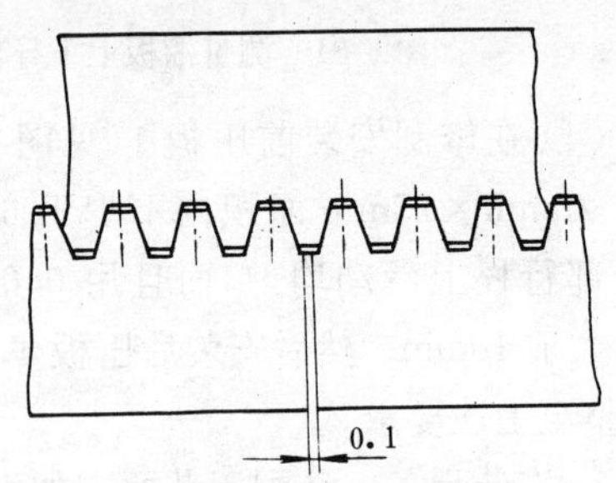

图6-32 齿条跨接校正

装配工艺上有两种方法,现将其工艺要点分别说明如下:

(1) 用丝杠直接装配校正,工艺要点如下:

1)初装方法。首先用装配夹具初装溜板箱在溜板下,并使溜板箱移动至进给箱附近,插入丝杠,闭合开合螺母,以丝杠中心线为基准来确定进给箱初装位置的高低;然后使溜板箱移至后支架附近,以后支架位置来确定溜板箱进出的初装位置。

2)进给箱的丝杠支承孔中心线和开合螺母中心线,与床身导轨面的平行度,可校正各自的工艺基面与床身导轨面的平行度来取得。

3)溜板箱左右位置的确定,应保证溜板箱齿轮,与横丝杠齿轮具有正确的啮合侧隙,其最大侧隙量应使横进给手柄的空转量不超过1/30转为宜。

4)安装丝杠、光杠时,其左端必须与进给箱轴套端面紧贴,右端与支架端面露出轴的倒角部位。当用手旋转光杠时,能灵活转动和忽轻忽重现象,然后再开始用百分表检验调整。

5)装配精度的检验如图6-33所示。用专用检具和百分表,开合螺母放在丝杠中间位置,闭合开合螺母,在Ⅰ、Ⅱ、Ⅲ位置(近丝杠支承和开合螺母处)的上母线 a 和侧母线 b 上检验。为消除丝杠弯曲误差对检验的影响,可旋转丝杠180°再检验一次,各位置两次读数代数和之半就是该位置对导轨的相对距离。三个位置中任意两位置对导轨相对距离之最大差值,就是等距的误差值。

6)装配时公差的控制,应尽量压缩在精度所规定公差的2/3以内,即最大等距误差应控制在0.1mm 以内。

7)取得精度的装配方法:在垂直平面内是以开合螺母孔中心线为基准,用调整进给箱和后支架丝杠支承孔的高低位置来达到精度要求。在水平面内是以进给箱的丝杠支承孔中心线为基准、前后调整溜板箱的进出位置来达到精度要求。

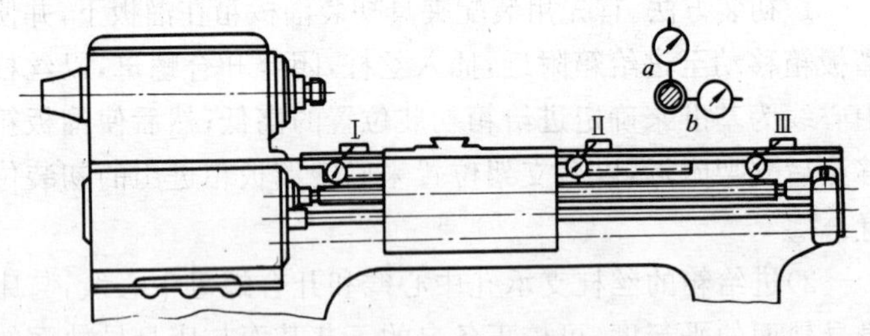

图6-33　用丝杠直接装配校正

8)当达到要求后,即可进行钻孔、攻螺纹,并用螺钉作连接固定。然后对其各项精度再复校一次,最后即可钻铰定位销孔,用锥销定位。

(2) 用检验棒装配校正。如图6-34所示,用检具和百分表分别在检验棒Ⅰ、Ⅱ、Ⅲ的上母线 a 和侧母线 b 上检验校正。工艺要点如下:

1)检验棒与各支承孔的配合间隙应不大于0.005mm(以轻轻迫进为宜)。

2)进给箱和后支架丝杠支承孔中的检验棒中心线,对床身导轨的平行度误差应校正在0.01/100内,而且在靠开合螺母方向的一端均向上偏。

3)考虑丝杠自重挠度的影响,开合螺母中心线位置,应低于两端,在水平面内对床身导轨的平行度误差应装配校正在0.01/100内。

4.安装主轴箱　其装配精度要求见表6-1G_7项。工艺要点如下:

(1) 将主轴箱置于床身上,重新校正床身导轨的水平精度和导轨在同一平面内的精度。这是因为床身通过各部件的装配联接后，由于床身受力的变化，或因装配过程中的振动使机床调整垫铁有所走动，都可能引起床身导轨面的精度变化。

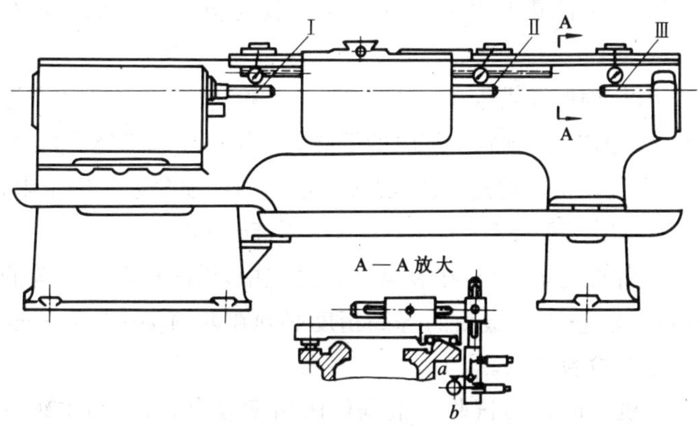

图6-34　用检验棒装配校正

(2) 取得精度的装配方法：在垂直平面内是通过修刮主轴箱与床身接触的底面：在水平面内是通过修刮主轴箱与床身接触的侧面。

(3) 装配时，必须掌握机床受热后的精度变形规律，将其允许误差向变形方向的另一侧压缩。例如主轴中心线对溜板移动在垂直平面内的平行度误差，在冷态的装配精度可控制在向上偏0.003～0.012mm/300mm；在水平面内可控制在0.002～0.01mm/300mm 为宜。

5. 安装尾座　其装配精度要求见表 6-1G_9、G_{10}、G_{11}项。工艺要点如下：

(1) 将尾座安装到床身上，首先检查上述各项精度情况。

(2) 误差的修整方法：将测出的误差情况综合考虑，并通过修刮尾座底板与床身导轨接触的底面来同时保证精度要求。

(3) 对尾座顶尖与床头顶尖等高装配精度的控制，必须考虑两个因素：

1)主轴随工作温度的升高，将使主轴抬起。

2)尾座刮削后用压板紧固，一般要被压低0.01mm 左右。

所以，为保证机床在冷热状态下，尾座和床头两顶尖均在等高公差范围内，必须将装配时的等高公差压缩在规定公差的1/2左右，而且在机床冷态未压紧尾座检验时，压缩公差带的下限，使其尾座顶尖高于床头顶尖在0.03～0.05mm 内。

等高的装配检查，在装配修整过程中，用两根直径相等的300mm 检验棒，但最后的等高精度必须在两顶尖中间顶一长检验棒来检验得出。

6.机床的运转试验　根据机床精度要求，对于与主轴轴承有关的精度项目，应使冷检和主运动机构以中速运转，待主轴达到稳定温度时的检验均为合格。故对主轴轴承温度有关的精度项目，在总装过程中，应进行空运转试验，在达到热平衡温度时，再对有关项目进行检验和校正。

车床空运转试验的方法和要求如下：

(1) 试验前应对机床清洗并注好润滑油。将机床安装和调整好，使机床处在安装水平位置。

(2) 机床的主运动机构从最低转速起，依次运转，各级转速的运转时间不少于5min，在最高转速时，应运转足够的时间(不得少于半小时)，使主轴轴承达到稳定温度。

(3) 机床的进给机构作低、中、高进给量的空运转。

在上述空运转中应达到的要求如下：

1)在所有转速下，机床的传动机构工作正常、无显著振动、各操纵机构工作平稳可靠。

2)润滑系统正常、可靠。

3)安全防护装置和保险装置安全可靠。

4)在主轴轴承达到稳定温度时,轴承的温度和温升均不得超过下列规定:

滑动轴承	温度60℃	温升30℃
滚动轴承	温度70℃	温升40℃

在达到要求后,将主轴变换在中速(最高速的1/2或高于1/2的相邻一级转速)下继续运转。在中速热平衡条件下,进行以下各工序的工作。

7.机床负荷试验　机床负荷试验的目的,是考核机床主传动系统能否承受设计所允许的最大扭转力矩和功率,在机床空运转后进行。CA6140型车床负荷试验的方法是:将ϕ120mm×250mm的中碳钢试件,一端用卡盘夹紧,一端用顶尖顶住,用硬质合金YT5的45°标准右偏刀,在主轴计算转速$n_j=50$r/min、背吃刀量$a_p=12$mm、进给量$f=0.6$mm/r的切削用量下,进行强力切削外圆。其要求为:在负荷试验时,机床所有机构均应正常工作;主轴转速不得比空转时的转速降低5%以上,在试验时允许将摩擦离合器适当调紧些,切削完毕后再调松至正常状态。

8.精车外圆的圆度和圆柱度试验　其目的是检验机床在正常工作温度下,机床主轴轴线对溜板移动方向的平行度及主轴本身的旋转精度。其具体方法可参见本章第二节的工作精度检验P_1。

9.精车端面的平面度试验　精车端面的平面度试验,应在精车外圆合格的条件下进行。本项试验的目的是检验机床在正常工作温度下,机床溜板移动方向对主轴轴线的垂直度精度及横溜板移动时本身的直线度精度。其具体方法可参见本章第二节的工作精度检验见表 6-1 中 P_3。

10. 精车螺纹的螺距误差　其目的是检验机床丝杠传动的位移精度。其检验方法可参见本章第二节的工作精度检验 P_3。

11. 切槽试验　精车外圆和精车端面以及精车螺纹试验，是车床工作精度的考核项目。切槽试验的目的是考核车床主轴系统及刀架系统的抗振性能，是车床使用性能的考核项目。对定型机床来说，主要是从工艺角度来考核主轴组件的装配联接刚度、主轴的旋转精度、溜板刀架系统刮研配研配合面的接触质量及配合间隙的合理调整。车槽试验方法与参数为：将直径 $d=50\sim70$mm 的中碳钢试件夹持在机床卡盘上，用 YT15的硬质合金切刀。以切削速度 $v=40\sim70$m/min、进给量 $f=0.1\sim0.2$mm/r、车刀宽度 $b=5$mm 的切削用量，在距卡盘端 $L=1.5\sim2d$ 的距离位置上，进行机动切槽。切槽试验时，不应有明显振动。

12. 机床的几何精度检验　在上列各工序完成之后，机床处在热平衡状态下，应根据机床几何精度的验收标准，即对检验 $G_1\sim G_{15}$进行一次全面检验。此时必须注意，在精度检验过程中，不应对影响精度的机构或零件进行调整，否则，应对检验过的有关项目要重新进行复检，同时，在复检前，还要进行温升试验。

第四节　卧式车床的修理和故障排除

车床在使用过程中，由于自然磨损以及使用不当等原因，会出现各种故障和精度的不断降低等问题。下面对其修理方法作几点扼要介绍。

一、床身导轨副的修理

在车床修理中，修复床身导轨副的精度是修理的主要工作之一。床身导轨精度的修复方法，目前广泛采用磨削加工，而与其配合的溜板导轨面，则采用配刮工艺。由于床身导轨经磨削和与溜板配刮后，将使溜板箱下沉，引起与进给箱、挂脚支架之间的装配位置，以及溜板箱齿轮与床身齿条的啮合位置都发生变化。为此，在修理中常采用如下方法来补偿和恢复其原有的基准位置精度。

1. 在溜板导轨面粘接塑料板（聚四氟乙烯薄板）其工艺方法如下：

（1）首先将溜板导轨面与床身导轨配刮好，其接触点在（6～8）点/25mm×25mm，然后测出丝杠两支承孔和开合螺母轴线对床身导轨的等距误差值。

（2）在溜板导轨的粘结表面刨出装配槽（槽深尺寸加上等距误差值，应使粘接板料的厚度在1.5～2.5mm 为宜），并在适当的均布位置分别钻、攻工艺螺孔，便于用埋头螺钉将塑料薄板与溜板作辅助紧固。

（3）用丙酮清洗粘结表面，粘接时再用丙酮润湿，待其挥发干净后，用101#聚胺脂胶粘结剂涂在被粘结表面上。涂层厚度以0.2mm 左右为宜。

（4）将两个被粘结件联接，装好固定螺钉，然后用橡胶滚轮或木棒反复来回滚压粘结薄板表面，以彻底排除空气。待加压固化后，检验与床身导轨面的接触配合情况，接触面积要求大于等于70%，而且在两端接触良好。如达不到要求时，可用细砂布（或金相砂纸）修整粘接板料表面至符合要求。

2. 修配溜板的溜板箱安装面　在修理配刮好溜板导轨面后，可根据导轨和溜板导轨面的磨损修整量，即溜板的总下沉量。用刨削的方法刨去溜板的溜板箱安装面，使溜板箱的安装位置得到向上补偿。以后再以溜板箱中开合螺母中心线与床身导轨面的距离为基准，分别调整进给箱和后支架位置的高低，来取得与导轨面等距的最终精度。由于其调整量很小，对原有的定位销孔位置只要作适当的放大修铰即可。

二、主轴与尾座套筒的修理

1. 主轴的修理　车床主轴的精度，对车床加工精度有着直接的关系。在机床使用过程中，主轴的损坏形式一般有：锥孔表面的磨损或者出现较深的划痕；轴颈表面的磨损、烧伤或出现裂纹；主轴的弯曲变形等。

当主轴锥孔表面有轻微磨损和划痕时，可用莫氏锥度研磨棒进行研磨来加以修复。如果锥孔表面有较深的划痕、凹坑等损伤，或锥孔中心线对轴颈的公共轴线有较大的径向圆跳动误差时，则应采用磨削的方法进行修复。对于滚动轴承结构的主轴轴颈，当出现与轴承配合过松时，可对轴颈进行镀铬，然后通过精磨的方法加以修整。一般情况下，主轴不需更换。但当发现主轴轴颈表面有严重磨损、烧伤、裂纹或者有较大的弯曲变形时，就必须更换新的主轴。

2. 尾座套筒的修理　尾座套筒的损坏形式一般有：尾座套筒与尾座体座孔配合处的不均匀磨损；尾座套筒锥孔的磨损或者出现划痕等损伤。当仅出现锥孔表面磨损及有轻微划痕时，可直接用铰和研磨的方法加以修复。当出现座孔配合处有严重磨损时，一般可通过镗、研加工加大尾座体座孔尺寸，然后重新配制尾座套筒的方法加以修复。

三、常见故障及其排除方法

卧式车床在使用过程中的常见故障及其排除方法，可参见表6-2。

表6-2　车床常见故障产生原因及其排除方法

序号	故障性质	故障产生原因	故障排除方法
1	车削圆柱形工件产生锥度	1. 主轴中心线对溜板导轨平行度超差 2. 床身导轨扭曲精度有变化	1. 校正主轴中心线与溜板导轨的平行度 2. 调整垫铁，重新校正床身导轨的扭曲精度
2	车削圆柱形工件时产生椭圆及棱圆	1. 主轴轴承径向间隙过大 2. 主轴轴颈的圆度误差过大	1. 调整主轴轴承的径向间隙 2. 修磨主轴轴颈
3	精车后工件端面中凸或中凹	1. 纵向溜板移动对主轴中心线的平行度超差 2. 横溜板导轨与主轴中心线的垂直度超差	1. 校正主轴中心线位置 2. 修刮横溜板导轨
4	精车工件端面后，振摆超差	主轴轴向窜动较大	调整主轴推力球轴承的间隙
5	重切削时主轴转速减低或自动停车	摩擦离合器调整过松	调整摩擦离合器
6	停车后主轴有自转现象	1. 摩擦离合器调整得太紧，不能脱开 2. 制动器没有调整好	1. 调松摩擦离合器 2. 调整制动器
7	溜板箱自动进给手柄容易脱开	溜板箱内脱落蜗杆或安全离合器的压力弹簧调节太松	调节压紧弹簧，但不能压得太紧

复　习　题

1. 简述CA6140型卧式车床主要组成部分及各部分的功用。

2. 按CA6140型卧式车床传动系统图，写出主运动的传动链结构式，并计算主轴最高、最低转速。

3. 按CA6140型卧式车床传动系统图，计算当主轴转一转光杠转了

$\frac{1}{4}$r 时的刀架纵、横向进给量。

4. 写出 CA6140车床主轴轴承的间隙调整方法。

5. 说明 CA6140车床中，摩擦离合器和钢带式制动器的作用，并说明制动器的调整方法和调整要求。

6. 简述 CA6140车床中下列机构的作用及其工作原理。

(1)纵、横向机动进给及快速移动操纵机构；

(2)互锁机构；

(3)开合螺母；

(4)过载保护机构；

(5)超越离合器。

7. 用百分表和检验棒来检验车床溜板移动对主轴轴线的平行度时，a、b 方向均回转主轴180°作两次检验，百分表各处读数如下：

a 方向：第一次，近床头处20，远床头300mm 处22；回转主轴180°后，近床头处21，远床头300mm 处20.5。

b 方向：第一次，近床头处30，远床头300mm 处31；回转主轴180°后，近床头处29.5，远床头300mm 处31。试确定其实际误差情况。

8. 试述为装配取得车床溜板与床身导轨联接精度的装配工艺要点。

9. 溜板的上导轨面为什么要垂直下导轨面?为什么只许上导轨的后端偏向床头?

10. 安装齿条时，应注意哪些问题?

11. 试述为装配取得车床丝杠支承孔中心和开合螺母中心对床身导轨等距时，所采用的装配基准及取得精度的装配方法。

12. 试述为取得车床主轴对床身导轨位置精度的装配方法和要点。

13. 试述为取得车床床头顶尖与尾座顶尖对床身导轨等距的装配方法和要点。

14. 车床空运转试验的目的是什么?其方法和要求如何?

15. 试写出车床工作精度检验:精车外圆的圆度和圆柱度,精车端面的平面度,精车螺纹的螺距精度的各自的目的。

16. 当车床精车端面后,用百分表在试件的后半径上沿刀架移动进行平面度检验,百分表读数见图6-35所示,试确定其误差。

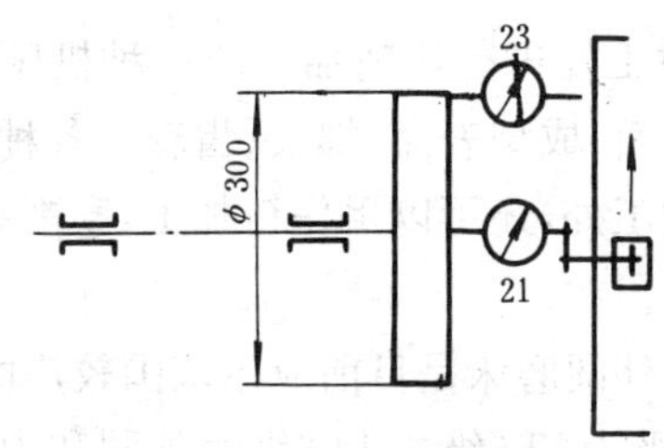

图　6-35

17. 在分析和确定机床装配的工艺顺序时,一般应考虑哪几个基本原则?

18. 机床的几何精度,一般会受哪些因素的影响?在装配工艺中,可采取哪些补偿措施?并举例说明。

19. 车床大修中,当床身导轨经磨削修正后,可采取哪些措施来补偿溜板箱位置的下沉?

20. 试述溜板导轨面粘结塑料板的一般工艺过程。

21. 分析车床几种常见故障的产生原因。

第七章　万能外圆磨床及其装配修理

第一节　概　述

磨床是用砂轮对工件进行切削加工的一种机床。磨床可以磨削外圆、内孔、平面、成型表面、螺纹、齿轮和各种刀具等。磨床除了常用于精加工外,还可以用作粗加工,磨削高硬度的特殊材料和淬火工件。

M1432A 型万能外圆磨床是目前应用范围较广的一种磨床,可以磨削公差等级为 IT5级或 IT6级的外圆和内孔,应用十分普遍。

M1432A 型万能外圆磨床主要技术规格：

外圆磨削直径　　ϕ8～320mm

外圆最大磨削长度　　1000mm、1500mm
2000mm

外圆磨砂轮尺寸（外径×宽度×内径）
ϕ400mm×50mm×203mm

外圆磨砂轮转速　　1617r/min

砂轮架回转角度　　±30°

头架主轴转速（6级）　　20r/min、50r/min
80r/min、112r/min、160r/min、224r/min

内圆磨削直径　　ϕ30～100mm

内圆最大磨削长度　　125mm

内圆磨砂轮尺寸：

最大　ϕ17mm×25mm×ϕ13mm

最小　　ϕ17mm×20mm×ϕ6mm

内圆磨砂轮转速　　10000r/min、15000r/min

工作台纵向移动速度　　（液压无级调速）

0.05～4m/min

第二节　M1432A 型万能外圆磨床的主要部件

一、砂轮架

砂轮架中的主轴及其轴承，是磨床的关键部位，它直接影响磨削的精度和工件的表面质量。因此在结构上应具有很高的回转精度、耐磨性、刚性和抗振性。为了使砂轮的主轴具有较高的回转精度，在磨床上常常采用特殊结构的滑动轴承。

图7-1为 M1432A 型万能外圆磨床砂轮架结构图，砂轮主轴3装在两个多瓦式自动调位动压轴承2中，在主轴左右两端的锥体上，分别装着砂轮法兰盘1和 V 带轮9，由装在砂轮架上的电动机经传动带直接传动旋转。

多瓦式自动调位动压轴承，因有三块扇形轴瓦均匀地分布在轴颈周围，主轴高速旋转时形成三个压力油膜，使主轴能自动定心，当负荷发生变化时，旋转中心的变动较小。主轴与轴瓦之间冷态时的间隙，一般为0.015～0.025mm。

主轴右端的轴肩端面靠在止推环4上，推力球轴承6依靠六根弹簧8和六根圆柱7顶紧在轴承盖5上，使主轴在轴向得到定位。当止推环等磨损后，则依靠弹簧自动消除轴向间隙。

为提高主轴的旋转精度，主轴本身的制造精度较高。主轴轴颈的圆度、圆柱度、前后轴颈的同轴度允差在0.002～0.003mm 之间，而且轴颈与轴承之间的间隙在0.015～0.025mm 之间。此外，为了提高主轴的抗振性，主轴的直径也较

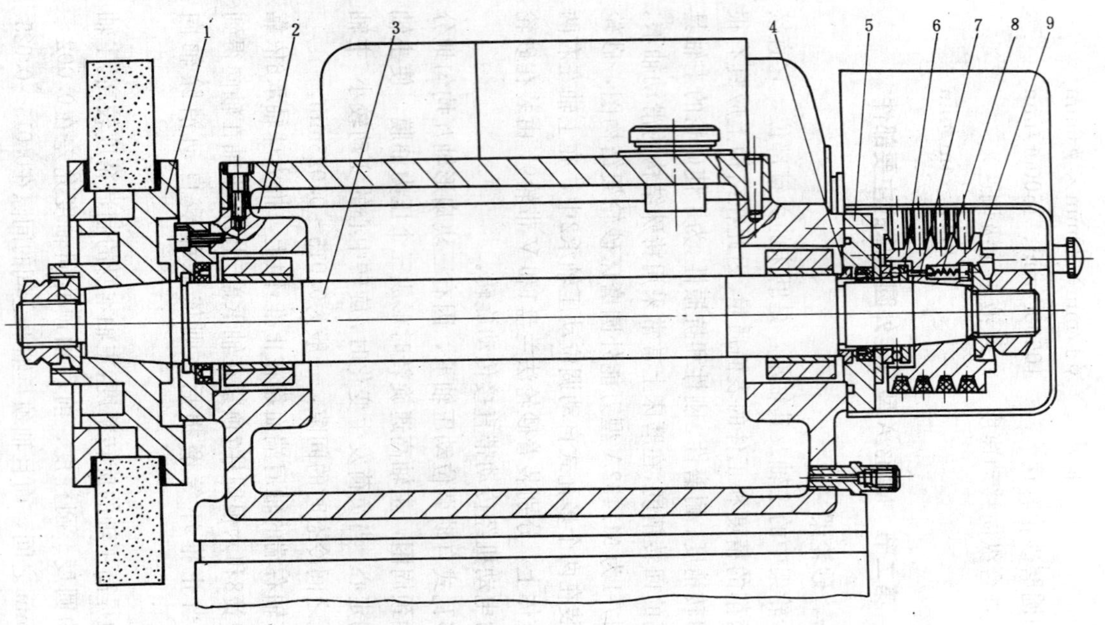

图 7-1　M1432A 型万能外圆磨床砂轮架
1—法兰盘　2—动压轴承　3—主轴　4—止推环　5—轴承盖　6—推力球轴承　7—圆柱　8—弹簧　9—带轮

大，而且装在主轴上的零件，如 V 带轮、砂轮和砂轮压紧盘等都经过静平衡，四根 V 带的长度也要求一致，以免引起主轴的振动而降低磨削质量。

另外砂轮架上的电动机经过动平衡，并一起装在隔振垫上。

砂轮主轴轴承采用浸入式润滑，即主轴是浸在润滑油内的，一般用 L-FD2轴承油。

二、内圆磨具

为了磨削内圆时砂轮有足够的线速度，内圆磨具主轴必须具有很高的转速，同时也应有很高的旋转精度，否则会直接影响工件磨削质量、几何精度和磨削效率。由于受地位限制，内圆磨具主轴轴承一般都用滚动轴承。图7-2为 M1432A 型万能外圆磨床的内圆磨具，砂轮主轴5支承在前后两组滚动轴承6上。依靠圆周方向均布的八根弹簧3的推力，通过套筒2和4使前后滚动轴承的外圈互相顶紧，从而使前后轴承得到一个预加轴向负荷即预紧力，消除了轴承中的原始游隙，以保证主轴有较高的回转精度与刚度。当砂轮主轴热胀伸长或轴承磨损后，弹簧能起自动补偿作用。滚动轴承用锂基润滑脂润滑。

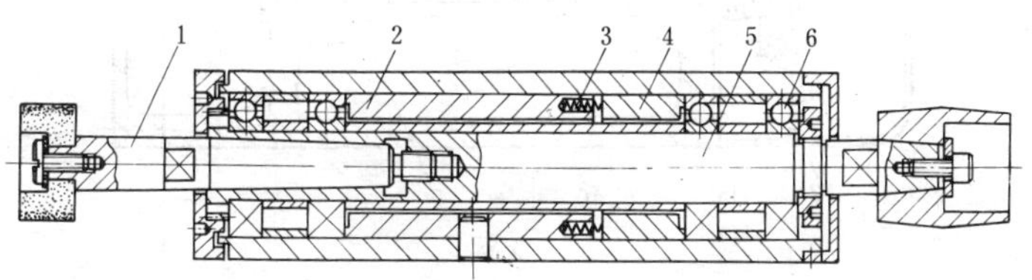

图7-2　M1432A 型万能外圆磨床内圆磨具

1—长轴　2、4—套筒　3—弹簧　5—砂轮主轴　6—滚动轴承

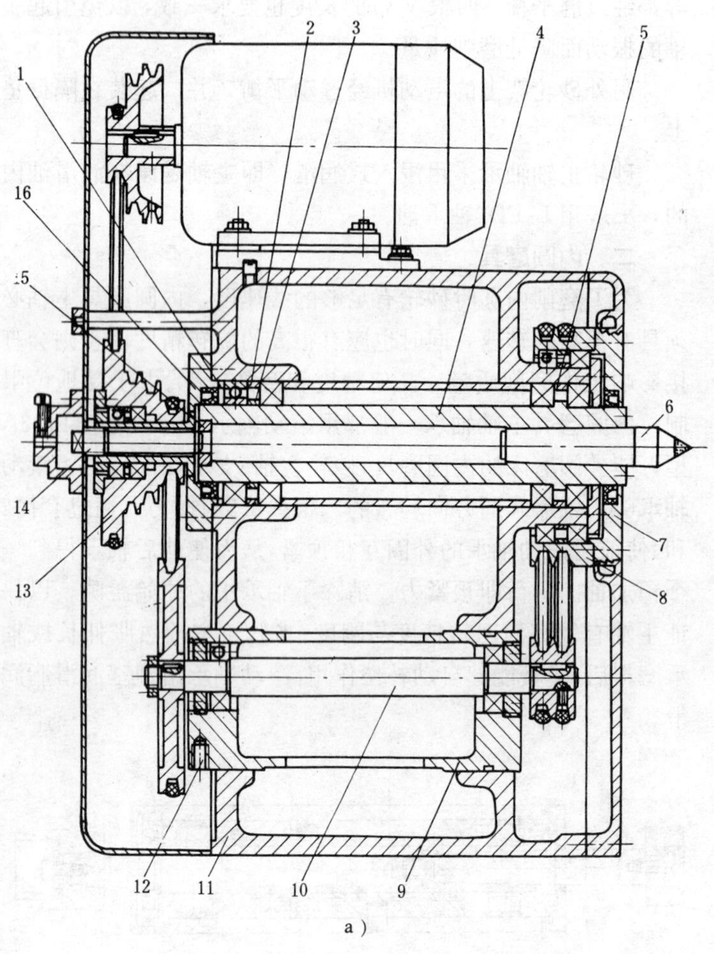

图7-3　M1432A

1—补偿垫圈　2、3、5—配磨垫圈　4—头架主轴　6—顶尖　7—拨盘

杆　15—摩擦圈　16、19—法兰盘

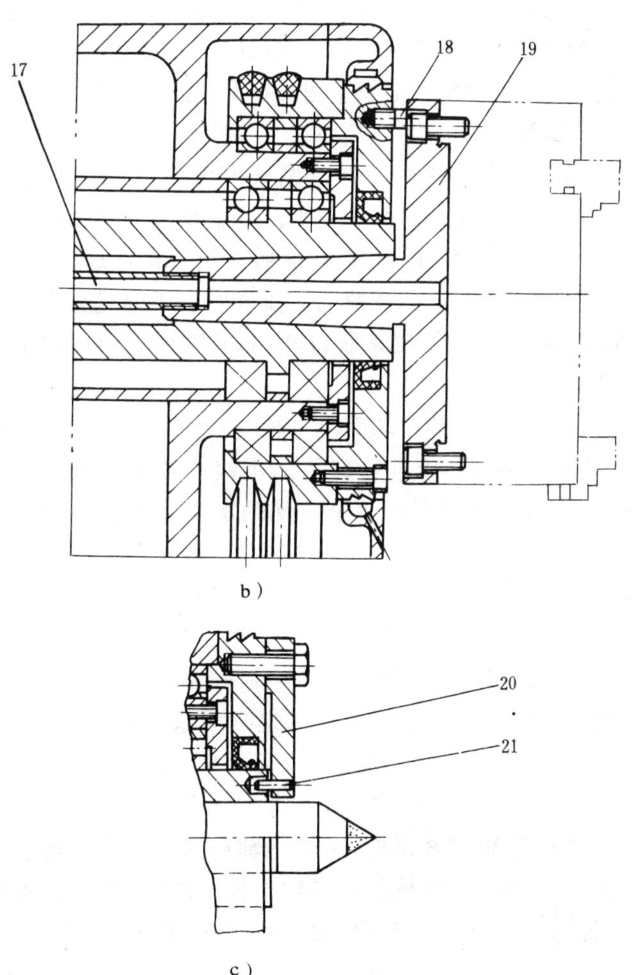

型万能外圆磨床头架

8、13—带轮　9—偏心套　10—中间轴　11—壳体　12—螺孔　14—螺

17—拉杆　18—拨杆　20—拨块　21—销子

砂轮接长轴1装在主轴前端的莫氏锥孔中，靠螺纹拉紧。装接长轴时，应注意不能拧得过紧，同时在锥面上加少量较稀的润滑油，以免拆卸时发生困难，甚至损坏磨具。

三、头架

图7-3为M1432A型万能外圆磨床头架。头架主轴在工作时直接支持工件，因此，主轴及其轴承应具有较高的回转精度和刚度。头架主轴4装在前后两组角接触球轴承上，装配时应保证有一定的预紧力，预紧力是通过配磨垫圈2、3、5和补偿垫圈1的厚度来获得的，以提高主轴的回转精度和刚度。

为防止因采用带传动而使主轴弯曲变形，V带轮13和8均采用卸荷装置。V带轮13用两个滚动轴承安装在法兰盘16上，而V带轮8则用两个滚动轴承安装在头架壳体11上。

为了调整头架主轴与中间轴10之间的V带张紧力，可利用带螺纹的铁棒，旋入螺孔12后转动偏心套9。

头架主轴及其顶尖6在工作时可以转动也可以不转。

当工件如图7-3a支承在磨床前后两顶尖上时，装在拨盘7上的拨杆带动工件的夹头，使工件转动。此时，头架主轴及其顶尖是固定不转的。其方法是拧紧螺杆14，将摩擦圈15与主轴后端顶紧即可。头架主轴与顶尖固定不转，有助于提高工件的旋转精度及主轴部件的刚度。当用三爪或四爪卡盘如图7-3b夹持工件时，可在主轴锥孔中装上法兰盘19，并用拉杆17拉紧。卡盘由拨盘上的拨杆18带动旋转，此时主轴及顶尖都转动。当磨床需要如图7-3c自磨顶尖时，先在拨盘上装好拨块20，通过销子21带动主轴及其顶尖旋转。

四、尾座

图7-4为 M1432A 型万能外圆磨床尾座。尾座的顶尖（后顶尖）用来与头架主轴顶尖（前顶尖）一起顶紧和支持工件。因此，要求尾座有足够的刚度和精度。顶尖1装在套筒2的锥孔中，套筒与尾座壳体4的孔配合十分精密，间隙约0.005～0.01mm。在弹簧5的作用下，将套筒和顶尖始终向外顶出。顶紧力的大小可以调整。方法是转动手把10使螺杆7旋转，螺母9由于销子8嵌在壳体6长槽中而受限制，只能作左右移动。于是改变弹簧5的预紧力，对工件的预紧力也就得到了改变。依靠弹簧来顶紧工件，在磨削过程中，不会因工件热胀而使预紧力增大，从而防止了顶尖的过度磨损和顶弯工件，以致降低磨削精度。

尾座套筒的退回可以手动或液动。

手动时，顺时针转动手柄14，通过拨杆11带动套筒退回。液动时，用脚踏下踏板，使压力油进入液压缸，推动活塞12向左移动，迫使拨杆13摆动，然后通过拨杆11带动套筒退回。

密封盖3上有一斜孔，可以装修整砂轮用的金刚石。

磨削时，尾座靠L型螺钉15紧固在工作台上。

五、横向进给机构

磨床的横向进给机构，用于实现砂轮横向进给和快速进退。它能控制磨削时工件直径的尺寸精度。所以要求在作横向进给时，进给量要准确；在快速进退时，到达终点位置后应能准确定位。

图7-5为 M1432A 型万能外圆磨床的横向进给机构。用手转动手轮18使轴12旋转，通过一对双联齿轮11和22将运动传给轴23，再经过一对齿轮24和9使丝杠5旋转，最

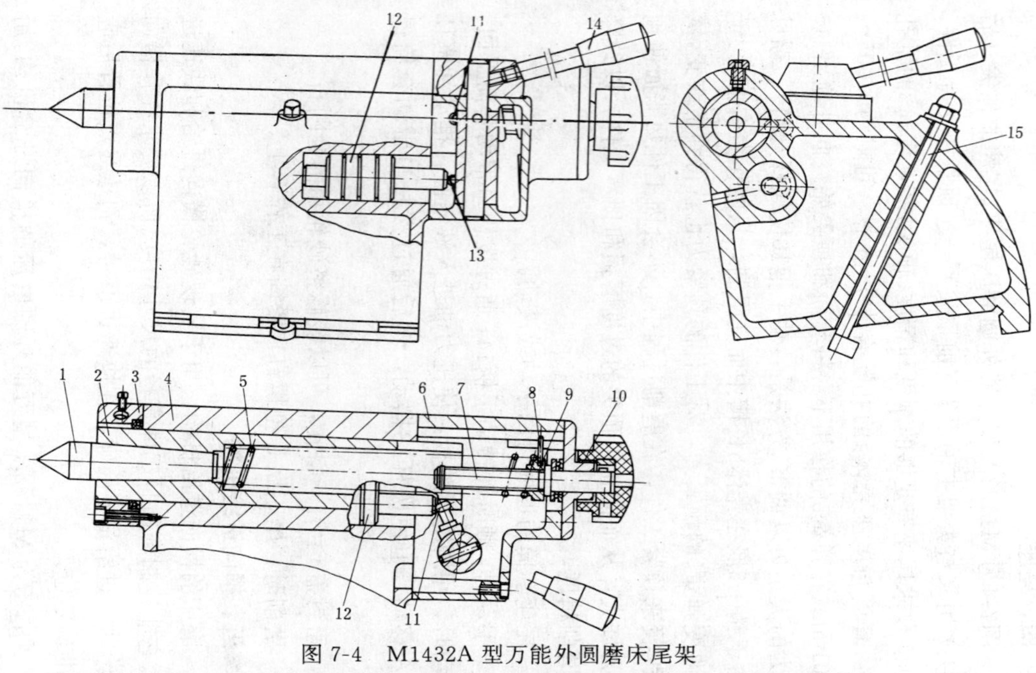

图 7-4　M1432A 型万能外圆磨床尾架

1—顶尖　2—套筒　3—密封盖　4—壳体　5—弹簧　6—壳体　7—螺杆　8—销子　9—螺母　10—手把
11—拨杆　12—活塞　13—拨杆　14—手柄　15—螺钉

后通过固定在砂轮架上的半螺母6，带动砂轮架7沿磨床的滚动导轨8作横向移动。采用滚动导轨可减小进给时摩擦阻力，以提高横向进给精度，但抗振性稍差。

拉出或推进捏手21，改变双联齿轮的啮合位置，就可获得粗进给或细进给。

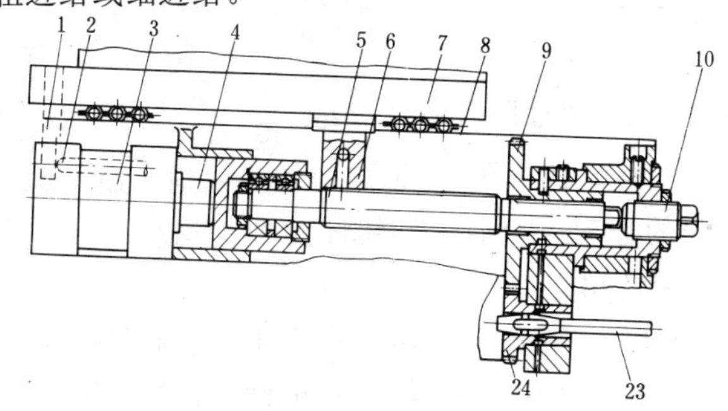

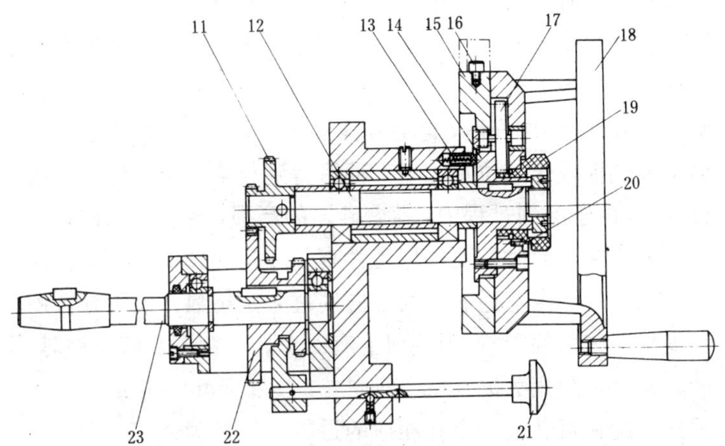

图7-5　M1432A 型万能外圆磨床进给机构

1—挡块　2—柱塞　3—液压缸　4—活塞杆　5—丝杠　6—螺母　7—砂轮架　8—滚动导轨　9、24—齿轮　10—螺钉　11、22—双联齿轮　12—轴　13—弹簧销　14—轴套　15—刻度盘　16—撞块　17—行星齿轮　18—手轮　19—旋钮　20—销子　21—捏手　23—轴

为了防止手动时因振动等因素而自行发生转动，在壳体上装有弹簧销13，它经常压着轴套14，增加了手轮转动时的阻尼作用。

刻度盘15带有内齿（$z=110$），它空套在轴套14上，通过行星齿轮17（$z=12, z=50$），带有齿轮（$z=48$）的旋钮19，以及销子20与手轮相联接。将旋钮向外拉出与销子脱离后转动，通过两对啮合齿轮$\left(\frac{48}{50}, \frac{12}{110}\right)$，可使刻度盘相对于手轮转动任一角度。把旋钮推入，销子插入旋钮上21个孔中的任何一个时，旋钮和刻度盘均被固定在手轮上，而不能转动。

刻度盘相对于手轮可以转动的目的，是为了成批磨削时零件定位和补偿砂轮在磨削过程中的磨损。在磨削一批尺寸相同的工件时，当第一个工件磨至要求的直径后，可拉出旋钮并转动，使刻度盘转至其上面的零位撞块16，与固定在磨床操纵箱盖板上的定位爪（图中未画出）碰住为止，然后将旋钮推入。这样调好后，再磨其他每个工件时，只需使手轮转动至零位撞块与定位爪相碰，便可得到与第一个工件相同的直径。但由于磨削过程中，随着砂轮的磨损，磨出的工件直径会逐渐增大，此时需要根据工件直径变化的数值，拉出旋钮并转动，使刻度盘逆着进给方向转过一定格数，便可补偿砂轮磨损所带来的影响。因旋钮上有21个孔，刻度盘转一周时，砂轮架移动距离为0.5mm（细进给时）或2mm（粗进给时）。因此，旋钮每转过一个孔相应的进给补偿量为：

细进给时　$0.5\text{mm}\times\frac{1}{21}\times\frac{48}{50}\times\frac{12}{110}\approx0.0025\ \text{mm}$

粗进给时　$2\text{mm}\times\frac{1}{21}\times\frac{48}{50}\times\frac{12}{110}\approx0.01\ \text{mm}$

对于直径来说，细进给时，其补偿量则应为0.005mm，粗进给时为0.02mm。

砂轮架的快速进退，由快速进退液压缸3传动。丝杠5的右端可在齿轮9的花键中轴向滑动。当压力油进入液压缸，推动活塞左右移动时，活塞杆4便带动丝杠、半螺母和砂轮架作快速进退。丝杠的右端装有淬硬的定位头，当砂轮架快速前进至终点时，定位头顶紧在定位螺钉10的头部，而起到定位作用。

为保证砂轮架，每次快速前进至终点的重复定位精度，以及磨削时横向进给量的准确性，必须消除丝杠与半螺母之间的间隙。为此，在快速进退液压缸旁，装有另一个柱塞式闸缸，工作时接通压力油，使柱塞2一直顶紧在砂轮架上的挡块1的一个侧面上，消除了螺纹间隙的影响。

第三节 M1432A型万能外圆磨床的液压传动系统

M1432A型万能外圆磨床的液压传动系统，用于实现工作台的纵向往复运动、砂轮架的快速进退和尾架套筒缩回等动作。

如图所示，整个液压系统的压力油，由齿轮泵供给，一路由输出管道1经操纵箱（由开停阀、先导阀、换向阀、节流阀和停留阀等组成）、进退阀、尾座阀分别进入工作台液压缸、砂轮架快速进退液压缸、尾座液压缸和闸缸等，称为主油路。另一路经精滤油器进入润滑油稳定器，称为控制油路。系统的油压由溢流阀控制在0.9～1.1MPa。

一、工作台的纵向往复运动

磨床工作台的纵向往复运动，是磨削时的纵向进给运动，它直接影响工件的精度和表面质量。所以运动要求平

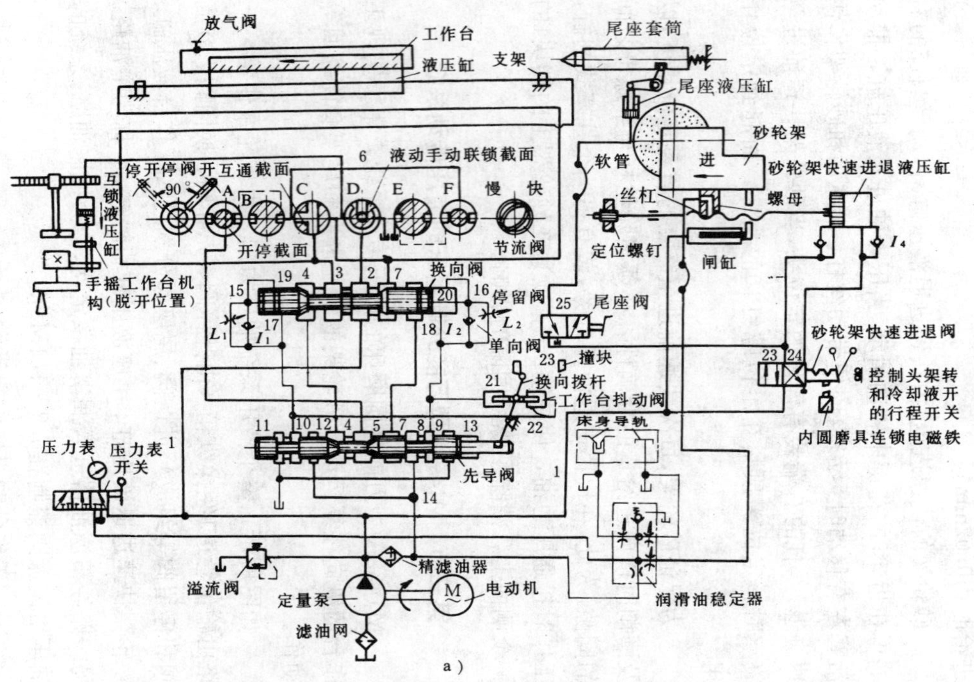

放气阀
工作台
液压缸
支架
尾座套筒
尾座液压缸
砂轮架
进
砂轮架快速进退液压缸
螺母
丝杠
软管
定位螺钉
闸缸
停开停阀开互通截面
液动手动联锁截面
开停截面
慢
快
节流阀
互锁液压缸
手摇工作台机构(脱开位置)
换向阀
停留阀
单向阀
尾座阀
撞块
换向拨杆
工作台抖动阀
砂轮架快速进退阀
控制头架转和冷却液开的行程开关
内圆磨具连锁电磁铁
床身导轨
先导阀
压力表
压力表开关
溢流阀
精滤油器
定量泵
电动机
滤油网
润滑油稳定器

a)

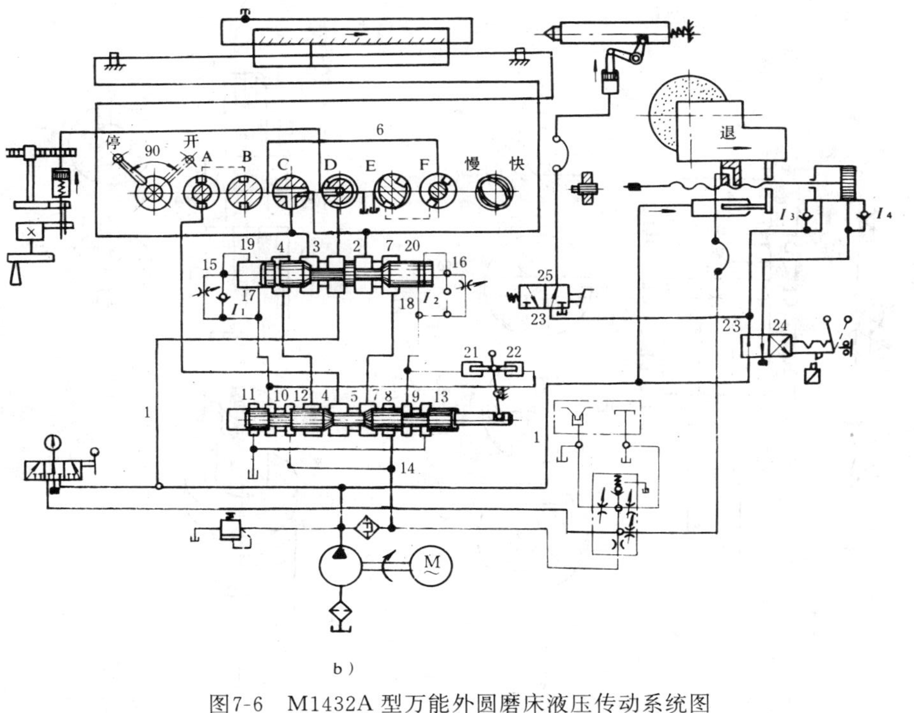

b）

图7-6　M1432A 型万能外圆磨床液压传动系统图

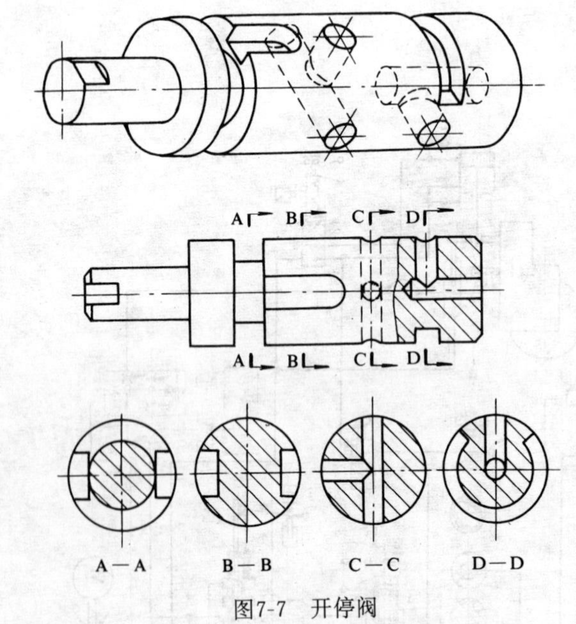

图7-7 开停阀

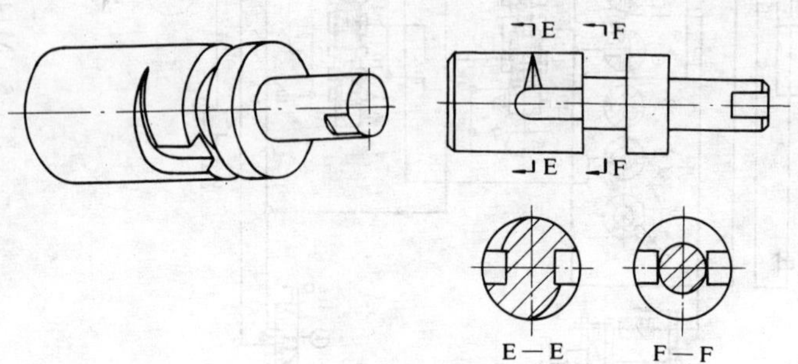

图7-8 节流阀

稳，并能无级变速。

工作台的纵向往复运动由液压操纵箱控制，其工作原理如下：

1. 工作台往复运动的液压回路　当开停阀处于图7-6a所示位置时，工作台启动。此时，先导阀在左边位置，控制油路为：经过精滤油器⟶14⟶8⟶9⟶单向阀 I_2⟶16⟶换向阀右端油腔，换向阀移至左边位置，故工作台向左运动。其液压主回路为：

进油路：1⟶换向阀⟶2⟶工作台液压缸左腔，液压缸连同工作台便向左移动。回油路：工作台液压缸右腔⟶3⟶换向阀⟶4⟶先导阀⟶5⟶开停阀 A 截面（见图7-7）⟶轴向槽⟶B 截面⟶6⟶节流阀 F 截面（见图7-8）⟶轴向槽⟶E 截面⟶油箱。

工作台向左运动到调定位置时，工作台上右边的撞块拨动先导阀至右边位置，换向阀也随之右移，于是工作台又反向运动。如此反复，工作台就不断地作往返运动。

2. 工作台运动速度的调节　由于工作台液压缸的回油，都是经过节流阀后流回油箱的。所以，改变节流阀液流开口大小（E 断面上圆周方向的三角形槽），便可使工作台的运动速度在0.05～4m/min 范围内无级调速。由于节流阀装在回油路上，液压缸回油具有一定的背压，有阻尼作用，因此工作台运动平稳，并可以获得低速运动。

3. 工作台的换向过程　其换向过程分为三个阶段：制动阶段、停留阶段和启动阶段。例如工作台向左运动，到达终点时的换向过程如下：

（1）制动阶段：工作台换向时的制动分两步：先导阀的预制动和换向阀的终制动。当工作台向左运动至接近终点位置时，撞块拨动先导阀开始向右移动。在移动过程中，先导阀上的制动锥体将液压缸回油管道4⟶5逐渐关小，使主回油路受到节流，工作台速度减慢，实现预制动。先导阀继续右移，管道8──→9、10──→11关闭、管道12──→10、9──→13打开（见图7-6b），控制油进入换向阀左端油腔，推动换向阀右移，其控制油路为：

进油路：14──→12──→先导阀──→10──→单向阀 I_1──→15──→换向阀左端油腔，换向阀右移。

回油路：换向阀右端油腔──→18──→9──→先导阀──→13──→油箱。

由于此时回油路直通油箱，所以换向阀迅速地从左端向右端移动，称为换向阀的第一次快跳。此时管道1──→2和1──→3都打开，压力油便同时进入工作台液压缸的左右腔，在油压的平衡力作用下，工作台迅速停止，实现终制动。

(2)停留阶段：换向阀第一次快跳结束后，继续右移，只要管道1──→2和1──→3都保持打开状态，工作台则继续停留不动。当换向阀右移至管道18被遮盖后，右端油腔回油只能经16──→停留阀 L_2──→9──→先导阀──→13──→油管，回油受停留阀 L_2的节流控制，移动速度减慢。

因此，改变停留阀液流开口大小，就可改变换向阀移动至后阶段的速度，从而调节工作台换向时的停留时间。

(3) 启动阶段：当换向阀继续右移至管道20──→18接通时，右腔回油便经管道16──→20──→18──→9──→先导阀──→13──→油箱，换向阀不受节流阻力，作第二次快跳，直到右端终点为止。此时，换向阀迅速切换主油路，工作台便迅速反向启动。

换向阀第一次快跳的目的，是为了缩短预制动至终制动之间的间隔时间，换向阀第二次快跳的目的，是为了缩短工作台的启动时间，保证必要的启动速度。这对提高生产率和磨削质量都有一定的意义。

4.先导阀的快跳　在先导阀换向杠杆的两侧，各有一个小柱塞液压缸21、22（或称抖动阀），它们分别由控制油路9和10供给压力油。当先导阀经换向杠杆拨动一段距离后（预制动完成后），压力油在进入换向阀的同时，也进入抖动阀。由于抖动阀直径比换向阀小，所以移动迅速，并通过换向杠杆迅速推动先导阀移动到底，这就称为先导阀的快跳。其目的是不论工作台移动速度快慢如何，都能使换向后的主油路和控制油路迅速接通并开大，这样，换向阀的移动速度也可不受工作台移动速度的影响，从而避免了工作台慢速运动时换向缓慢、停留时间过长和启动速度太慢等缺陷。

5.工作台液动和手动的互锁　当开停阀如图7-6a 处于“开”的位置时，工作台作液动往复运动，同时压力油由油管1⟶换向阀⟶开停阀 D 截面⟶工作台互锁液压缸，推动活塞使传动齿轮脱离啮合位置，因此工作台移动时不会带动手轮旋转，以防伤人。

当开停阀如图7-6b 处于“停”的位置时，互锁液压缸通过开停阀 D 截面上的径向孔和轴向孔与油箱接通，活塞在弹簧作用下回复原位，使传动齿轮恢复啮合。同时，工作台液压缸的左右腔通过开停阀 C 截面上的相交径向孔互通，工作台不能由液动控制往复，而只能用手操纵。

二、砂轮架的快速进退

砂轮架的快速进退，由手动快速进退阀（二位四通换向阀）控制。

1.砂轮架快速前进　如图7-6a 所示，当进退阀的右位接入系统时，其液压回路为：

进油路：管道1⟶进退阀⟶24⟶单向阀 I_4⟶进退液压缸右腔，由活塞推动丝杆、螺母并带动砂轮架快速前进。

回油路：进退液压缸左腔──→23──→进退阀──→油箱。

2.砂轮架快速后退　如图7-6b所示，用手扳动进退阀手柄，阀的左位接入系统时，其液压回路为：

进油路：管道1──→进退阀──→23──→单向阀 I_3──→进退液压缸左腔，由活塞带动砂轮架快速后退。

回油路：进退液压缸右腔──→24──→进退阀──→油箱。

砂轮架在快速前进位置时，进退阀手柄使行程开关接通，头架电动机和冷却泵旋转，于是可进行磨削。而砂轮架后退时，行程开关即断开，头架电动机和冷却泵都停止。

当内圆磨具支架翻下到磨削位置时，可使装在砂轮架上的微动开关闭合，电磁铁通电，将进退阀的手柄锁住在快进位置上，避免因误动作而引起砂轮架后退，不致发生砂轮与工件碰撞的事故。

三、尾架套筒的缩回

当砂轮架如图7-6b处于退出位置时，用脚踏下踏板后，可使尾座阀右位接入系统。其液压回路为：管道1──→砂轮架快速进退阀──→23──→尾座阀──→25──→尾座液压缸，由活塞通过杠杆带动尾座套筒缩回。

当松开踏板后，尾座阀在弹簧作用下复位，尾座液压缸的压力油──→管道25──→油箱（见图7-6a），尾座套筒在弹簧作用下向前顶出。

为保证工作安全，尾座套筒的缩回与砂轮架的快速前进是互锁的。由图7-6a可知，砂轮架处于快进位置时，管道23通过进退阀与油箱相通，故即使误踏踏板，尾座液压缸也不会进入压力油，尾座套筒就不可能缩回，不会发生自动松开事故。

四、润滑及其他

1. 导轨与丝杆螺母的润滑　油泵输出的压力油，有一路经精滤器后进入润滑油稳定器，然后再分三路，分别流到床身V形导轨、平导轨和砂轮架的丝杆螺母处进行润滑。压力油进入润滑油稳定器后，首先经过节流槽将来自管道14的油压降低，润滑所需的油压则另由其中的钢球式单向阀控制。三路润滑油所需的流量，可分别调节三个节流阀而获得。

2. 砂轮架丝杆与螺母间隙的消除　如图7-6所示，闸缸始终接通压力油路，故闸缸的柱塞一直顶紧在砂轮架上，使丝杆和螺母的间隙消除，其顶紧力方向与砂轮磨削时的受力方向一致。

第四节　M1432A型万能外圆磨床主要部件的装配

装配是产品制造过程中的最后一道工序，装配的质量关系到整个产品的质量和寿命。为了保证机器的性能、寿命等技术经济指标，装配时必须保证零件、部件之间规定的配合与相互位置要求。

一、砂轮架

砂轮架的装配主要是砂轮主轴与滑动轴承的装配。砂轮主轴和轴承是磨床非常重要的零件，它的回转精度对被加工工件的精度和表面质量都有直接影响。采用的是多瓦自动调位动压轴承（即“短三块”滑动轴承)。装配时，先刮研轴承与箱体孔的配合面，使其符合配合要求，然后用主轴着色研点将轴承刮至16～20点/25mm×25mm。轴承与轴颈之间的间隙调至0.015～0.025mm。间隙过大易振动，同时降低回转精度；过小，则磨损、发热严重，甚至会产生“抱轴”现象。

装配前，须对法兰盘、带盘校静平衡，装配后，须对主轴部件进行动平衡。要求达到平衡精度为G0.5～G1，或符合图样规定要求。

二、头架主轴部件

头架主轴部件的装配，主要是滚动轴承和轴组的装配。

1. 头架主轴与轴承　装配前，先测出轴承与主轴的径向圆跳动量和方位，以及轴承的最大原始游隙，采用定向装配。装配时使轴承实现预紧，测定并修磨对隔圈厚度，使滚动体与内外滚道接触处产生微量的初始弹性变形，消除轴承的原始游隙，以提高回转精度。

2. 中间轴与带轮　带轮采用卸荷装置，按滚动轴承的装配方法装配对中间轴与带轮组件。

3. 头架　将各组件装入头架，并进行调整与空运转1～1.5h，然后检查主轴的径向圆跳动与轴向窜动。主轴锥孔中心线的径向圆跳动量允差为0.007mm，主轴轴向窜动量允差为0.01mm。

三、内圆磨具

内圆磨具的转速极高，极限转速可达11000r/min。装配时主要是两端精密轴承的装配，运用主轴的定向装配和轴承的选配法来装配轴承（详见精密滚动轴承的装配）。

装配后，主轴工作端的径向圆跳动应在0.005mm 之内。并保持前后迷宫密封的径向间隙为0.10～0.30mm；而轴向间隙在1.5mm 之内。

如经挑选后的轴承组，其尺寸误差和形状误差不一致或装配后需提高其回转精度，则可采用轴承的精整。如图7-9所示，以专用夹具装夹轴承，使其以130～180r/min 的转速旋转，用铸铁板和铸铁研磨棒研磨至如下要求：前轴承组的尺寸一致，与套筒的配合间隙为0.004～0.010mm；与轴颈的配合间隙为0.003～(－0.003)mm。后轴承组的尺寸一致，与套筒的配合间隙为0.006～0.012mm；与轴颈的配合间隙为0.003～（－0.003）mm。轴承的尺寸大，转速高，间隙应取大的数值；相反情况取小数值，但必须在上述范围内。

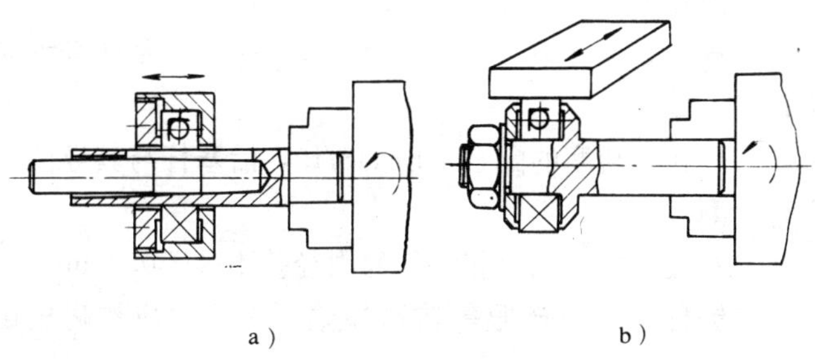

图7-9　轴承的精整

四、液压系统

1.齿轮泵　装配前，对油泵的全部零件进行检查、修去表面毛刺（在原规定不准倒角的地方必须保持尖角）、退磁和清洗等。其装配要点如下：

（1）装入滚针轴承，应保持轴与轴承圈之间具有0.01mm 的间隙，挡圈的位置不得高出轴承座圈端面，只许低1.2mm。

（2）长短轴与平键及齿轮配合间隙应符图样要求，平键长度不得超过齿轮两端面。

（3）轴向和径向间隙应符合规定要求，CB 型泵的轴向间隙为0.02～0.04mm。轴向间隙对泄漏影响最大，过大会使容积效率显著降低。

（4）装配时一面均匀拧紧螺钉，一面检查有何轻重不匀现象，装配后用手旋转主轴，应平稳无阻滞现象。

2.液压缸　液压缸装配的技术要求如下：

（1）缸孔的圆度和圆柱度允差小于内孔公差之半；

（2）两端外圆的安装定位面，对中心的端面全跳动允差为0.05mm/1000mm；

（3）内孔中心线的直线度允差为0.03mm/500mm；

（4）内孔表面粗糙度为 $R_a0.4 \sim 0.1\mu m$，不允许有纵向划痕；

（5）缸孔与活塞的配合一般 H8/f9，活塞杆与其导向孔的配合为 H7/f7；

（6）对接长缸，两个相配件的内径差不大于0.02mm；

（7）铸件不得有砂眼等铸造缺陷，必要时应作耐压试验。

其装配调整要点如下：

（1）清洗零件，修去零件毛刺，装配时避免杂质混入。

（2）活塞和活塞杆装配后，必须在V形架上用百分表测量，并校正其精度。

（3）活塞放在油缸体内，全长移动时应灵活无阻滞现象。

（4）装上端盖后，螺钉应均匀紧固，使活塞杆在全长移动时无阻滞和松紧不均匀等现象。

（5）装配后在专用平板上测量两端的等高，其误差不得大于0.05mm，否则，将油缸两端支座修磨或修刮，使其等高。

（6）安装油缸时，必须保证液压缸移动方向与机床导轨平行。其允差不超过0.05mm。

3.阀　装配工作主要是阀座与阀芯的研磨，研磨后，必须经过密封试验，保证其密封良好，符合图样所规定的技术要求。

压力阀的装配与调整要点如下：

（1）钢球或锥阀与阀座的密封应良好，可用煤油试漏。

（2）弹簧两端面须磨平并与中心线垂直。

（3）滑阀在阀体孔内全行程移动，应灵活无阻滞现象。

（4）装配完毕应测试，压力应均匀变化，不得有突跳和噪声。

方向控制阀装配时，主要是研磨阀体与阀心，严格控制其配合间隙，保证间隙在0.015mm之内。

流量控制阀装配方法与上述相同。

第五节　M1432A型万能外圆磨床主要部件的修理

万能磨床经过长期工作后，由于机件的磨损或变形等原因，造成工作性能、几何精度降低，将直接影响万能磨床的使用。下面介绍主要部件磨损后的修理工艺。

一、砂轮架

砂轮架用久后，主要是主轴和轴承的磨损，使轴承间隙增大，轴颈与轴承表面粗糙度 R_a 数值增大，同时表面形状也有所变化，失去原来的形状与位置精度。因此，要做的工作主要是修理主轴轴承与轴颈。

（1）刮研箱体孔：先修刮轴承与箱体孔之间的配合表面。磨损太大无法调整的可更换轴承。

（2）修复主轴：主轴轴颈经镀铬后须超精磨或研磨，符合图样规定的技术要求。表面粗糙度为 R_a0.025～0.012μm。

(3) 刮研轴承：用主轴着色研点将轴承刮至16～20点/25mm×25mm。

(4) 调整间隙：主轴轴颈与轴承之间的间隙调至0.015～0.025mm或符合图样要求。间隙过大易振动，降低回转精度，过小易磨损和产生“抱轴”现象。

(5) 主轴部件进行动平衡：平衡精度为G0.5～G1或符合图样要求。

二、头架主轴部件

头架主轴部件用久后主要是主轴的锥孔及轴承的磨损。

检修时，拆下轴承如发现轴颈损伤过大，可先将轴颈外圆磨出并按要求镀铬，再精磨轴颈（以一般不磨损表面作基准），两轴颈的同轴度允差为0.005mm。然后以轴颈为基准插入锥度检验棒校锥孔，锥孔与轴颈的同轴度允差为0.005mm，如果超差，则在磨床上修磨锥孔，并同时磨出端面。

调换新轴承进行装配，其装配方法与前相同。

三、内圆磨具

内圆磨具的修理，主要是轴承的磨损，调换新轴承时，准备的新轴承数量要比所需数量多1.5～2倍，挑选尺寸相近的组成一对。其他需修理的零件按图样技术要求修理加工。装配方法和要求与前相同。

四、液压系统

1.齿轮泵　主要是齿轮、泵体、端盖等主要零件的磨损。其修理要点如下：

(1) 齿轮外缘与泵体孔摩擦，而产生磨损或划伤，引起径向间隙加大，对使用无明显影响者可不必修整；磨损严重即应更换齿轮。

(2)齿轮两侧磨损，轻者可用研磨或抛光的方法修复；重者则以平面磨削修复，修复时，一对齿轮应放在平面磨床上同时修复，两齿轮厚度差和平行度允差均在0.005mm范围内，端面与孔的垂直度允差为0.01mm，并用油石倒去毛刺，但不允许倒角。

(3)齿轮的啮合表面磨损后，可用油石研磨。对于ШГ01型的油泵可调换齿轮啮合的方位。

(4)泵体磨损一般发生在吸油腔，条件许可时可将泵体转180°，而其他零件不动，使吸油腔变为压油腔可继续使用。

(5)齿轮两端面修复后，为控制轴向间隙，须将泵体后盖的端面磨去，磨削前应根据泵的类型而确定磨削余量。对ШГ01型应测其两轴承座圈和齿轮厚度的实际数据，而CB-B型应直接由齿轮与泵体的厚度差决定。

(6)长短轴如果磨损轻微，经抛光后可继续使用，如磨损严重，则应更换新轴。

(7)端盖是长短轴的支承，如果磨损，应迅速予以修复。轴承孔中心距和孔对端面的垂直度允差均为0.01mm。表面粗糙度为R_a0.04μm，若不符要求可用研磨法修复。

2.液压缸　使用过久后，造成活塞和缸体内壁的磨损以及密封体的老化和损坏。修复要点如下：

(1)活塞和活塞杆同轴度不良，须采取适当方法加以校正与调整，使同轴度允差在0.04mm范围内，如达不到要求则更换新活塞。

(2)活塞杆弯曲，须在校正器中校直，使全长误差控制在0.15～0.20mm范围内。

(3)活塞与缸体磨损后，按其不同情况采取不同措施加以修复。

1）若采用O形密封圈，一般使用几年后，密封圈失去原有形状甚至损坏，必须更换新的密封圈。

2）若活塞与油缸采用间隙密封时，间隙增大后可更换活塞。其间隙按孔径单配，保证在0.03～0.05mm范围内。而一般中低速的液压缸在修理中均可加上O形密封圈。

3）缸体内孔锈蚀、拉毛或呈腰鼓形，磨损严重，可采取镗磨、研磨等方法修磨，修磨后活塞更换新件。

3.阀　阀一般都是标准的液压元件，当发生问题时，通常都是更换新件，事后再修复。

（1）压力控制阀，主要磨损零件是滑阀，锥阀的阀体孔及阀座。

阀体孔磨损后，可采用研磨和珩磨的方法修复，要求圆度及圆柱度误差不超过0.005mm，重新配滑阀。滑阀直径$d>$20mm配合间隙为0.015～0.025mm；$d<$20mm，间隙为0.008～0.015mm。

阀座磨损，轻者可更换钢球；严重时可用顶角为120°的钻头钻锪，然后研磨，与钢球密合。

弹簧变形或损坏须更换新件。

（2）方向控制阀，磨损后可研磨阀体配阀心，保证间隙在0.015mm之内，阀心可镀铬。

（3）流量控制阀，在平时工作中该阀基本设有相对运动，故磨损很少，一般均能长期使用，但须注意及时清洗，以防堵塞。

第六节 M1432A型万能外圆磨床一般故障的分析和排除

磨床发生故障可归纳为如下四种情况：

(1) 磨削加工前工件本身精度低，误差大；由于撞击、拉毛或其他外伤所致，使工件表面产生印痕。

(2) 磨床本身制造精度误差大。

(3) 磨床的零件磨损，机构配合松动或间隙过大以及零件损坏等。

(4) 液压系统的故障。

对于第一种情况，可在加工前对工件进行严格的检查，不符合精度要求的、或因外伤所致表面质量未达到要求的工件，予以退回或退修。

下面分析和讨论其他几种情况：

一、圆度超差

(1) 磨床头架主轴轴承的磨损，磨削时，使主轴的径向圆跳动超差。可调整轴承游隙或更换新轴承。

(2) 尾座套筒磨损，配合间隙增大，磨削时在磨削力的作用下，使顶尖位移，工件回转时造成不理想的圆形。可修复或更换尾座套筒。

二、圆柱度超差

(1) 头架主轴中心与尾座套筒中心不等高或套筒中心在水平面内偏斜：由于尾座经常沿上工作台表面移动而磨损所致。可修复或更换尾座，使其与头架主轴中心线等高和同轴。

(2) 纵向导轨的不均匀磨损，而造成工作台直线度超差：可修复导轨面，重新校正导轨的精度。

三、磨削时工件表面出现有规律性的直波纹（呈多角形状）

（1）砂轮主轴与轴承、砂轮法兰盘相配合的轴颈磨损，使径向圆跳动和全跳动超差时，可修复或调换主轴。

（2）砂轮主轴轴承的磨损，配合间隙过大，使砂轮回转不平衡时，将使磨削产生振动，可调整或更换轴承。

（3）砂轮主轴的电动机轴承磨损后，磨削时电动机产生振动，可调换轴承。

四、磨削时工件的表面产生有规律的螺旋波纹

（1）工作台低速爬行：可消除进入液压系统中的空气，疏通滤油器，稳定液压系统中的油压，以及修整导轨表面使其减小摩擦。

（2）砂轮主轴的轴向窜动：可调整轴承的轴向游隙或更换轴承。

（3）砂轮主轴轴心线与工作台导轨不平行：可修复导轨使其达到精度要求。

五、磨削时工件表面产生无规律性波纹或振痕

（1）所选砂轮硬度、粒度不恰当：可选择适当的砂轮。

（2）砂轮修正不正确、不及时：可及时地、正确地修正砂轮。

（3）工件装夹不正确，顶尖与顶尖孔接触不良：可正确装夹工件，磨削工件前先研磨中心孔。

（4）切削液中混有磨粒或切屑：可清洗滤油器，精滤切削液，去除切削液中的杂质。

六、液压系统的故障

1.噪声和振动　产生的原因和排除方法有以下几个方面。

（1）发生在液压泵中心线以下的噪声：

1）液压泵进油管路漏气，可寻找漏气部位并排除故障；

2）滤油器堵塞或流通面积太小，可清洗滤油器；

3）油液粘度太大，可调换油液。

（2）发生在液压泵附近，来源于液压泵的噪声：

1）液压泵精度低，可通过修理排除；

2）径向和轴向间隙因磨损增大，输油量不足，可通过修理排除；

3）油泵型号不对，转速过高，应检查更正；

4）液压泵吸油部分有损坏，查明原因，修理排除。

（3）发生在操纵、控制阀附近的噪声，由阀门引起的故障：

1）阀的阻尼小孔堵塞，需清洗换油，疏通阻尼小孔；

2）弹簧变形、卡死、损坏，应检查更换弹簧；

3）阀座损坏，配合间隙不合适，检修相应的阀。

（4）其他方面的故障：

1)发生在工作缸部位的噪声，多半是停车后混入了空气。无排气装置的可快速全行程往返运动数次进行排气；

2)管路碰撞、油管振动、泵与电动机安装同轴度超差等，可相应采取消除措施；

3）电机、回转件平衡不良，可采取相应措施消除；

4）运动部件换向缺乏阻尼，产生冲击振动，可增加背压。

2.系统爬行　有以下几个方面：

（1）空气进入系统：由于液压泵吸空或系统中密封不严而进入空气，可查明原因排除。

（2）油液不洁净：这将会堵塞小孔，应清洗油路、油箱，更换液压油。

（3）导轨润滑不良，压力不稳定：一般机床调至0.07～0.1MPa，大型机床调至0.16MPa。

（4）液压缸的安装与导轨不平行：重新调整液压缸与导轨的平行度并校直活塞杆。

（5）新修导轨刮研面阻力较大：可用氧化铬研磨膏拖研十几次抛光。

3.泄漏　泄漏会降低速度和压力，浪费油液。大致有以下几个方面：

（1）工作压力调整过高，可适当降低。

（2）采用间隙密封的元件，磨损后间隙增大产生漏油，可在阀心外圆四周开几条环形槽。

（3）接触面的密合程度不好，应修研接触面。

（4）滑心与阀体孔同轴度超差，应修理。

（5）润滑系统调整不当，油量太大，回油来不及，应适当调小供油量。

（6）密封件损坏或装反，应更换新件或正确装配。

（7）油管破裂，应更换。

4.压力不足　调整出现压力不足或建立不起油压，部件运动速度显著下降，可查明原因排除故障。

（1）油泵出现故障：如间隙过大、密封不严、油泵电机功率不足等。

（2）压力阀部分的故障：如脏物或锈蚀卡死开口位置、弹簧断裂、阻尼孔被堵塞等。

（3）其他故障：如滤油器堵塞、吸油管太细、油液粘度太大以及某些阀内泄漏严重等。

5.液压冲击　由于液流方向的迅速改变或停止时，致使液流速度急速改变，造成液压冲击。有下述几点造成液压冲击：

（1）缓冲装置失灵

（2）导向阀或换向阀的制动锥角太大，致使换向时的液流速度剧烈变化而引起液压冲击，可重新制造阀心，减小锥角。

（3）液压系统油压调整过高，背压阀调整不当。

（4）系统油温过高粘度下降，节流变化大而且不稳定，系统内存在空气等。

（5）复杂的液压系统管路太长，转弯处太多，导致压力损失太大，或局部发生冲击振动，可在振动处采用软管或增加蓄能器。

（6）活塞杆、支架和工作台联接不牢，产生冲击，应检查并紧固。

6.工作台往复速度误差较大，一般对双活塞杆液压缸，允许速度误差10％，造成原因如下：

（1）液压缸两端的泄漏不等或单边泄漏，可查明原因，排除泄漏。

（2）液压缸两端活塞杆弯曲不一致，应调整或检修。

（3）液压缸排气装置两端排气孔孔径不等，可更换排气管，调整开口。

（4）放气阀间隙大而且漏油，两端漏油量不等。

（5）系统内部泄漏，应排除泄漏。

7.油温过高　由于各种阀会产生压力损失，如系统中各相对运动零件的摩擦阻力；工作过程中有大量油液经控制阀溢回油池等。油温过高会使油液变质，粘度下降，使油的物理性质恶化。系统压力降低，也会使机床产生热变形，影响机床的工作精度。因此，磨床中油温不应超过50℃，温升应小于25℃。

根据对发热情况分析，系统温升超差可采取如下措施：

（1）压力损耗大而引起油温升高，管路可定期清洗；选用或调换合格的油液；

（2）机械摩擦引起油温升高，可检查液压元件装配、油缸和工作台的安装是否符合精度要求，并调整；检查各运动部件的摩擦情况，查明原因排除。

（3）检查油路设计是否合理并加以改善。

磨床的故障远不止这些，遇有其他故障，应从工作原理和结构分析，寻找故障发生的部位，分析产生的原因，采取可靠的排除措施。

复 习 题

1. 试述 M1432A 型万能外圆磨床的机械传动原理。

（1）砂轮的旋转运动。

（2）工件的旋转运动。

（3）砂轮架的横向进给运动。

（4）工作台的纵向移动。

2. M1432A 型万能外圆磨床的砂轮架结构特点怎样？

3. M1432A 型万能外圆磨床内圆磨具的结构特点怎样？

4. M1432A 型万能外圆磨床头架的结构特点怎样？

5. M1432A 型万能外圆磨床尾架的结构特点怎样？

6. M1432A 型万能外圆磨床横向进给机构的结构特点怎样？

7. 总结分析 M1432A 型万能外圆磨床各主要部件，是如何保证磨床所要求的精密的加工性能。

8. 试述 M1432A 型万能外圆磨床液压传动各系统的原理。

（1）工作台向左和向右运动时的液压回路。

（2）工作台运动速度如何调节？

（3）工作台换向过程为什么要分三个阶段？工作过程是怎样的？

（4）先导阀为什么需要有快跳动作？

（5）工作台液动和手动为什么要互锁？怎样互锁？

（6）砂轮架怎样会快速进退的？

（7）尾座套筒怎样会伸出缩回的？

（8）砂轮架丝杆螺母怎样消除间隙？有何作用？

（9）磨床导轨和丝杠螺母怎样进行润滑？

9. 试述 M1432A 型万能外圆磨床砂轮架部件的装配要点。

10. 试述 M1432A 型万能外圆磨床头架主轴部件的装配要点。

11. 什么是滚动轴承的精整？精整有何作用？

12. 试述 N1432A 型万能外圆磨床液压传动系统中各元件的装配和修理要点：

（1）齿轮泵的装配要点。

（2）液压缸的装配要点。

（3）压力阀的装配要点。

（4）齿轮泵的修理要点。

（5）液压缸的修理要点。

（6）压力阀的修理要点。

13. M1432A 型万能外圆磨床可能发生哪些故障？简述这些故障的排除方法。

第八章　机床的气压和液压夹紧装置

在机械加工中，工件的装夹包括定位和夹紧两个工作过程。工件定位后，为了保证在加工过程中，不致由于外力的作用而产生位置的改变，必须采用一定形式的夹紧装置。除了一般的机械夹紧装置外，还有气压和液压夹紧装置。

第一节　气压和液压夹紧装置的作用

夹紧装置中，作用力有不少来自手动，既费时又费力。近年来由于高速强力切削、综合性加工技术和生产自动化的发展，这就要求大幅度地缩减装夹工件的辅助时间，减轻工人的劳动强度，因此需要高效率的机械化传动的夹紧装置。

机械化传动夹紧装置不仅操作简单、夹紧力大、夹紧动作迅速、夹紧时间短，而且稳定、可靠。还可以把机床工作机构（主轴或工作台）的运动和操纵机构连接起来，易于实现自动化夹紧。

机械化传动夹紧装置有气压、液压、电气、真空等几种类型，其中应用较多的是气压和液压传动夹紧装置。下面介绍常用的气压和液压夹紧装置。

第二节　气压夹紧装置的组成及其构造

气压夹紧装置的动力来源是压缩空气。压缩空气的压力比较低，一般为0.4～0.8MPa。

气压夹紧装置由气缸、气压附件及管路三个部分组成。

一、气缸

气缸是气压夹紧装置的动力部分。常用的有活塞式和薄膜式。按气缸的使用和安装方式，又可分为固定式、摇摆式和回转式三种。

当夹紧时，活塞杆仅作直线运动，多采用固定式气缸，应用于钻床和铣床附件或夹具的夹紧装置中。如果是通过铰链杠杆来传递夹紧力，则应用摇摆式气缸，因为活塞杆除了作直线运动外，还要作弧形摆动。气缸如果是装在旋转部件的位置上，如车床、磨床的卡盘，则应采用旋转式气缸。

薄膜式气缸，因活塞杆的推力和行程不大，一般多用于中小零件的钻孔、铣小平面等工序的夹紧装置。

下面分别介绍几种常用结构及其基本原理。

1. 旋转型活塞式气缸气动卡盘　图8-1为车床用的气压夹紧装置。气缸7与连接套8固定，套筒4与气缸盖5紧固在一起，它们同时与车床主轴一起转动。当压缩空气进入管道A，经孔道a进入气缸右腔时，使活塞6和活塞杆10、拉杆11、拨盘12同时向左移动。拨盘带动杠杆13绕小轴14转过一个角度，使滑块15及卡爪16同时向心移动，将工件夹紧。当压缩空气由管道B进入时，经孔道b进入气缸左腔，推动活塞向右移动，杠杆使卡爪同时离心移动，将工件松开。密封环1以防止a、b孔道之间漏气，圆环2装在密封环孔内，其平面上的孔用作压缩空气进入的通道。密封环9防止气缸漏气。配气座3由支架固定托住，以减轻车床主轴负荷。

2. 固定型活塞式气缸气动卡盘　固定型气缸一般用于铣、钻、镗等机床附件或夹具的夹紧装置中。但由于旋转型气缸是随机床主轴一起转动，在高速旋转的条件下，配气装置容易摩擦发热而咬死，因此，也常采用固定型活塞式气缸

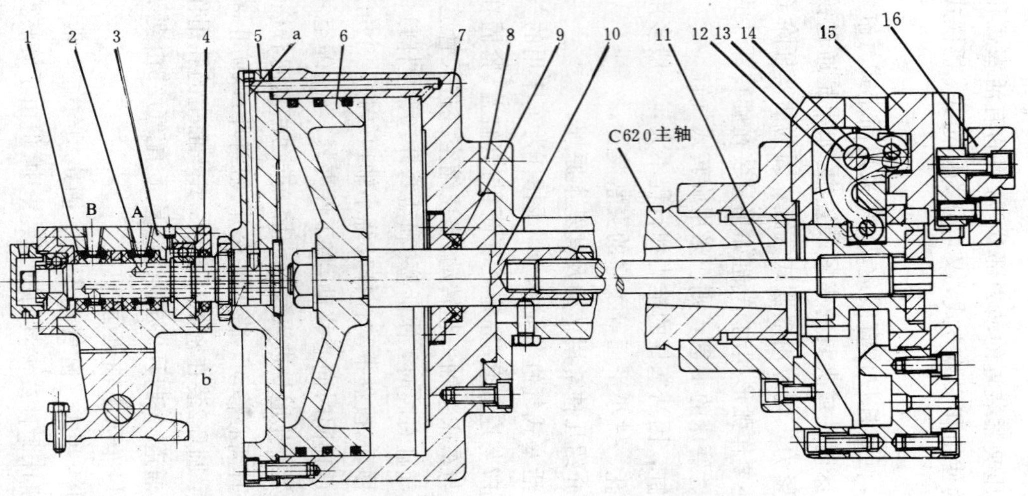

图 8-1　旋转型气缸气动卡盘

1—密封环　2—圆环　3—配气座　4—套筒　5—气缸盖　6—活塞　7—气缸　8—连接套　9—密封环
10—活塞杆　11—拉杆　12—拨盘　13—杠杆　14—小轴　15—滑块　16—卡爪

来代替旋转型气缸。

图8-2为固定型气缸。整个气缸由4个螺栓13紧固在法兰盘14上，法兰盘用螺钉15紧固在主轴箱的后端。当压缩空气从管道A进入气缸9的右腔时，活塞8连同活塞杆11一起向左移动，通过垫圈6、7，推力轴承5，轴承盖4及螺母1，带动拉杆左移，使卡紧部分的卡爪向心移动而夹紧工件。当压缩空气由管道B进入气缸的左腔时，活塞连同活塞杆右移，通过轴承壳2、轴承3及轴承座使拉杆右移，将夹紧部分的卡爪离心移动而松开工作。

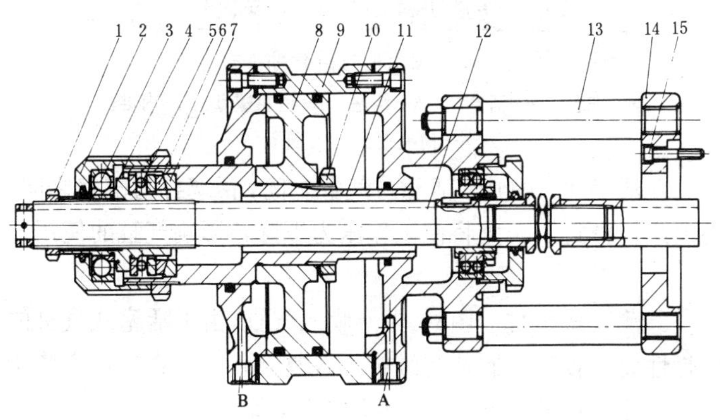

图8-2　固定型气缸

1—螺母　2—轴承壳　3—轴承　4—轴承盖　5—推力轴承　6、7—垫圈　8—活塞　9—气缸　10—螺母　11—活塞杆　12—轴　13—螺栓　14—法兰盘　15—螺钉

图8-3为另一种固定式气缸结构。当压缩空气由管道A进入气缸1的右腔时，活塞3向左移动，通过活塞杆2上的齿条带动齿轮螺母4旋转并产生轴向移动，同时迫使内锥套

5位移而使筒夹夹头6弹性收缩，将工件夹紧。当压缩空气由管道B进入气缸左腔时，活塞右移，活塞杆带动螺母作反方向转动和轴向移动，内锥套由弹簧7顶向原位，使夹头松开工件。

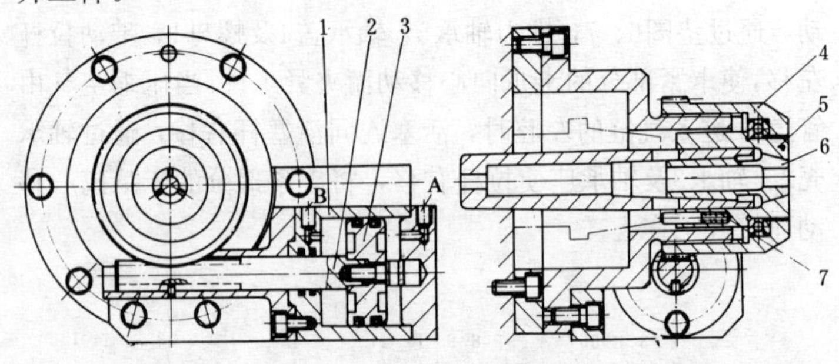

图8-3　固定型气缸气动卡盘

1—气缸　2—活塞杆　3—活塞　4—齿轮螺母　5—内锥套　6—筒夹夹头　7—弹簧

在活塞式气缸中，活塞与气缸之间，活塞杆与缸盖之间，必须严格密封，否则将使工作压力下降，影响气缸的使用效果。

3.薄膜式气缸　图8-4为薄膜式气缸。由于活塞式气缸的密封性要求较高，制造与维护比较复杂，所以在气压夹紧中还常采用薄膜式气缸。它是由气缸体8及缸盖1并在中间夹一层碗状橡胶膜5所组成。当压缩空气由管接头进入气缸时，推动橡胶膜5而带动推杆7移动。推杆的一端与托盘4焊在一起，另一端与夹头原件连接而直线移动，并通过夹具将工件夹紧。当压缩空气停止进入气缸而处于回气时，在弹簧2、3的作用下，使橡胶膜及推杆朝相反方向移动而将工件松开。小孔A是当推杆进行移动时，使橡胶膜右端内的空气能自由进出。整个气缸由螺栓6紧固在夹具上。

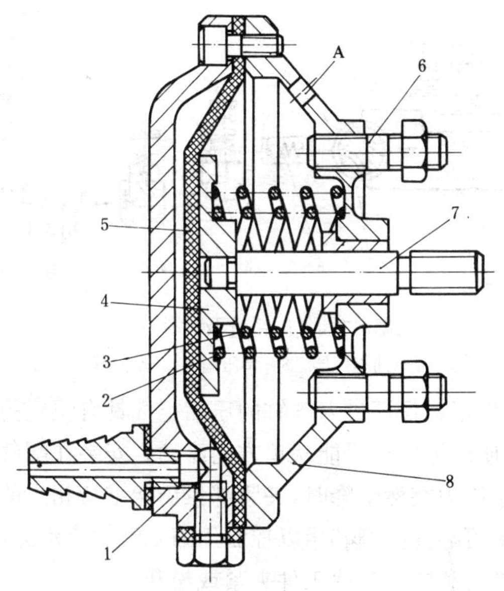

图8-4 薄膜式气缸

1—缸盖 2、3—弹簧 4—托盘 5—橡胶膜 6—螺栓 7—推杆 8—缸体

薄膜式气缸的优点是价廉、省气、体积小，缺点是工作行程短，最大行程不超过气缸外径的1/3。

二、气压附件和管道

在气压传动夹紧装置中，除气缸外，还须要配置管道和一系列附件及压缩空气输送网，联接成一个完整系统，才能满足各种不同的使用要求。

如图8-5所示，为从车间管道来的压缩空气，经过一套附件到夹紧气缸的系统图。

分水滤气器1是为了去除压缩空气中的水分和杂质，以得到纯净干燥的空气。油雾器2是使压缩空气中含有油雾，以润滑气缸减少摩擦损耗（薄膜式气缸不用油雾器）。调压

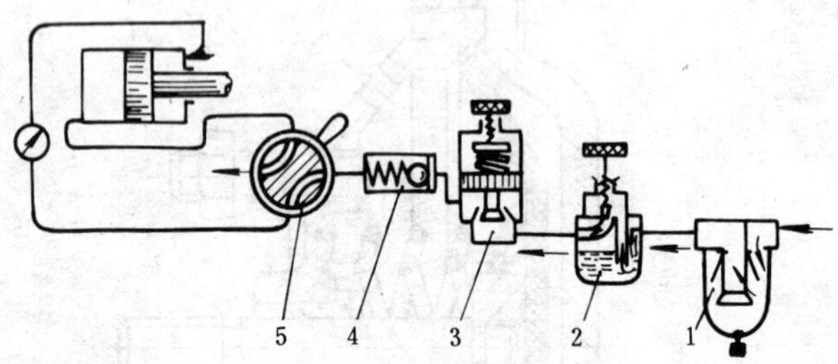

图8-5　气压系统及附件

1—分水滤气器　2—油雾气器　3—调压阀　4—单向阀　5—配气阀

阀3起调压作用，保证进入气缸的压缩空气具有恒定的压力。单向阀4是使压缩空气只能从单方向流动，安装在配气阀前。如果管道中压力突然下降时，夹紧部位仍能维持相当的压力，以保证夹紧可靠。配气阀5用以控制压缩空气的流动方向，来变换气缸进气和排气，使工件夹紧或松开。

上述附件已定型列入国家标准，并由专门工厂生产，可根据需要选用。

第三节　液压夹紧装置的组成及其构造

液压夹紧，由于油液能传递很大的压力，在取得同样作用力的情况下，液压油缸的直径尺寸比气缸的直径可以小很多倍，故结构比较紧凑。此外，由于液体的不可压缩性和传动的平稳性，能维持更好的夹紧刚性。但液压夹紧装置其密封性要求高，制造成本也高，故一般在液压机床上使用或用于多件夹紧、大型工件的夹紧上。

一、液压夹紧装置的组成

液压夹紧装置由工作液压缸，带电动机的液压泵和管道附件等部分组成。

图8-6为液压夹紧装置的基本油路系统图。液压泵4由电动机3驱动进行吸油、压油。换向阀8用以变换进入工作缸9的压力油方向，以改变液压缸活塞的运动方向。溢流阀6用来调节液压系统的恒定压力（以压力表5显示油压），并当夹紧工件而活塞停止运动后，能使液压泵输出的压力油从溢流阀经过滤器2流回油池1。蓄能器7用于储蓄压力油，在单独使用液压装置进行夹紧的情况下，常用它来提高液压泵电动机的使用效率：液压泵工作时，压力油进入蓄能器而被储存起来，当达到夹紧压力，使工件夹紧后，液压泵电动机可停止工作，靠蓄能器补偿漏油，保持夹紧。

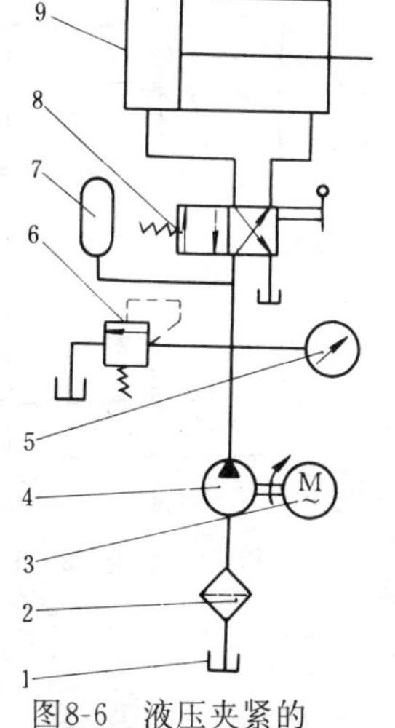

图8-6 液压夹紧的基本油路系统图

1—油池 2—过滤器 3—电动机 4—液压泵 5—压力表 6—溢流阀 7—蓄能器 8—换向阀 9—工作液压缸

二、液压夹紧装置的构造

图8-7所示为单向液压夹紧装置。其液压工作缸9装在夹紧螺栓2上，以代替螺栓螺母夹紧。活塞8制有内螺纹与螺栓联接，螺钉7作锁紧用，使活塞与螺栓紧固成一体。当压力油由管道A进入工作缸的左腔时，通过5、6球面垫圈推动压板4并与钳口1将工件3夹紧。要松开工件时，管道A断油，弹簧10将工作缸顶回。

图8-8为双向液压夹紧装置。当压力油由管道A进入工作油缸5的G腔时，使两个活塞4同时向外顶出，推动压板3将工件1夹紧。当压力油由管道B进入工作液压缸的两端

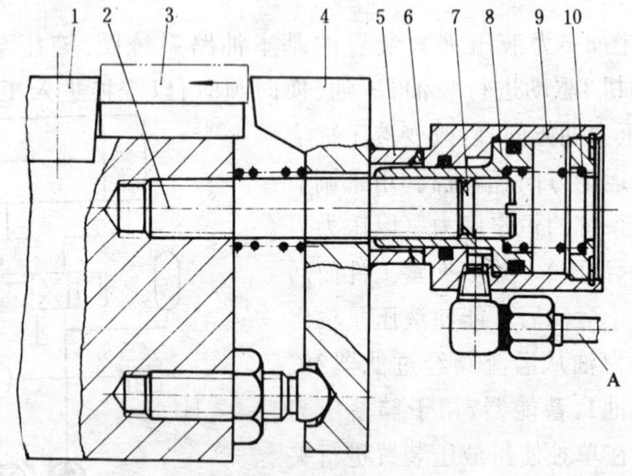

图8-7　单向液压夹紧装置

1—钳口　2—螺栓　3—工件　4—压板　5、6—球面垫圈　7—螺钉　8—活塞　9—工作液压缸　10—弹簧

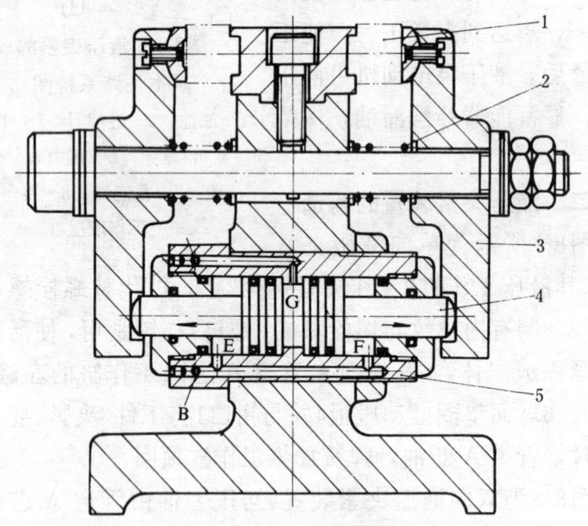

图8-8　双向液压夹紧装置

1—工件　2—弹簧　3—压板　4—活塞　5—工作液压缸

E 及 F 时，两活塞同时向内收缩，由弹簧2将两边压板退回，工件松开。

复 习 题

1. 试述机床机械化传动夹紧装置的作用。
2. 试述回转型活塞式气缸气动卡盘的工作原理。
3. 试述固定型活塞式气缸气动卡盘的工作原理。
4. 试述薄膜式气缸的工作原理。
5. 液压夹紧装置有哪些部分组成？

第九章　装配工艺规程

第一节　装配工艺规程的基本知识

一、装配工序的划分

零件是构成机器（或产品）的最小单元。若干个零件结合成机器的某一部分，无论其结合形式和方法如何，都称为部件。把零件装配成部件的方法称为部件装配，简称部装。

直接进入机器（或产品）装配的部件称为组件；直接进入组件装配的部件称为一级分组件；直接进入一级分组件装配的部件称为二级分组件；以此类推。机器愈复杂，分组件的级数也愈多。

任何级的分组件都是由若干低一级的分组件和若干零件组成，但最低级的分组件则只是由若干个单独零件所组成。

可以单独进行装配的部件称为装配单元，在制订装配工艺规程时，每个装配单元通常可作为一道装配工序。任何一个产品，一般都能分成若干个装配单元，若干道装配工序。

把零件和部件（组件和分组件）装配成最终机器（或产品）的过程称为总装配；简称总装。根据机器的复杂程度，在制订工艺规程时可划分为Ⅰ工序、Ⅱ工序、Ⅲ工序……等。

每一道工序的装配都必须有基准零件或基准部件，他们是装配工作的基础，部件装配或总装配都是从它这里开始的。它的作用是连接需要装在一起的零件或部件，并决定这些零件或部件之间的正确相互位置。

二、装配的组织形式

根据装配产品的尺寸、精度和生产批量的不同，装配的组织形式有固定装配和移动装配。

1.固定装配　被装配产品是固定在一个或几个组内完成的装配形式，称作固定装配。

（1）集中装配，从零件装配成部件和产品的全部过程均由一个人或一个组来完成。这种形式工人技术水平要求较高，装配周期长，适用于装配精度较高的单件小批生产。

（2）分散装配，是把产品装配分为部装和总装，分配给个人或各小组来完成。这种形式装配工人密度增加，生产效率较高，装配周期短，适用于成批生产。

2.移动装配　装配工序是分散的，被装配产品经传送工具移动，一个工人或一组工人只完成一定工序的装配形式。这种形式装配工人技术水平要求较低，适用于大批大量生产。按传送节奏可分为以下两种。

（1）产品按节奏（自由节奏或按一定的节奏）移动或周期性移动进行装配。

（2）产品按一定的速度连续移动进行装配。

三、装配方法

装配方法有完全互换法、选择装配法、修配法和调整法等四种。

四、装配单元系统图

机器中的部件装配或总装配，都必须按一定的顺序进行。要正确确定某一部件的装配顺序，先要研究该部件的结构及其在机器中与其他部件的相互关系，以及装配方面的工艺问题，以便将部件划分为若干装配单元。表示装配单元先后顺序的图称为装配单元系统图，这种图能简明直观地反映出产品的装配顺序。

图9-1是某产品的装配单元系统图，图中每一零件、分

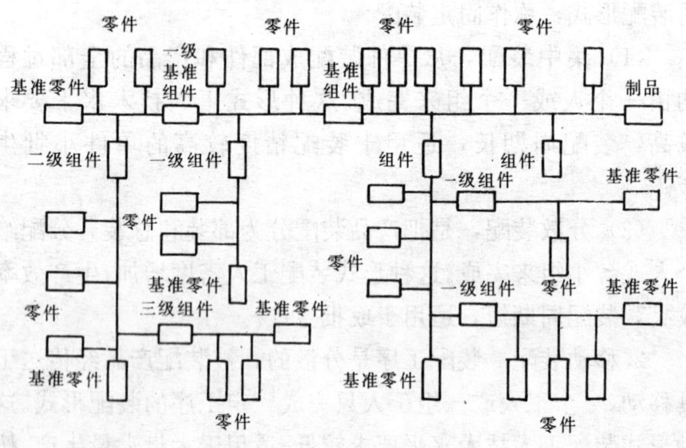

图9-1　装配单元系统图

组件或组件都用一长方格表示，在方格内注明零件或分组件名称、编号以及装入的件数。其编制方法如下：

在纸上画一条横线，横线的左端画上代表基准零件（或部件）的长方格，横线右端画上代表产品的长方格。除基准零件外，把所有直接进入产品装配的零件，按照装入顺序画在横线的上面。除了基准组件或基准分组件外，把所有构成产品的组件按顺序画在横线的下面。如果产品装配单元系统图用一根横线安排不下，则可转移至与此线平行的第二条，第三条线上去。

产品较复杂时，绘出的装配单元系统图既复杂又庞大。为便于应用，可编制装配单元系统分图。这种分图按产品的装配和组件的装配分别绘制，此时，图中只包括直接装入的零件和部件。

第二节　装配工艺规程的内容和编制方法

一、原始资料

装配工艺规程的编制，必须依照产品的特点和要求，以及工厂的生产能力和生产规模来制定。编制时需要下列的原始资料：

（1）产品的总装配图和部件装配图，以及主要零件的工作图。

（2）零件明细表。

（3）产品验收技术条件。

（4）产品的生产规模——各种设备的性能及主要技术规格。

产品的结构，在很大程度上决定了产品的装配程序和方法。分析总装配图、部件装配图及零件工作图，可以深入了解产品的结构和工作性能，同时了解产品中各零件的工作条件以及它们相互间配合要求。分析装配图还可以发现产品装配工艺性是否合理，从而给设计者提出改进意见。

零件明细表中列有零件名称、件数、材料等，可以帮助分析产品结构，同时也是制定工艺文件的重要原始资料。

产品验收技术条件，是产品质量标准和验收依据，也是编制装配工艺规程的主要依据。为了达到验收条件规定的技术要求，还必须对较小的装配单元提出一定的技术要求，才能达到整个产品的技术要求。

生产规模基本上决定了装配的组织形式，在很大程度上决定了所需要的装配工具和合理的装配方法。

二、装配工艺规程的内容

装配工艺规程是装配工作的指导性文件，是工人进行装配工作的依据，它必须具备下列内容：

（1）规定所有的零件和部件的装配顺序。

（2）对所有的装配单元和零件装配要求是既保证装配精度，能提高生产率。

（3）划分工序，确定装配工序内容。

（4）决定工人的技术等级和工时定额。

（5）选择必须的工夹具及装配用的设备。

（6）确定验收方法和装配技术条件。

三、编制装配工艺规程的方法

依据原始资料，编制装配工艺规程的步骤如下：

（1）分析装配图。了解产品的结构特点，确定装配的基本单元，规定合理的装配方法。

（2）决定装配的组织形式时，可根据工厂的生产设备、规模和产品的结构特点，来决定装配的组织形式。

（3）确定装配顺序，编制装配单元系统图，装配的顺序是由产品的结构和装配组织形式决定。产品的装配总是从基准开始，从零件到部件，从部件到机器；从内到外，从上到下，以不影响下道工序的进行为原则，有秩序地进行。

（4）划分工序。在划分时要注意以下几点：

1）在采用流水线装配形式时，整个装配工艺过程应划分为多少道工序，必须取决于装配节奏的长短。

2）组件的重要部分，在装配工序完成后必须加以检查，以保证质量。在重要而又复杂的装配工序中，不易用文字明确表达时，还必须画出部件局部的指导性装配图。

（5）选择工艺设备时，根据生产产品的结构特点和生产规模，应尽可能选用相应的最先进的装配工具和设备。

（6）确定检查方法时，根据产品的结构特点和生产规模来选择，要尽可能选用先进的检查方法。

(7)确定工人等级和工时定额。一般都根据工厂的实际经验、统计资料以及现场的实际情况来确定。

(8) 编写工艺文件。主要是编写装配工艺卡，它包含着完成装配工艺过程所必须的一切资料。

最后应特别指出，编制的装配工艺过程，在保证装配质量的前提下，必须是生产率最高而又是最经济的。因此它必须根据实际条件，尽力采用当今最先进的技术。

第三节　减速器的装配工艺分析及工艺规程的编制

图9-2所示为蜗轮与圆锥齿轮减速器，它具有结构紧凑、工作平稳、噪声小、传动比大等特点。

减速器的运动由联轴器传来，经蜗杆轴传至蜗轮。蜗轮安装在装有锥齿轮、调整垫圈的轴上。蜗轮的运动借助于轴上的平键传给锥齿轮副，最后由安装在锥齿轮轴上的圆柱齿轮传出。

一、减速器的装配技术要求

减速器装配后应达到下列要求：

(1) 零件和组件必须正确安装在规定的位置上，不得装入图样未规定的垫圈、衬套之类的零件。

(2) 固定联接件必须保证将零件或组件牢固地连接在一起。

(3) 旋转机构必须能灵活地转动，轴承间隙合适，润滑良好，润滑油不得有渗漏现象。

(4) 各轴线之间应有正确的相对位置。

(5)啮合零件，如蜗轮副、齿轮副必须符合图样规定

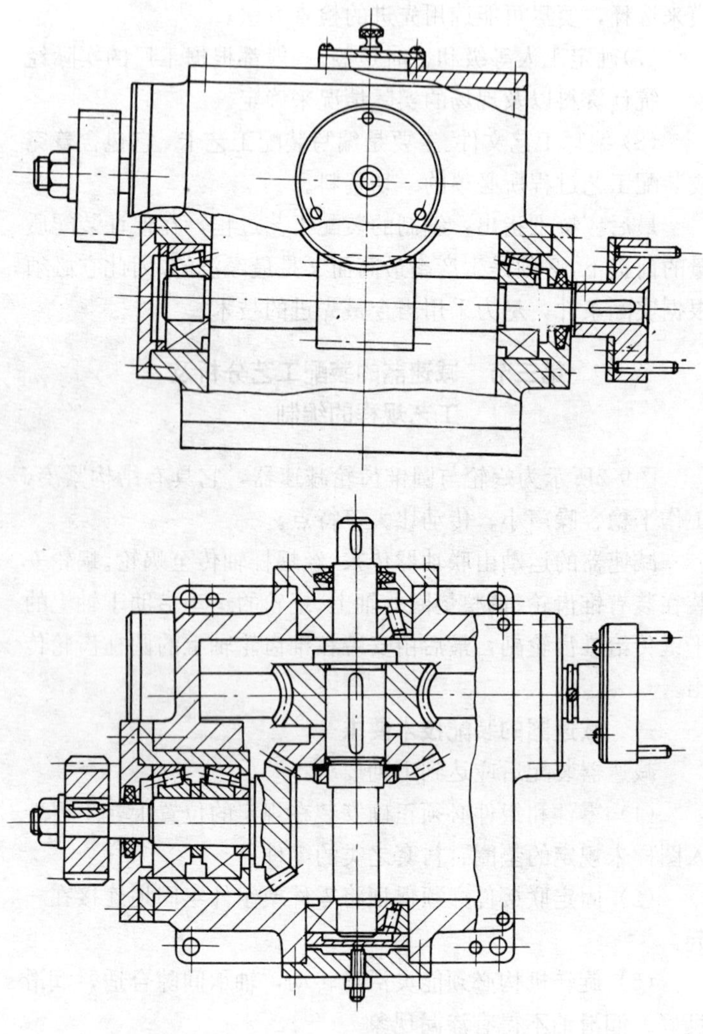

图9-2　减速器装配图

的技术要求。

二、减速器的装配工艺过程

装配的主要工作是：零件的清洗、整形和补充加工，零件的预装、组装和调整等。现以减速器为例来说明部件装配的全过程。

1. 零件的清洗、整形和补充加工　为了保证部件的装配质量，在装配前必须对所要装的零件进行清洗、整形和补充加工。

（1）零件的清洗主要是清除零件表面的防锈油、灰尘、切屑等污物。

（2）零件的整形主要是修锉箱盖、轴承盖等铸件的不加工面，使其外形与箱体结合部外形一致。同时，修锉零件上的锐角、毛刺、碰撞而产生的印痕等。

（3）装配时进行的补充加工，主要是配钻、配攻和配铰箱体与箱盖、轴承盖与箱体等的联接螺孔销孔等。

2. 零件的预装　零件的预装又叫试装。为了保证装配工作顺利进行，某些相配零件应先试装，待配合达到要求后再拆下。在试装过程中有时需进行修锉、刮削、调整等工作。

3. 组件的装配分析　由减速器装配图中可以看出，其中蜗杆轴、蜗轮轴和锥齿轮轴及轴上的有关零件，虽然它们是独立的三个部分，然而从装配角度看，除带锥齿轮轴的轴承套组件外，其余两根轴及轴上所有的零件，都不能单独进行装配。现以轴承套组件为例来介绍组件的装配方法。

轴承套组件（图9-3）之所以能单独进行装配，是因为该组件装入箱体部分的所有零件尺寸都小于箱体孔。也就是说，在不影响装配的前提下，应尽量将零件先组合成分组件、组件。图9-4为轴承套组件的装配示意图，其中装配基准是锥齿轮。

4.减速器总装配与调整　在完成减速器各组件的装配后，即可进行总装配工作。减速器的总装配是从基准零件——箱体开始的。根据该减速器的结构特点，采取先装蜗杆，后装蜗轮的装配顺序。

(1) 将蜗杆组件（蜗杆与两端轴承内圈的组合）首先装入箱体，然后从箱体孔的两端装入两轴承外圈，再装上轴承盖组件，并用螺钉拧紧。这时可轻敲蜗杆轴端，使右端轴承消除间隙并贴紧轴承盖；再装入调整垫圈和轴承盖，并测量间隙，以便测定垫圈厚度；最后将上述零件装入，用螺钉拧紧。为了使蜗杆装配后保持0.01～0.02mm的轴向间隙，可用百分表在轴的伸出端进行检查。

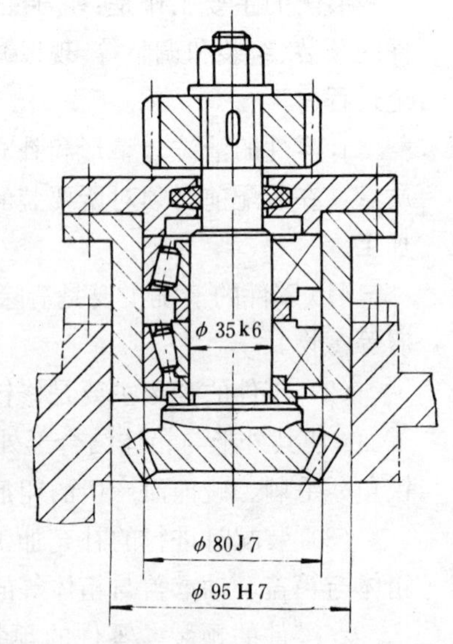

图9-3　轴承套组件

(2) 将蜗轮轴及轴上零件装入箱体。这项工作是该减速器装配的关键，装配后应达到两个基本要求：即蜗轮轮齿的对称平面应与蜗杆轴心线重合，以保证轮齿正确啮合；使锥齿轮的轴向位置正确，以保证与另一锥齿轮的正确啮合。从图中可知：蜗轮轴向位置由轴承盖的预留调整量来控制；锥齿轮的轴向位置由调整垫圈的厚度控制。装配工作应分为两步。

1) 预装，先将大端轴承内圈装入蜗轮轴的大端，通过箱体孔，装上蜗轮、轴承外圈和轴承套(代替小端轴承，以便于拆卸)，如图9-5a 所示。移动轴，在蜗轮与蜗杆能正确啮合的位置，测得尺寸 H,并调整轴承的台肩尺寸(台肩尺寸 = $H_{-0.02}^{\ 0}$)。再按图 9-5b 所示，将各有关零部件装入(后装轴承套组件)，调整两锥齿轮位置使其正确啮合，分别测得 H_1 和 H_2、并调整好垫圈尺寸，然后卸下各零件。

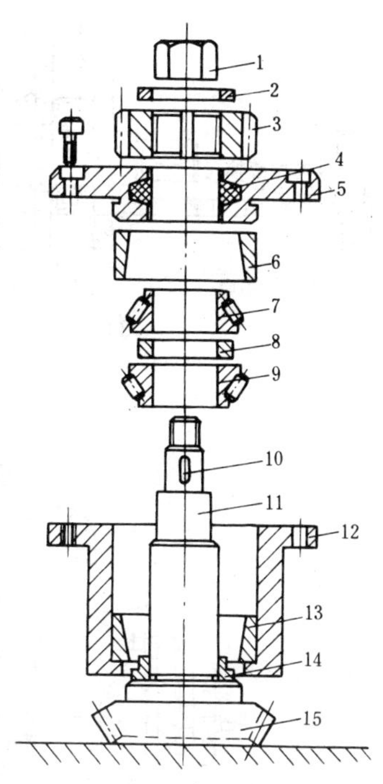

图9-4　轴承套组件装配顺序图
1—螺母　2—垫圈　3—齿轮　4—毛毡　5—轴承盖　6—轴承外圈　7—轴承内圈　8—隔圈　9—轴承内圈　10—键　11—圆锥齿轮　12—轴承套　13—轴承外圈　14—衬垫　15—圆锥齿轮

2）最后装配，先从大轴承孔方向将蜗轮轴装入，同时依次将键、蜗轮、垫圈、锥齿轮、带翅垫圈和圆螺母装在轴上。从箱体轴承孔两端分别装入轴承和轴承盖，用螺钉拧紧并调好间隙。装好后用手转动蜗杆应灵活无阻滞。再将轴承盖组件与调整垫圈一起装入箱体，并用螺钉紧固。

(3) 安装联轴器及箱盖组件。

(4) 清理内腔，注入润滑油，盖上箱盖，连上电动机，并用手盘动联轴器试转。一切符合要求后接上电源空转试车，试车时，运转30min

左右后观察运转情况。此时，轴承的温度不能超过规定要求，齿轮无明显噪声，以及符合装配后的各项技术要求。

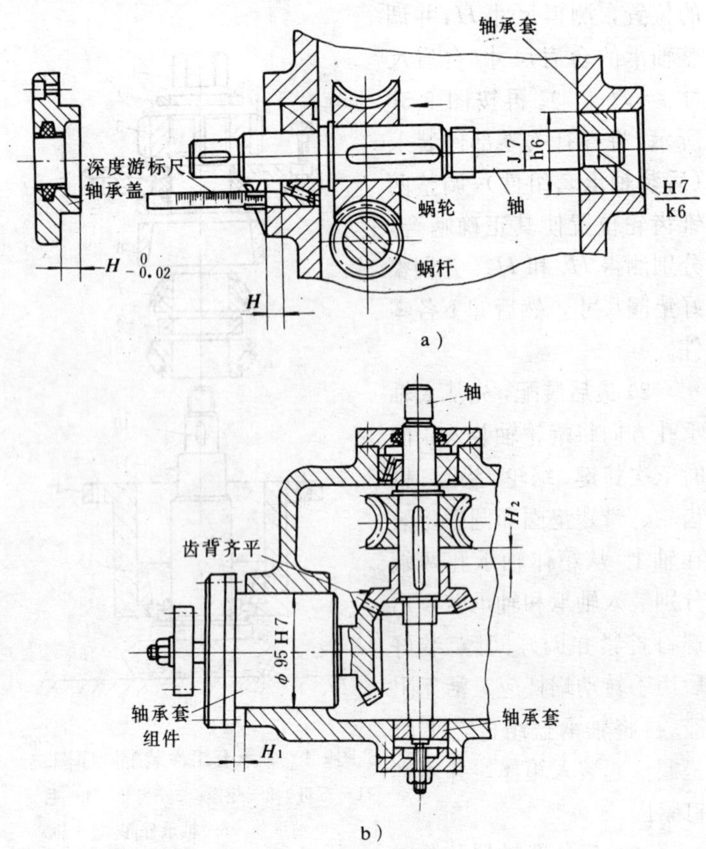

图9-5 减速器总装调整示意图

a）调整蜗轮 b）调整锥齿轮

三、减速器工艺规程的编制

在工厂中，常用装配工艺卡指导产品的装配工作。现将上例减速器的总装和其中轴承套组件的装配工艺卡列表如下：

表9-1为轴承套组件装配工艺卡；表9-2为减速器总装配工艺卡。

表9-1　轴承套组件装配工艺卡

<table>
<tr><td colspan="4" rowspan="2">（轴承套组件装配图）</td><td colspan="5">装配技术要求</td></tr>
<tr><td colspan="5">（1）组装时，各装入零件应符合图样要求
（2）组装后锥齿轮应转动灵活，无轴向窜动</td></tr>
<tr><td colspan="2" rowspan="2">工　　厂</td><td colspan="2" rowspan="2">装　配　工　艺　卡</td><td>产品型号</td><td colspan="2">部件名称</td><td colspan="2">装配图号</td></tr>
<tr><td></td><td colspan="2">轴承套</td><td colspan="2"></td></tr>
<tr><td colspan="2">车间名称</td><td>工　　段</td><td>班　　组</td><td>工序数量</td><td colspan="2">部件数</td><td colspan="2">净重</td></tr>
<tr><td colspan="2">装配车间</td><td></td><td></td><td>4</td><td colspan="2">1</td><td colspan="2"></td></tr>
<tr><td rowspan="2">工序号</td><td rowspan="2">工步号</td><td colspan="2" rowspan="2">装　配　内　容</td><td rowspan="2">设备</td><td colspan="2">工艺装配</td><td rowspan="2">工人等级</td><td rowspan="2">工序时间</td></tr>
<tr><td>名称</td><td>编号</td></tr>
<tr><td>Ⅰ</td><td>1</td><td colspan="2">分组件装配：锥齿轮与衬垫的装配
以锥齿轮轴为基准，将衬套套装在轴上</td><td></td><td></td><td></td><td></td><td></td></tr>
<tr><td>Ⅱ</td><td>1</td><td colspan="2">分组件装配：轴承盖与毛毡的装配
将已剪好的毛毡塞入轴承盖槽内</td><td></td><td>锥度芯轴</td><td></td><td></td><td></td></tr>
<tr><td>Ⅲ</td><td>
1

2
3</td><td colspan="2">分组件装配：轴承套与轴承外圈的装配
用专用量具分别检查轴承套孔及轴承外圈尺寸
在配合面上涂上机油
以轴承套为基准，将轴承外圈压入孔内至底面</td><td>压力机</td><td>塞规
卡板</td><td></td><td></td><td></td></tr>
</table>

（续）

<table>
<tr><td colspan="4" rowspan="2">（轴承套组件装配图）</td><td colspan="5">装配技术要求</td></tr>
<tr><td colspan="5">（1）组装时，各装入零件应符合图样要求
（2）组装后锥齿轮应转动灵活，无轴向窜动</td></tr>
<tr><td rowspan="2" colspan="2">工　厂</td><td rowspan="2" colspan="2">装配工艺卡</td><td>产品型号</td><td colspan="2">部件名称</td><td colspan="2">装配图号</td></tr>
<tr><td></td><td colspan="2">轴承套</td><td colspan="2"></td></tr>
<tr><td colspan="2">车间名称</td><td>工　段</td><td>班　组</td><td>工序数量</td><td colspan="2">部件数</td><td colspan="2">净重</td></tr>
<tr><td colspan="2">装配车间</td><td></td><td></td><td>4</td><td colspan="2">1</td><td colspan="2"></td></tr>
<tr><td rowspan="2">工序号</td><td rowspan="2">工步号</td><td rowspan="2" colspan="2">装　配　内　容</td><td rowspan="2">设备</td><td colspan="2">工艺装备</td><td rowspan="2">工人等级</td><td rowspan="2">工序时间</td></tr>
<tr><td>名称</td><td>编号</td></tr>
<tr><td>Ⅳ</td><td>
1

2

3

4

5

6

7</td><td colspan="2">轴承套组件装配
以锥齿轮组件为基准，将轴承套分组件套装在轴上
在配合面上加油，将轴承内圈压装在轴上，并紧贴衬垫
套上隔圈，将另一轴承内圈压装在轴上，直至与隔圈接触
将另一轴承外圈涂上油，轻压至轴承套内
装入轴承盖分组件，调整端面的高度，使轴承间隙符合要求后，拧紧三个螺钉
安装平键，套装齿轮、垫圈，拧紧螺母，注意配合面加油
检查锥齿轮转动的灵活性及轴向窜动</td><td>压力机</td><td></td><td></td><td></td><td></td></tr>
</table>

									共张
编号	日期	签章	编号	日期	签章	编制	移交	批准	第　张

表9-2 减速器总装配工艺卡

<table>
<tr><td>（减速器总装配图）</td><td>装配技术要求
1.零、组件必须正确安装，不得装入图样未规定垫圈
2.固定联接件必须保证将零、组件紧固在一起
3.旋转机构必须转动灵活，轴承间隙合适
4.啮合零件的啮合必须符合图样要求
5.各轴线之间应有正确的相对位置</td></tr>
</table>

<table>
<tr><td colspan="2" rowspan="2">工　厂</td><td colspan="2" rowspan="2">装　配　工　艺　卡</td><td>产品型号</td><td colspan="2">产品名称</td><td colspan="2">装配图号</td></tr>
<tr><td></td><td colspan="2">减 速 器</td><td colspan="2"></td></tr>
<tr><td colspan="2">车间名称</td><td>工　段</td><td>班　组</td><td>工序数量</td><td colspan="2">部件数</td><td colspan="2">净重</td></tr>
<tr><td colspan="2">装配车间</td><td></td><td></td><td>5</td><td colspan="2">1</td><td colspan="2"></td></tr>
<tr><td rowspan="2">工序号</td><td rowspan="2">工步号</td><td colspan="2" rowspan="2">装　配　内　容</td><td rowspan="2">设备</td><td colspan="2">工艺装备</td><td rowspan="2">工人等级</td><td rowspan="2">工序时间</td></tr>
<tr><td>名称</td><td>编　号</td></tr>
<tr><td>Ⅰ</td><td>1
2

3
4

5</td><td colspan="2">将蜗杆组件装入箱体
用专用量具分别检查箱体孔和轴承外圈尺寸
从箱体孔两端装入轴承外圈
装上右端轴承盖组件，并用螺钉拧紧，轻敲蜗杆轴端，使右端轴承消除间隙
装入调整垫圈和左端轴承盖，并用百分表测量间隙确定垫圈厚度，最后将上述零件装入，用螺钉拧紧。保证蜗杆轴向间隙为0.01～0.02mm</td><td>压力机</td><td>卡规
塞规
百分表表座</td><td></td><td></td><td></td></tr>
<tr><td>Ⅱ</td><td>1

2
3</td><td colspan="2">试装：
用专用量具测量轴承、轴等相配零件的外圈及孔尺寸
将轴承装入蜗轮轴两端
将蜗轮轴通过箱体孔，装上蜗轮、锥齿轮、轴承外圈、轴承套、轴承盖组件</td><td></td><td>卡规
塞规</td><td></td><td></td><td></td></tr>
</table>

<table>
<tr><td></td><td></td><td></td><td></td><td></td><td></td><td></td><td></td><td></td><td></td><td>共　张</td></tr>
<tr><td>编　号</td><td>日　期</td><td>签　章</td><td>编　号</td><td>日　期</td><td>签　章</td><td>编　制</td><td>移　交</td><td>批　准</td><td></td><td>第　张</td></tr>
</table>

（续）

<table>
<tr><td rowspan="2">（减速器总装配图）</td><td>装配技术要求</td></tr>
<tr><td>1.零、组件必须正确安装，不得装入图样未规定垫圈
2.固定联接件必须保证将零、组件紧固在一起
3.旋转机构必须转动灵活、轴承间隙合适
4.啮合零件的啮合必须符合图样要求
5.各轴线之间应有正确的相对位置</td></tr>
</table>

<table>
<tr><td colspan="2" rowspan="2">工　厂</td><td colspan="2" rowspan="2">装　配　工　艺　卡</td><td>产品型号</td><td colspan="2">产品名称</td><td colspan="2">装配图号</td></tr>
<tr><td></td><td colspan="2">减 速 器</td><td colspan="2"></td></tr>
<tr><td colspan="2">车间名称</td><td>工　段</td><td>班　组</td><td>工序数量</td><td colspan="2">部件数</td><td colspan="2">净重</td></tr>
<tr><td colspan="2">装配车间</td><td></td><td></td><td>5</td><td colspan="2">1</td><td colspan="2"></td></tr>
<tr><td rowspan="2">工序号</td><td rowspan="2">工步号</td><td colspan="2" rowspan="2">装　配　内　容</td><td rowspan="2">设备</td><td colspan="2">工艺装备</td><td rowspan="2">工人等级</td><td rowspan="2">工序时间</td></tr>
<tr><td>名称</td><td>编　号</td></tr>
<tr><td rowspan="3">Ⅱ</td><td>4</td><td colspan="2">移动蜗轮轴，调整蜗杆与蜗轮正确啮合位置，测量轴承端面至孔端面距离 H，并调整轴承盖台肩尺寸。（台肩尺寸 $= H_{0-0.02}$）</td><td rowspan="3">压力机</td><td rowspan="3">深度游标尺、内径千分尺、塞尺</td><td rowspan="3"></td><td rowspan="3"></td><td rowspan="3"></td></tr>
<tr><td>5</td><td colspan="2">装上蜗轮轴两端轴承盖，并用螺钉拧紧</td></tr>
<tr><td>6</td><td colspan="2">装入轴承套组件，调整两锥齿轮正确的啮合位置（使齿背齐平）
分别测量轴承套肩面与孔端面的距离 H_1，以及锥齿轮端面与蜗轮端面的距离 H_2，并调好垫圈尺寸，然后卸下各零件</td></tr>
<tr><td rowspan="2">Ⅲ</td><td>1</td><td colspan="2">最后装配：
从大轴孔方向装入蜗轮轴，同时依次将键、蜗轮、垫圈、锥齿轮、带翅垫圈和圆螺母装在轴上。然后箱体轴承孔两端分别装入滚动轴承及轴承盖，用螺钉拧紧并调好间隙，装好后，用手转动蜗杆时，应灵活无阻滞现象</td><td rowspan="2">压力机</td><td rowspan="2"></td><td rowspan="2"></td><td rowspan="2"></td><td rowspan="2"></td></tr>
<tr><td>2</td><td colspan="2">将轴承套组件与调整垫圈一起装入箱体，并用螺钉紧固</td></tr>
</table>

（续）

<table>
<tr><td colspan="4" rowspan="2">（减速器总装配图）</td><td colspan="5">装配技术要求</td></tr>
<tr><td colspan="5">1. 零、组件必须正确安装，不得装入图样未规定垫圈
2. 固定联接件必须保证将零、组件紧固在一起
3. 旋转机构必须转动灵活，轴承间隙合适
4. 啮合零件的啮合必须符合图样要求
5. 各轴线之间应有正确的相对位置</td></tr>
<tr><td colspan="2" rowspan="2">工　厂</td><td colspan="2" rowspan="2">装　配　工　艺　卡</td><td>产品型号</td><td colspan="2">产品名称</td><td colspan="2">装配图号</td></tr>
<tr><td></td><td colspan="2">减 速 器</td><td colspan="2"></td></tr>
<tr><td colspan="2">车间名称</td><td>工　段</td><td>班　组</td><td>工序数量</td><td colspan="2">部件数</td><td colspan="2">净重</td></tr>
<tr><td colspan="2">装配车间</td><td></td><td></td><td>5</td><td colspan="2">1</td><td colspan="2"></td></tr>
<tr><td rowspan="2">工序号</td><td rowspan="2">工步号</td><td colspan="2" rowspan="2">装　配　内　容</td><td rowspan="2">设备</td><td colspan="2">工艺装备</td><td rowspan="2">工人等级</td><td rowspan="2">工序时间</td></tr>
<tr><td>名称</td><td>编 号</td></tr>
<tr><td>Ⅳ</td><td>1</td><td colspan="2">安装联轴器及箱盖零件</td><td></td><td></td><td></td><td></td><td></td></tr>
<tr><td>Ⅴ</td><td></td><td colspan="2">运转试验：
清理内腔，注入润滑油，联上电动机，接上电源，进行空转试车。运转 30min 左右后，要求齿轮无明显噪声轴承温度不超过规定要求以及符合装配后各项技术要求</td><td></td><td></td><td></td><td></td><td></td></tr>
</table>

<table>
<tr><td></td><td></td><td></td><td></td><td></td><td></td><td></td><td></td><td></td><td>共　张</td></tr>
<tr><td>编　号</td><td>日　期</td><td>签　章</td><td>编　号</td><td>日　期</td><td>签　章</td><td>编　制</td><td>移　交</td><td>批　准</td><td>第　张</td></tr>
</table>

复　习　题

1. 简述几种装配的组织形式。

2. 部件装配时，零件的补充加工工作包括哪些内容？

3. 试述编制装配工艺规程的步骤。

4. 试编制CW6140A车床主轴变速箱1轴组件的装配工艺卡（参照轴承套组件的装配工艺卡）。

第十章　机床装配质量的提高

第一节　提高装配精度的措施

机床装配精度的主要内容包括：相对运动精度（如车床溜板移动时的直线度、溜板移动时主轴轴心线的平行度等）、相互位置精度（如同轴度、径向圆跳动、轴向窜动、垂直度和平行度等）、配合精度（间隙或过盈的准确程度）和接触精度（两接触面间的接触面积大小及其分布的均匀程度）等。其中相对运动精度的保证，又是以相互位置精度为基础，而接触精度则影响着配合精度、相互位置精度和相对运动精度（因接触精度影响接触变形）。在机床装配中，对机床装配精度起着重要影响的是导轨精度和主轴旋转精度。

一、提高主轴旋转精度的装配要点

主轴的旋转精度是机床精度的关键内容。评定主轴旋转精度的主要指标是主轴前端的径向圆跳动和轴向窜动。

1．影响主轴旋转精度的误差因素　主轴的旋转精度，直接受轴承精度和间隙的影响，同时也和轴承相配合的零件（箱体、主轴本身）的精度及轴承的安装、调整等因素有关。

（1）轴承精度的影响

1）滚道的径向圆跳动和形状误差：确定主轴旋转轴心的是轴承滚道表面，而轴承的内孔则决定主轴的几何轴心位置。当内圈滚道（外表面）和内孔偏心时，如图10-1a中的e_1，则主轴的几何轴线将产生径向圆跳动。由于外圈一般是固定不动的，因此外圈滚道（即外圈内表面）的偏心，如图

10-1b 中的 e_2，不会引起主轴的径向圆跳动。与滚道的偏心不同，轴承滚道的形状误差（圆度、波度等），会使主轴的旋转轴线发生径向圆跳动。

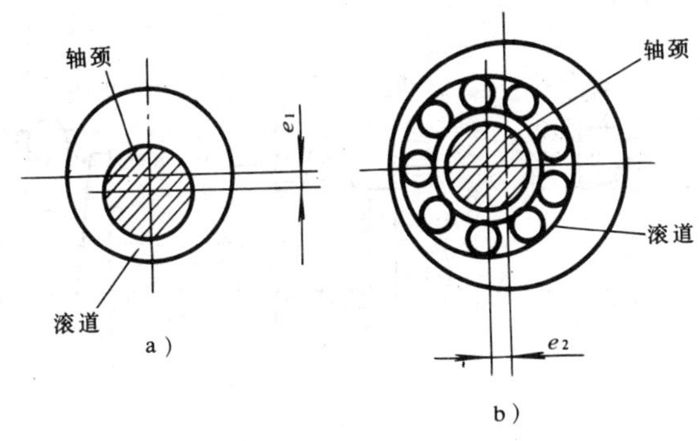

图10-1　轴承滚道的偏心

2）各滚动体直径不一致和形状误差：将引起主轴旋转轴线的径向圆跳动。每当最大的滚动体通过承载区一次，就使主轴旋转轴线发生一次最大的径向圆跳动。轴线跳动的周期与保持架的转速有关，而保持架的转速总比内圈转速低，所以这种径向圆跳动要待主轴转过几转后才重复一次。

由上可知，由滚道和滚动体误差产生的旋转轴线径向圆跳动，是主轴转角的复杂周期函数。这个周期函数既包含和主轴转速 n 相等的频率成分，也包含低于和高于 n 的频率成分。

3)滚道的端面圆跳动：滚道端面圆跳动将引起主轴的轴向窜动。如图10-2所示，设推力轴承有相对旋转运动的轴承圈1、2，其端面圆跳动分别为 Δ_1、Δ_2，轴向窜动为 Δ_0，则当 $\Delta_1 \neq 0$，$\Delta_2 = 0$（或 $\Delta_1 = 0$，$\Delta_2 \neq 0$）则 $\Delta_0 = 0$（图10-2a）；当 $\Delta_1 \neq 0$，$\Delta_2 \neq 0$，则 $\Delta_0 = \Delta_1$（$\Delta_1 < \Delta_2$ 时）

或 $\Delta_0 = \Delta_2$（$\Delta_2 < \Delta_1$ 时），见图 10-2b。主轴旋转一圈，来回窜动一次。对于那些同时承受径向和轴向载荷的轴承（如滚锥、角接触轴承等），则滚道的倾斜既引起轴向窜动 Δ_0，又引起径向圆跳动 Δ_r（图 10-2c）。

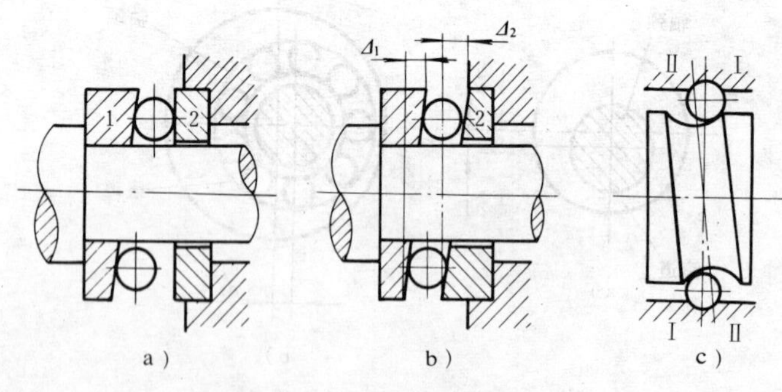

图 10-2　滚道端面跳动的影响

4）轴承间隙：轴承间隙对主轴旋转精度有很大影响，不但使主轴在外力作用下产生一个随外力方向变化的位移，即旋转轴线的漂移运动，而且其漂移量也将发生周期变化。这是由于承载区中心 k（图 10-3）交替出现滚动体和处在两滚动体之间，而造成轴心的附加变动量。

（2）主轴本身及配合零件精度的影响

1）主轴轴颈和支承座孔的尺寸和形状误差：由于轴承的内外圈是一个薄壁弹性元件，当轴颈和支承座孔不圆而且配合过紧时，必然使内外圈滚道

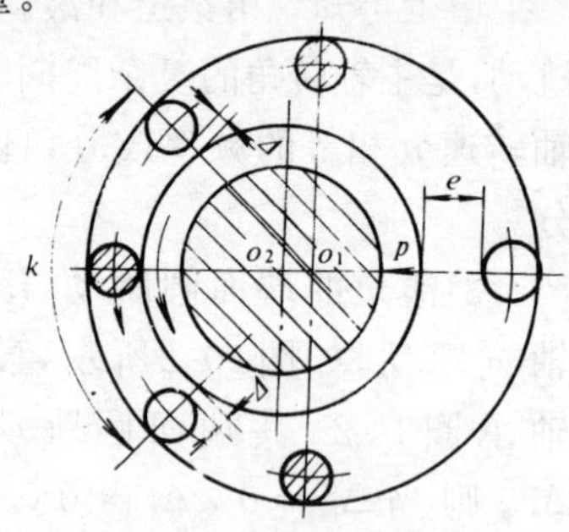

图 10-3　轴承间隙的影响

发生相应的变形，使主轴工作时的旋转精度降低。

2）主轴锥孔、定心轴颈对主轴轴颈的同轴度误差：它包含了简单的偏心误差和中心线的倾斜误差，都会引起主轴相应表面的径向圆跳动误差。

3）支承座孔和主轴前后轴颈的同轴度误差：见图 10-4，使轴承内外圈滚道相对倾斜，引起旋转轴线的径向圆跳动和轴向窜动。

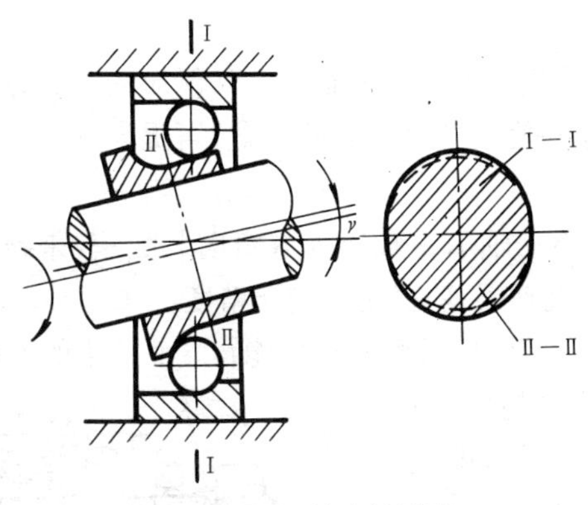

图 10-4　同轴度的影响

4）调整间隙用的螺母、过渡套、垫圈和主轴轴肩等的端面垂直度误差，将使轴承装配时因受力不均匀而造成滚道畸变。实践证明，调整螺母的端面圆跳动超过 0.05mm 时，对主轴前端的径向圆跳动影响十分显著。引起调整螺母端面圆跳动的主要原因是：螺母本身的端面与其轴线不垂直；主轴的螺纹轴线与轴颈轴线偏斜。

2. 提高主轴旋转精度的装配措施　提高主轴组件装配和调整的质量，对主轴旋转精度有密切的关系。例如高精度机床的主轴轴承（C 级）内圈的径向圆跳动为 3 ～ 6μm，而

主轴的径向 圆跳动只允许 1 ～ 3μm，这就要靠装配和调整的质量来保证。采用高精度轴承，并保证主轴、支承座孔、以及有关零件的制造精度，是提高主轴旋转精度的前提条件。但从装配和结构的结合形式，还可采取如下措施：

（1）采用选配法进一步提高滚动轴承与轴颈和支承座孔的配合精度，减少配合件的形状误差对轴承精度的影响。事先测出轴颈和支承座孔的实际尺寸，然后选择“合适”的轴承进行装配。

（2）装配时，可对滚动轴承采取预加载荷的方法来消除轴承的间隙并使其产生一定的过盈，可提高轴承的旋转精度和刚度。

（3）对滚动轴承主轴组采取定向装配法，来减少主轴前端的径向圆跳动误差，提高其旋转精度。

（4）为了消除因调整螺母可能与端面产生的不垂直而影响主轴的旋转精度，可采用十字垫圈结构，即在两个平垫圈 2 之间夹一个十字形的特种垫圈 4（见图 10-5），以消除调整螺母 1 的垂直度误差。

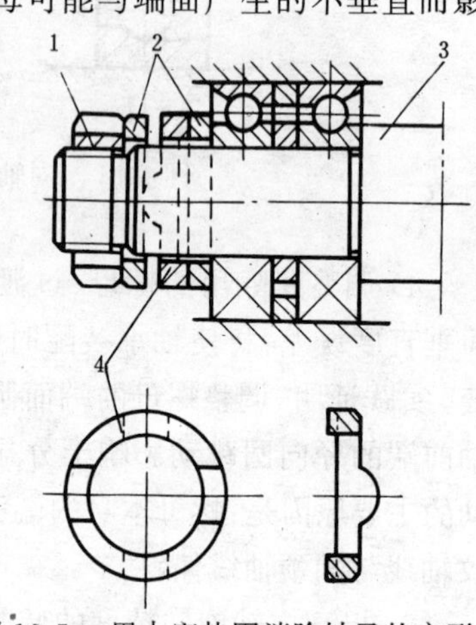

图 10-5　用十字垫圈消除轴承的变形

1— 调整螺母　2— 平垫圈　3— 主轴

4— 特种垫圈

二、保证机床导轨精度的装配要点

机床主要零、部件的相对位置和运动精度都与导轨的精度有关，故导轨的误差将直接影响机床的精度，并反映在被加工工件的精度上。保证导轨精度主要依赖于导轨面的正确加工、正确测量和控制各种因素造成的精度变化。下面仅对影响导轨精度变形的因素和控制方法，作几点归纳说明。

1. 导轨材料的内应力影响　为消除铸铁导轨的内应力所造成的精度变化，需在加工前作回火时效处理。

2. 重力的影响　重力影响包括基准导轨件本身的重力和附装件重量对其精度变形的影响。为消除本身重力的影响，对基准导轨件，在装配时，必须安置在坚实的地基上，并调整垫铁使之安放稳定。调整垫铁应放置在地脚螺栓孔处，并调整好导轨面的水平位置。对受附装件重量影响的机床导轨，特别是精密的和大型的机床基准导轨件，在测量和校正其精度时，应增加与变形方向相反的补偿偏差量。当不能预知其变形情况时，可在试装附装件的条件下，来进行导轨面最终精度的测量和修正。

3. 刚度不够与配合间隙不当的影响　机床各处都有预留的装配间隙，受外力时因零件动刚度不够也易产生变形。装配时必须注意这种变形影响。如图 10-6 所示，测量和校正万能铣床的工作台上表面，对主轴轴线平行度时就需考虑这个影响，即在工作状态下，工作台上表面对床身前导轨面的垂直度将改变成 90°＋$\Delta\beta$，主轴轴线对床身前导轨面的垂直度将改变成 90°＋$\Delta\alpha$。为了补偿这

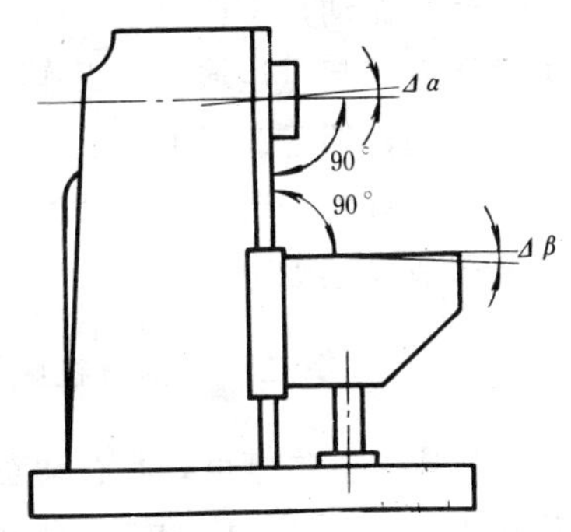

图 10-6　铣床主轴与工作台上表面平行度的预加偏差量关系图

种偏差的影响，修配床身前导轨面时，使主轴轴线向下偏，与床身导轨成 $90°-\Delta\alpha$。工作台上平面与床身前导轨面修配成 $90°-\Delta\beta$。

4. 装配场所的影响　装配场所的条件是机器产品达到规定的装配和测量精度的一项基本条件。其中最主要的是温度和外界振动的影响因素。

环境温度的高低，对机床导轨精度的影响一般并不明显，主要的影响因素是不同的温度层所造成机件受热温度的不一致性，而产生不同的热变形。其原因有：装配场所不同的温度层影响，如冬天，一般近地面要比远地面温度低，夏天反之；早、晚温度变化的影响；局部受到阳光照射或其他热源的辐射热影响。为减少环境温度对装配或测量的影响，在装配过程中，除注意避免局部热源的影响因素外，对精度的测量工作，尽量做到以最短的时间来精确无误地完成，避免因环境的温度变化所造成的测量误差。对于成批生产的高精密产品，则需要建立恒温条件。

环境振动，将造成测量的不稳定和误差。环境振动的主要振源有：起重运输设备工作时的振动，厂区压缩空气站机组的振动，邻近道路上汽车行驶的振动等。减少环境振动的技术措施首先应严格控制外界振源，其次才是在装配和测量场所采取隔振措施。

第二节　提高机床工作精度的措施

机床的工作精度，是在动态条件下对工件进行加工时所反映出来的，而机床的装配精度则是在静态下通过装配及检验后得出。机床只有当装配精度符合规定要求的条件下，才能保证其应有的工作精度，同时还必须考虑其他一些有害因素的影响，其中较为主要的就是机床工作时的变形和振动。

一、机床变形及其防止措施

造成机床变形的具体原因是多方面的，如何来防止其变形，除从正确的结构设计加以解决外，还必须在工艺上和使用条件上加以控制。

1. 机床安装不妥所引起的变形　机床在安装时必须找正水平，以免由于重力分布不合理而引起的局部加快磨损和变形。机床找正水平的基准面，一般是床身导轨或工作台面。安装水平的允差和某些特殊要求都有标准规定，例如机床的水平允差通常为 0.015～0.04/1000。此外，机床与基础之间所选用的调整垫铁及其数量必须符合规定要求。垫铁的安放部位必须与地脚螺栓孔相对，否则仍将引起机床的支承不稳定和负荷分布不均而产生变形。

2. 联接表面间的结构变形　由于零件表面存在一定的几何形状误差和表面粗糙度较粗，使零件联接表面之间的实际接触面积小于名义接触面积，而且真正接触的是表面上的一部分凸峰，因此在外力作用下，接触处将产生较大的接触应力而引起变形。为此，对联接零件的配合面必须达到一定的接触面积，以提高结合面间的接触精度。

3. 薄弱零件本身的变形　结构细长或壁厚较薄的零件，刚度总是较差，当加工后，其几何形状误差较大，装配使用时就易产生变形。例如车床刀架溜板的楔形镶条，其配合表面就必须刮得平直，装配间隙要调整得最小，否则就极易产生受力变形，降低刀架刚度，在机床切削时产生刀架系统的振动。

4. 机床的热变形　机床在工作时会产生复杂的热变形，其结果使刀具与工件的相对运动准确性降低而引起加工误差，尤其对于精密机床，热变形往往成为影响工作精度的主要因素。

引起机床热变形的热源，有内部的和外部的两类。内部热源有切削热和各种摩擦热（例如摩擦离合器、轴承、电动机、导轨和齿轮等运动副和润滑液等）；外部热源有环境不同温度层的影响和热辐射（例如阳光、照明灯等）的影响。

为减少摩擦热源的发热量，可改善传动部分的润滑条件。如采用低粘度润滑油，锂基润滑脂或油雾润滑。

为减少机床热变形量，可设法减少机床各部位之间的温度差。如原C620-1型车床主轴箱，其润滑油贮放在主轴箱内。由于油温使箱体底部温度升高，并使床身上下温差增大，这就产生了主轴箱和床身的热变形，使主轴轴线抬高，和增大了主轴轴线对床身导轨的平行度误差。如将原贮放在主轴箱中的润滑油，改贮放在床身前床腿的下部，如图 10-7 所示。前床腿的温度升高，箱体温度下降，这对减小床身变形及箱体抬高量都起着有益的作用。由于箱内不存油而把油贮在床腿内之后，油的冷却效果增加（因床腿的散热能力比箱体强），箱体温度下降，前后轴承的温度下降到原来的 69%，既减少主轴的抬高量又改善了主轴的倾斜量。至于床身前部的上下温差显著地下降（床身底部温度因热油的作用而升高），温差从原来的 13.1℃下降到 3.7℃，而导轨部分的温差几乎看不出来，从而使床身

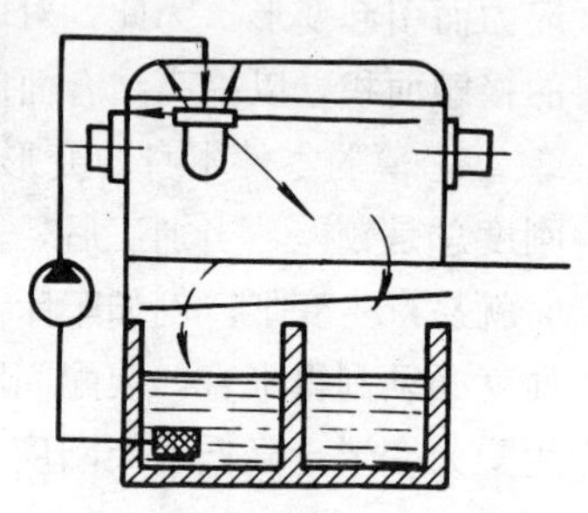

图 10-7　床身前床腿贮油润滑系统

的热变形显著下降。

为了减少环境温度变化对机床精度的影响，对一些精密机床可安放在恒温室内进行工作。对一些不在恒温室工作的较高精度的设备，应控制环境温度和阳光局部直射对机床精度的影响。同样，在装配时，要特别注意环境温度变化造成的设备精度变化，使装配精度不易控制。

为了补偿机床热变形对精度的影响，在机床装配过程中，最后必须进行空运转，使机床在达到热平衡条件下，进行几何精度和工作精度的检验，并作必要的调整，使其达到规定的精度要求。同样，对有些精密机床，为保证加工一批工件的稳定精度，有时可采取让机床先空运转一段时间，使机床达到稳定温度后再进行正常切削工作。

二、机床振动及其防止措施

机床在工作过程中的振动是一种极有害的现象。它使被加工工件的表面质量恶化（有明显的振痕）和表面粗糙度变粗、刀具加速磨损、机床联接部分松动；零件过早磨损及产生振动噪声等。

引起机床振动的振源，有机内振源和机外振源。

机内振源主要有：机床各电机的振动；机床旋转零件的不平衡（例如带轮、砂轮和高速旋转轴组等）；运动传递过程中引起的振动（例如齿轮啮合时的冲击，带轮的圆度误差和传动带厚薄不均引起的张紧力变化以及滚动轴承滚动体的尺寸和形状误差引起的载荷波动等）；往复运动零部件的冲击；液压传动系统的压力脉动和液压冲击；由切削力变化引起的振动等。

机外振源来自机床外部的各种有振动的机械设备，它是通过地基传给机床的。

为了减小机床由机内振源引起的振动，在结构设计上一般都有相应的措施。例如外圆磨床砂轮电机的底座，装在砂轮架上采用了硬橡皮、木板或其他吸振材料隔振；高速旋转件在形状上都做成对称的等。在机床的装配工作中，应尽力减小振源的有害影响，例如做好电动机的动平衡及旋转零、部件的静平衡或动平衡；对于用多根传动带传动时，要尽量使长度相等，每根传动带的厚薄要均匀，张紧力不宜过大；滑动轴承间隙的正确调整等。

为了减小机床由机外振源引起的振动，应合理选择机床的安装场地，使其远离振源。此外，对于精密机床的基础，可做成防振的结构形式，例如图 10-8 所示。其中 1 为木板，2 为隔墙，3 为炉渣，4 为机床基础，这种基础结构具有一定的防振效果。

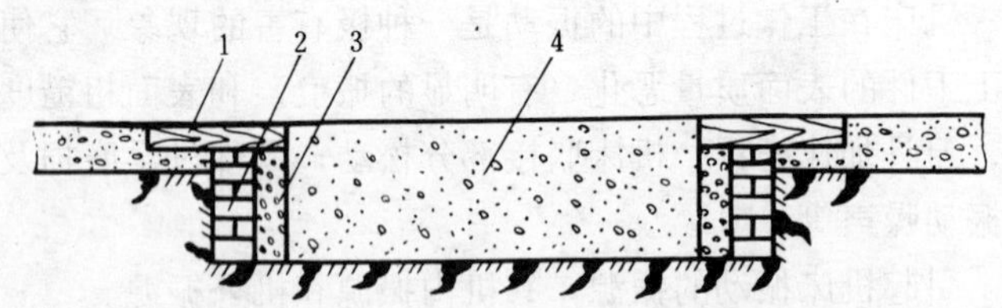

图 10-8　基础的防振结构

1—木板　2—隔墙　3—炉渣　4—机床基础

第三节　提高测量精度的方法

提高装配时的测量检验精度，是保证装配精度的一个重要方面。

一、减小量仪的系统误差

1. 减小量具或量仪使用中的误差　量具或量仪的零位

偏移造成的误差，这是使用中常见而被忽略的一项误差，应在测量前检查并校准零位方可使用。同时，量具或量仪安置在装配平台、装配基座或零、部件的配合面上时，常因表面清洁度不好或是受安装尺寸和位置的限制，而造成的安置误差，在测量前应注意校正。

2. 修正量具或量仪的系统误差　对于量仪存在的固定系统误差，可事前用高精度仪器对它进行检定后，绘出相应的修正表或修正曲线，在使用时加以修正。

3. 用反向测量法补偿　在测量过程中，如能在两个相反状态下作二次测量，并取两次读数的平均值作为测量结果，就能使大小相同，但正负符号相反的两个定值系统误差 Δ_0 在相加平均的计算中互相抵消，即第一次测量为 $L+\Delta_0$，第二次测量为 $L-\Delta_0$，结果为：

$$\frac{(L+\Delta_0)+(L-\Delta_0)}{2}=L$$

这就是反向补偿法的实质。例如，在用水平仪测量调整机床水平时，可将水平仪作 180°方向变换，以两次测量值的平均值作为测量结果，即可消除水平仪的零位系统误差对测量的影响。

二、正确选择测量方法

1. 根据被测量的特点选择测量的形式　被测量的特点是由被测量误差的定义所确定的，那么测量的形式就必须根据被测量的定义来选择。例如，经无心磨床加工的柱销，具有三棱形的误差特征。当用千分尺测量时，无论在那一点测量总是记录出相同的直径，如图 10-9a。当用 60°V 形体和百分表来测量其圆度时，误差将被扩大，见图 10-9b。由于上述测量方法不符合圆度误差定义，而不能得出其圆度误差

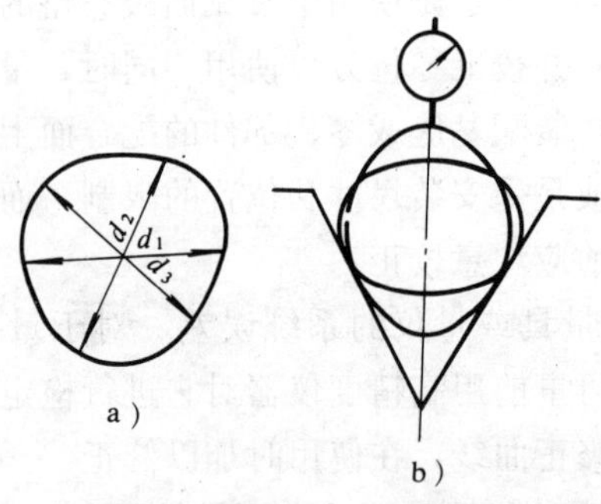

图 10-9　不合适的圆度测量方法

的真实情况。

2. 正确选择测量基准面　在选择测量基准时，应尽量遵守“基准统一”原则。因受被测件结构形状或量仪测量条件的限制，不得不另行选择辅助基准面时，则应选择有较高精度的、测量时定位稳定性好的、并与基准面仅有一次位置变换的配合面，以减少测量的累积误差，在必要时还应进行误差的修正。

3. 遵守量仪的单向趋近操作原则　由于量仪的测量机构中存在装配间隙和摩擦阻力，测杆、指针向反方向移动，间隙方向改变，摩擦力方向改变，从而产生了回程误差。因此，无论是使用机械的、光学的或电子操纵测量装置，都应以单向趋近操作，以消除回程误差。

4. 正确选择测量力与接触形式　测量力大小要适宜，特别在测量细而软的配合面时，必须注意测量头与配合面之间由接触变形而引起的误差。量具或量仪与所测部件或零件的接触形式，在相对测量时，应以点接触的测量误差较小。但在用百分表检查刮削表面时，为避免刮削凹坑对测量的影响，最好应用量块放置在触头与被测表面之间进行测量。

5. 减小环境温度的影响　为减小环境温度对测量的影响，可采用定温消除法：即将量具或量仪连同所测装配部件置于同一温度条件下，经过一定时间，使两者与周围环境温度一致，然后再测量。

复　习　题

1. 机床装配精度的主要内容包括哪些方面？

2. 评定主轴旋转精度的主要指标是什么？

3. 影响主轴旋转精度的因素有哪些？提高主轴旋转精度的措施有哪些？

4. 机床导轨的精度，除决定在导轨本身的加工精度外，还受哪些因素的影响？

5. 机床的工作精度，除决定在机床静态条件下的几何精度外，还受哪些因素的影响？

6. 简述为减少热变形对机床工作精度的影响，常可采用哪些方法？

7. 产生振动的机内振源主要有哪些方面？为减少振动，在装配方面要注意哪些问题？

8. 为提高装配时的测量精度，一般应注意和掌握哪些问题和方法。

第十一章 内燃机的构造

第一节 概 述

内燃机按使用的燃料不同，有柴油机和汽油机；按活塞的运动方式不同，有往复活塞式和旋转活塞式；按工作循环的行程数不同，有四行程和二行程。

往复活塞式的柴油机和汽油机，应用最为广泛。

一、基本术语

往复活塞式内燃机是靠燃料燃烧后产生的热能转变为机械能的，其主要任务由曲柄连杆机构完成，即由活塞的往复运动变为连杆的旋转运动。

如图 11-1 所示，活塞 3 移动能达到的最上端位置称为上止点。此时活塞与曲轴 1 的旋转中心距离最远。活塞移动能达到的最下端位置称为下止点。此时活塞与曲轴旋转中心的距离最近。活塞上止点与下止点之间的距离称为活塞行程。

曲轴每转过半周（180°），活塞便移动一个行程，曲轴每转过一周（360°），活塞便完成两个行程。因此，活塞行程的长度等于曲轴旋转半径的两倍，它与连杆 2 的长度无关。

活塞在气缸 4 内移动的过程中，气缸容积不断变化。当活塞位于上止点时，活塞顶面以上的空间称为燃烧室。活塞从上止点移动到下止点所扫过的空间容积称为气缸工作容积。活塞位于下止点时，气缸内的空间容积称为气缸总容积。它等于燃烧室容积与气缸工作容积之和。

气缸总容积与燃烧室容积之比称为压缩比。

即：
$$压缩比=\frac{气缸总容积}{燃烧室容积}$$

压缩比表示活塞从下止点移动到上止点时，气体在气缸内被压缩的程度。压缩比越大，表示气体被压缩得越厉害，压力和温度将升得越高。柴油机的压缩比一般为12～20，汽油机的压缩比为6.5～10。

二、四行程柴油机工作原理

1. 单缸柴油机工作原理　活塞连续四个行程(曲轴旋转两周)而完成一个工作循环的柴油机。称为四行程柴油机。图11-2为它的工作示意图。

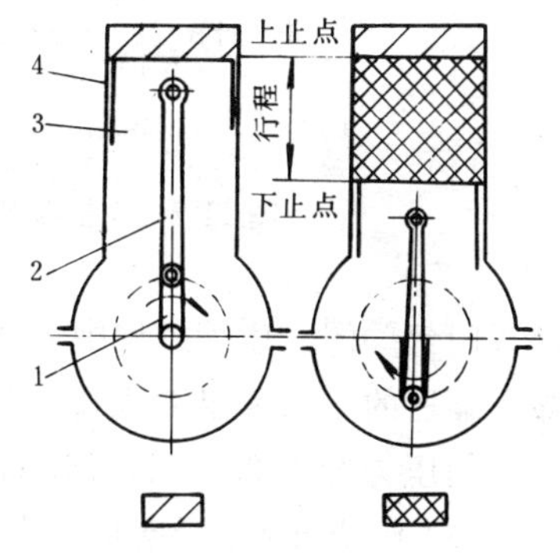

图11-1　曲柄连杆机构工作原理图
1—曲轴　2—连杆　3—活塞　4—气缸

(1) 进气行程：活塞从上止点移动到下止点，这时进气门开，排气门关，见图11-2a。进气开始时，气缸还残留着上次循环未排净的废气，气缸内压力稍高于大气压力，约为0.11～0.12MPa。随着活塞下移，气缸内容积增大，压力随之减小。当低于大气压力时，外界空气被吸入气缸，直到活塞移到下止点时，气缸内充满空气，见图11-2b。在空气进入气缸时，由于受到空气滤清器、进气管和进气门等阻力的影响，进气终了时，气缸内的气体压力略低于大气压力，约为0.075～0.095MPa，温度约为50～70℃。

(2) 压缩行程：活塞由下止点移动到上止点，这时进、

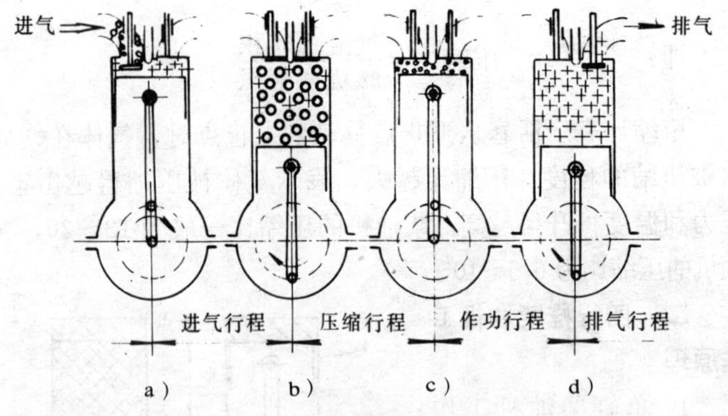

图 11-2　单缸柴油机工作示意图

排气门都关闭。压缩过程中，随着气缸容积逐渐减小，空气被压缩后的压力和温度逐渐升高。压缩终了时（见图 11-2c)，气体的压力约为 3.5～4.5MPa，温度可达 500～700℃。

(3) 作功行程：活塞从上止点移动到下止点，这时进、排气门全部关闭。当柴油喷入气缸时，便在高温空气中点火燃烧（柴油引起自燃，其自燃点约为 200～300℃)，产生大量热量，使气缸内气体的压力和温度急剧上升，其最高温度可达 1700～2000℃，最高压力可达 6～9MPa。高温高压的气体因膨胀而推动活塞下移，通过连杆将动力传给曲轴。作功行程结束时，气体的温度下降到 800～900℃，压力下降到 0.3～0.4MPa。

(4) 排气行程：活塞从下止点移动到上止点，这时排气门开，进气门关。在排气过程中，废气靠剩余压力和活塞的推动而排出缸外（见图 11-2d)，排气终了时，气缸内废气温度约为 400～700℃。

单缸四行程柴油机每进行四个行程，便完成一个工作循环。曲轴依靠其端部飞轮转动的惯性作用克服死点位置，使各行程又循环重复进行。

2. 多缸柴油机工作原理　四行程柴油机的每一工作循环中，只有一个行程是作功的，其余三个行程（进气、压缩、排气）都不作功，而且还要消耗功率，这样，柴油机运转时会产生转速不均匀的现象。因此，为了弥补这一不足，往往要配置较大的飞轮。

多缸柴油机可在曲轴每两周内增加作功的次数，通过一定的设计，可均匀地轮流作功，因此可使曲轴均匀地运转，同时也增加了动力。

多缸柴油机的缸数有2　4　6、8、12、16等，根据气缸排列形式不同，有直立式和V形式等。

图11-3为四缸柴油机工作示意图。四个气缸的活塞连杆机构都连接在同一曲轴上，其中1、4两个连杆轴颈与2、3两个连杆轴颈的方向相反。在曲轴旋转两周（720°）的时间内，每个气缸都完成一个工作循环，都分别作功一次，因此共有

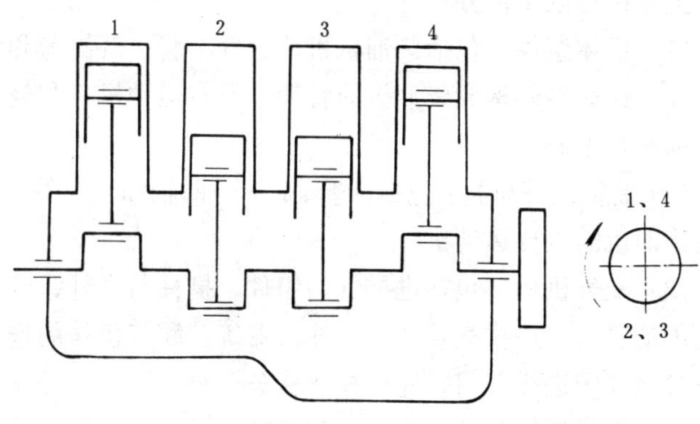

图11-3　四缸柴油机工作示意图

四个作功行程。各气缸作功的间隔角度为$\frac{720°}{4}=180°$，各气缸作功的顺序（又称点火顺序）通常排列为1—3—4—2或1—2—4—3。其工作循环见表11-1。

表11-1　四缸柴油机工作循环（作功顺序：1—3—4—2）

曲轴转角（°）＼气缸序号	1	2	3	4
0～180	作功	排气	压缩	进气
180～360	排气	进气	作功	压缩
360～540	进气	压缩	排气	作功
540～720	压缩	作功	进气	排气

第二节　柴油机的构造

一、总体结构

柴油机的种类和形式很多，但它们的总体结构都基本相似，主要包括以下部分：

（1）机体组件：包括柴油机机体、气缸套、气缸盖和油底壳等。这些零件构成柴油机的骨架，所有运动机件和辅助系统都装在上面。

（2）曲柄连杆机构：包括活塞、连杆、曲轴和飞轮等。它们是柴油机的主要运动机件。

（3）配气机构：包括进排气门组件、挺柱与推杆、凸轮轴、传动机构、进排气管和空气滤清器等。配气机构的作用是适时地开闭进排气门，完成换气任务。

（4）燃料供给和调节系统：包括喷油泵：喷油器、输油泵、燃油滤清器和调速器等。它们的作用是定时定量地向燃烧室内喷入柴油，并创造良好的燃烧条件。

(5) 润滑系统：包括机油泵和机油滤清器等。润滑系统的作用是将润滑油输送到柴油机运动机件的各摩擦表面，以减少运动中的摩擦阻力和磨损。

(6) 冷却系统：包括水泵、散热器和风扇等。其作用是利用冷却水将受热零件的热量带走，保持柴油机的正常工作温度。

(7) 起动系统：包括起动电动机、继电器和蓄电池等。它的作用是借助于外部动力使柴油机转动，直至柴油机实现第一次点火燃烧而自行循环地工作。

图 11-4 所示为一台 4135 型柴油机的外形图，其中 a 图为其正面，b 图为其反面。

二、曲柄连杆机构

曲柄连杆机构由活塞连杆组和曲轴组组成。

1. 活塞连杆组　活塞连杆组的结构如图 11-5 所示。

(1) 活塞：活塞直接承受气缸中高温高压的燃气压力，并在气缸内作高速往复运动，因此负荷很大。制造活塞的材料要求强度高、热胀系数小、导热性好和重量轻。一般用铝合金或合金铸铁制成。中小型高速柴油机通常采用铝合金活塞。图 11-6 所示为一种用铝硅合金制成的活塞。

活塞顶部 1 是燃烧室的组成表面之一，“W”形凹槽是为了与喷油器的喷射油束相适应。

活塞上有五条环槽，上面三条环槽 2 用于装入气环；下面两条环槽 3 用于装入油环。

裙部 4 是活塞的导向部分。活塞运动时，由于连杆大都处于倾斜位置，因此裙部对气缸壁产生压力，活塞在受压的裙部也要相应产生一定的压缩变形。为了适应变形，活塞裙

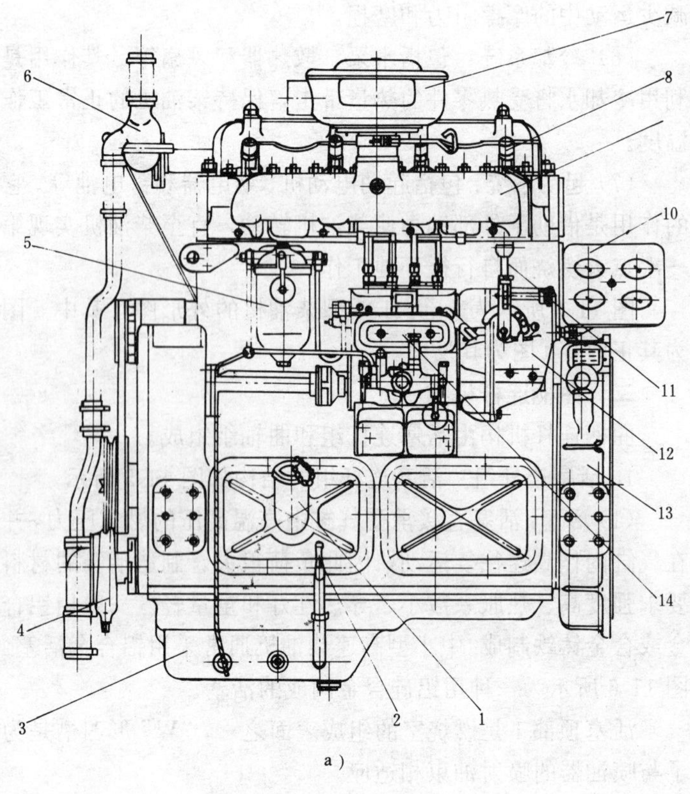

a）

图 11-4　4135 型

1—通气管　2—油标尺　3—油底壳　4—水泵　5—柴油滤清器　6—节

纵装置　12—调速器　13—飞轮罩壳　14—喷油泵　15—推杆机构观察

却器　20—起动电

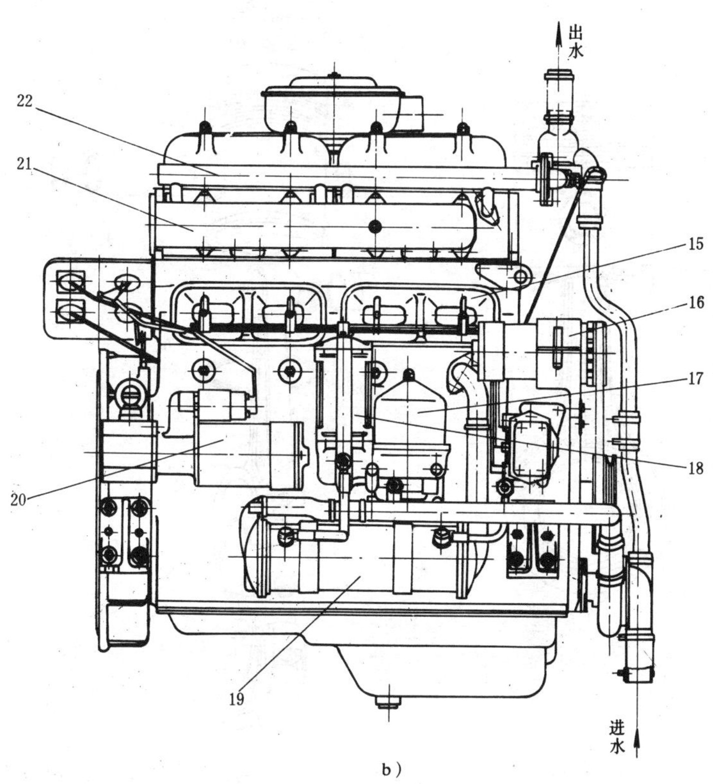

b)

柴油机外形图

温器 7—空气滤清器 8—喷油器 9—进气管 10—仪表盘 11—操

口盖 16—发电机 17—机油精滤器 18—机油粗滤器 19—机油冷

机 21—排气管 22—回水管

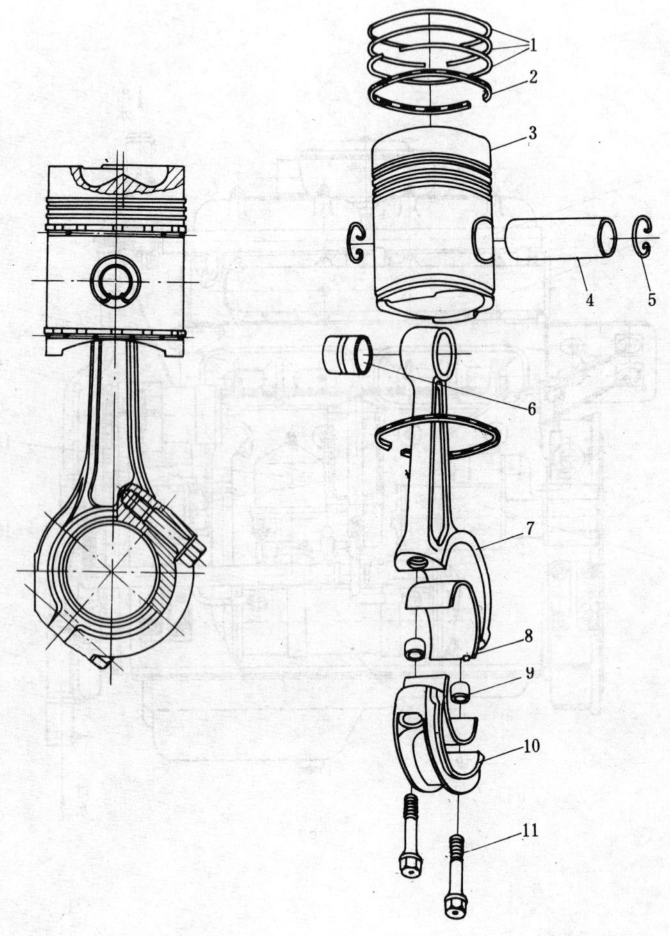

图 11-5 活塞连杆组

1—气环 2—油环 3—活塞 4—活塞销 5—锁簧 6—连杆衬套 7—连杆杆身 8—轴瓦 9—定位套筒 10—连杆盖 11—连杆螺钉

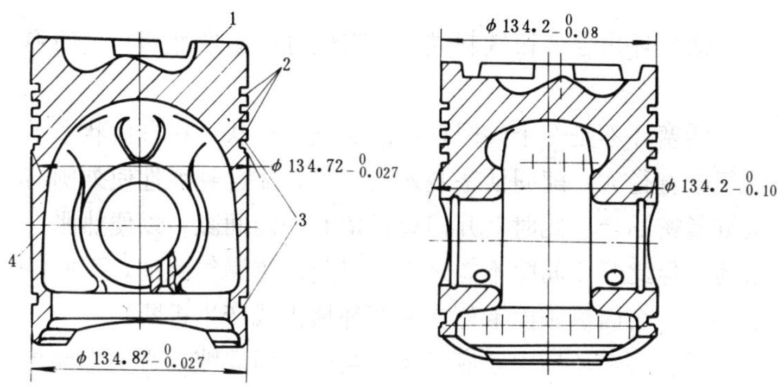

图 11-6 活塞

1—活塞顶部 2、3—环槽 4—裙部

部制成椭圆形。

在活塞的高度方向，顶部受到的气体压力和温度都高，变形也大；而裙部则变形小些，因此活塞顶部的直径要比裙部的小些，即形成锥形。

多缸柴油机，要求各缸活塞的重量尽量一致，即要求惯性力尽量一致，以保证高速往复运动时的平衡性。

(2) 活塞环：活塞环有气环和油环两种。由于气缸与活塞之间必须留有一定的热胀间隙，若不加以密封，气缸中的气体会向曲轴箱泄漏，造成压缩后压力不高，柴油机性能变坏，甚至无法工作。另外，气缸与活塞之间的润滑油若不及时刮掉，就会窜入燃烧室烧掉，使机油消耗量增加，同时会产生燃烧室积碳、排气冒烟等不良现象。

活塞上气环的作用主要是密封，并使活塞顶部的热量通过气环传给气缸壁，由冷却水带走。

活塞上油环的作用主要是刮油，并使机油在气缸壁上分布均匀。

活塞环用合金铸铁制成，具有较好的耐磨性和一定的弹性。

活塞环不是一个整圆环，而是呈开口状，在自由状态下比气缸直径大，随同活塞装入气缸后，靠自身弹性使外圆与气缸紧密贴合。此时其开口处仍留有一定间隙，以便热胀有余地。但此开口间隙不能过大，以免严重漏气漏油，而间隙过小时，会因热胀而卡死在活塞环槽内或产生折断。

活塞环在环槽中还应留有适当的端面间隙，否则也要热胀卡死或折断。但端面间隙过大时，又容易使机油窜入燃烧室。

各活塞环随同活塞装入气缸时，应使它们的开口相互错开，而不要让相邻两环的开口处于同一周向位置上，以减少泄漏现象。

（3）活塞销：它用以联接活塞和连杆。用低碳合金钢制成，表面经渗碳淬火，具有较高的表面硬度和耐磨性，而内部则保持较好的韧性，以适应工作时能承受交变的冲击载荷。

活塞销常做成空心状，其目的是为了保证一定强度和刚度条件下，尽量减轻重量，以减小往复运动的惯性力。

活塞销在活塞的销座孔中，工作时既要能活动，而又不能有过大的间隙，否则会发生明显的敲击声。由于活塞材料的热胀系数较活塞销的热胀系数大，故常温下的配合应略有过盈，通常采用加热活塞的方法，将活塞销装入。

（4）连杆：连杆在工作时承受着由活塞传来的气体压力和往复运动的惯性力，所受载荷较大，要求具有较高的强度和刚度，重量应尽量轻。连杆体和连杆盖一般用合金钢制成。连杆杆身做成工字形截面的目的，是在同样的强度和刚度条件下，可获得较轻的重量。

连杆螺钉经受严重的交变载荷，很易疲劳损坏而断裂，这将造成严重的后果。所以要用韧性较好和强度较高的材料制成，常用的为 35CrMoA 钢。螺纹的精度要高。

装在同一台柴油机上各气缸的连杆重量应尽量一致，以保持往复惯性力的平衡。

2. 曲轴组　曲轴组的作用是带动柴油机自身的其他运动机体（如配气机构、冷却水泵、射油泵和润滑油泵等）工作，并输出扭矩，带动其他工作机械。曲轴在工作时受到很大的扭转和弯曲的交变载荷。

图 11-7 是一个六缸的组合式曲轴组。曲轴由六个曲拐 4、前轴 1 和曲轴法兰盘 7 组成，用螺栓 3 相互连接。每个曲拐都是由连杆轴颈和两侧的曲柄臂所构成。曲柄臂还兼作主轴颈用，主轴颈上用热压配合装有滚动轴承 2。

曲轴法兰盘上装有甩油环 8，以阻止润滑油外泄。

曲轴前端半圆键部位是装主动齿轮用的，用来带动凸轮轴等旋转。

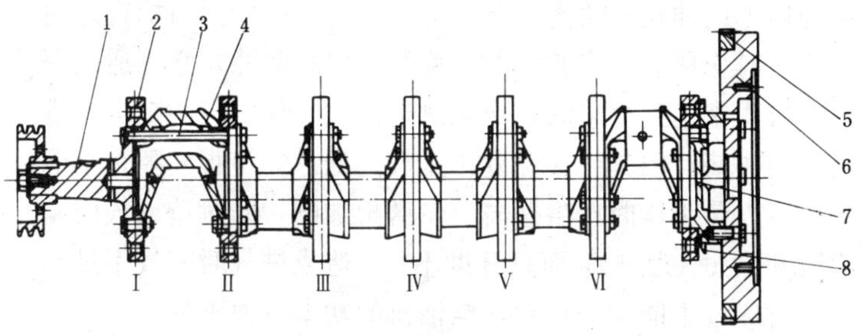

图 11-7　曲轴组

1—前轴　2—轴承　3—螺栓　4—曲拐　5—起动齿圈　6—飞轮　7—曲轴法兰盘　8—甩油环

飞轮 6 是一个具有较大惯性的圆盘形零件，连接在曲轴后端法兰盘处。在飞轮上安装联轴器后，就可带动其他工作机械。飞轮上的起动齿圈 5 是供柴油机起动时输入扭矩用的。

为了保证柴油机运转的平稳性，曲轴组应预先进行动平衡。

三、配气机构和进排气系统

1. 配气机构的构造　图 11-8 所示是一种顶置式配气机构，其气门布置在气缸盖上。凸轮轴上的凸轮 1 由曲轴通过定时齿轮带动旋转，随着凸轮升程的增大，挺柱 2 和推杆 3 上升，摇臂 5 摆动，并克服弹簧 8、9 的阻力，将气门 10 向下推动，逐渐开启。当凸轮到达最大升程时，气门开得最大。凸轮继续转动，其升程逐渐减小，气门在气门弹簧的作用下，向上逐渐移动而关小，当凸轮升程为零时，气门全部关闭。

气门的升降由气门导管 11 导向。气门的弹簧座 7 是用两个半锥形锁片 6 与气门杆的尾部定位。

柴油机工作时，气门因温度升高而要热胀伸长，如果在冷态时传动件之间没有一定的间隙，则在热态时，气门势必向开启方向伸长而关闭不严。为此，气门杆端面与摇臂之同在冷态时应留有一定的间隙，称为气门脚间隙，它是通过调整螺钉 4 来达到要求的。冷态时进气门的气门脚间隙可比排气门的小些，因其工作温度比排气门低。气门脚间隙也不能过大，以免工作时产生敲击而使磨损加剧，同时造成气门开启时间缩短（迟开），而且开度不足，造成进气时充气不足和排气时废气不能充分排除，柴油机的功率就要下降。

（1）气门：气门由头部和杆部组成。杆部用作导向，表面淬硬至 HRC30～37，杆部的端面硬度要求更高些，淬硬至 HRC50 以上。

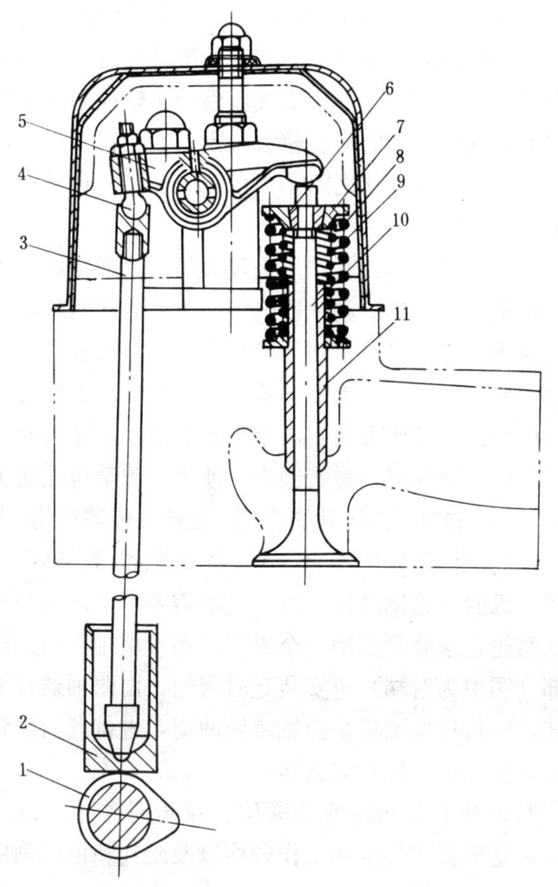

图 11-8 配气机构

1—凸轮 2—挺柱 3—推杆 4—调整螺钉 5—摇臂 6—半锥形锁片 7—弹簧座 8、9—弹簧 10—气门 11—气门导管气门的头部有一圆锥面，与气缸盖上的气门座相互研磨后良好接触。排气门的锥角采用45°，进气门的锥角采用30°，锥角较小的目的，是使气门在相同的升程时，可得到较大的通道面积，有利于充气。排气门因处于较高温度下工作，锥角较大，气门头部的刚度较大，不易变形。

气门头部与杆部之间采用大圆弧连接，可减小气流阻力和应力集中现象。

（2）气门弹簧：其作用是保证气门紧密接触。为了防止气门弹簧发生共振跳动，影响气门关闭的严密性，常采用双弹簧结构。它还可防止因弹簧折断使气门掉入气缸而产生严重的后果。如果有一弹簧折断，还有另一个弹簧支持。双弹簧结构的弹簧螺旋方向，两个是相反的，以免当有一弹簧折断时，可能嵌入另一弹簧圈内，便另一弹簧也无法工作。

（3）凸轮轴：凸轮轴的作用，是通过传动机构（挺柱、推杠、摇臂）准确地控制气门的开启和关闭。图11-9为一台六缸柴油机的凸轮轴结构，每一气缸需要一个进气凸轮和一个排气凸轮，来分别控制一个进气门和一个排气门。凸轮轴的端部（图中为右端）可安装定时齿轮，由曲轴通过齿轮带动旋转。四行程柴油机当曲轴旋转两周，进排气门应各自开关一次，因此凸轮轴只需旋转一周。

凸轮轴上各凸轮的轮廓位置在圆周方向都错开一定角度，它是根据各气缸的工作顺序以及配气相位而确定的。

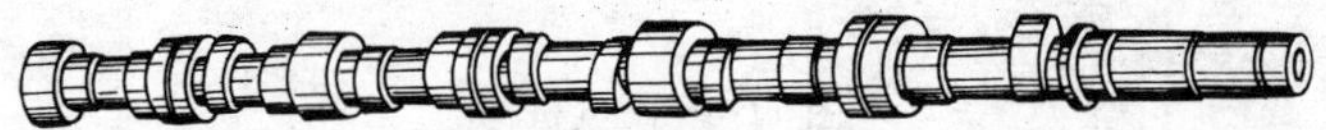

图11-9　凸轮轴

2. 配气相位　进排气门的开启和关闭，实际工作时并不是在活塞位于上止点或下止点时开始的，而是开启要提前，关闭要延迟，即早开迟关。早开和迟关的时刻还要安排得适当，这样才能使换气过程进行得完善。进排气门的开关时间用曲轴的转角来表示，称为配气相位。

图 11-10 为某柴油机的配气相位图。

进气门在上止点以前就开启的曲轴转角，称为进气提前角，用 α_1 表示；进气门在下止点后才关闭的曲轴转角，称为进气迟后角，用 α_2 表示。因此进气持续时间超过 180°，图中为 $180° + \alpha_1 + \alpha_2 = 180° + 20° + 48° = 248°$

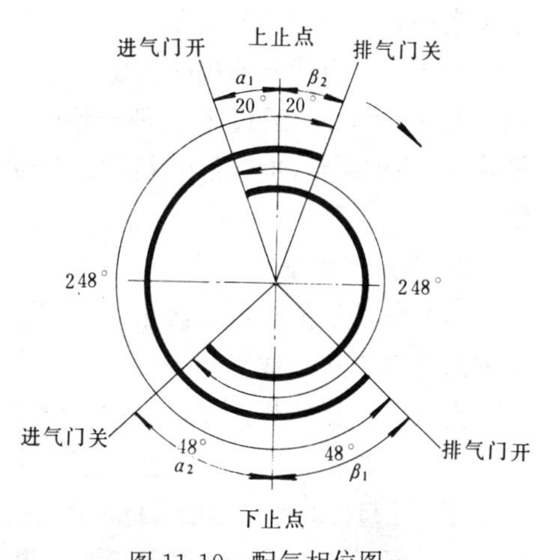

图 11-10　配气相位图

同样，排气门在下止点以前就开启的曲轴转角，称为排气提前角，用 β_1 表示；排气门在上止点以后才关闭的曲轴转角，称为排气迟后角，用 β_2 表示。因此排气持续时间也超过 180°，图中为 $180° + \beta_1 + \beta_2 = 180° + 48° + 20° = 248°$。

进气门提前开启的目的，是为了保证进气行程开始时，进气门已开得较大，使空气顺利地充入气缸。进气门迟关的目的也是为了有利于充气，因为活塞到达下止点时，气缸内压力仍低于大气压力，而在活塞刚开始上移进行压缩行程时，速度不快，此时可利用气流惯性和压力差继续充气。

排气门提前开启，可使气缸内尚有一定压力的废气迅速地排出。而当排气行程结束，活塞到达上止点时，由于燃烧室内的废气压力仍高于大气压力，加上排气时气流的惯性，排气门迟关一些，可使废气排除比较彻底。

为了保证正确的配气相位，除了凸轮设计和制造有适宜的轮廓外，凸轮轴和曲轴之间的相对位置必须安装准确。通常在它们相啮合的齿轮上都有标记，以免安装位置错乱。

图 11-11 为某柴油机的齿轮传动机构。图中 3 为装在曲轴上的主动齿轮，通过 2、4 两个惰轮，分别带动凸轮轴传动齿轮 7、喷油泵传动齿轮 1、机油泵传动齿轮 5 和水泵传动齿轮 6。

3. 进排气系统

（1）柴油机的进气系统由空气滤清器、进气管道和气缸盖中的进气道所组成。

空气滤清器的作用是滤去空气中的灰尘杂质，使干净的空气充入气缸，以减少对气缸、活塞和活塞环、气门等零件的磨损。图 11-12 是一种纸质滤心的空气滤清器，空气进入滤清器后，经过带微孔的纸质滤心后，灰尘杂质便被阻挡在滤心外面，干净的空气由出气口流出而进入气缸。

进气系统各通道的截面积应足够大，气流阻力应尽量小，以提高充气效率。

（2）柴油机的排气系统由气缸盖中的排气道和排气管、消音器等组成。

高温废气排出时，产生强大的气流波动，噪声很大，而且常常带有火星。增加排气管长度和增大直径，可起一定的消音作用；在排气管出口装上金属网罩，可消除火星。如果在排气管口装上排气消音器则效果更好。图 11-13 为排气消

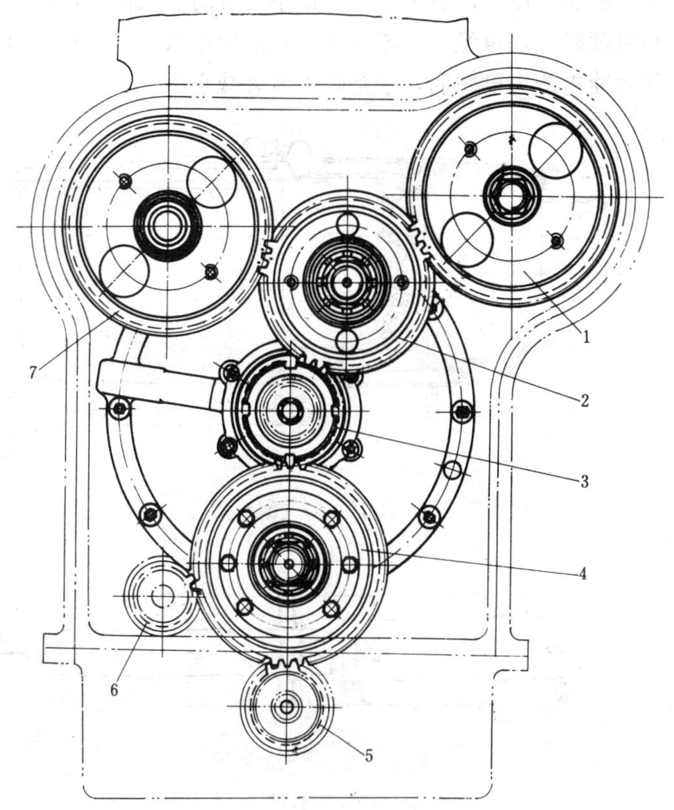

图 11-11　柴油机的齿轮传动机构

1—齿轮　2、4—惰轮　3—主动齿轮　5—机油泵传动齿轮

6—水泵传动齿轮　7—凸轮轴传动齿轮

音器的构造，用钢板焊成。卡箍 1 用来将消音器装在排气管上后夹紧。当废气通过消音器时，一部分废气直接排入大气；另一部分废气通过内管 2、4 上的许多小孔流入滤音室 3 中，

经过膨胀、冷却以及多次与管壁不光滑的表面碰撞后，压力和温度降低，再经小孔流回内管，然后排入大气，此时对大气的冲击能力已减弱，于是噪声显著减小。

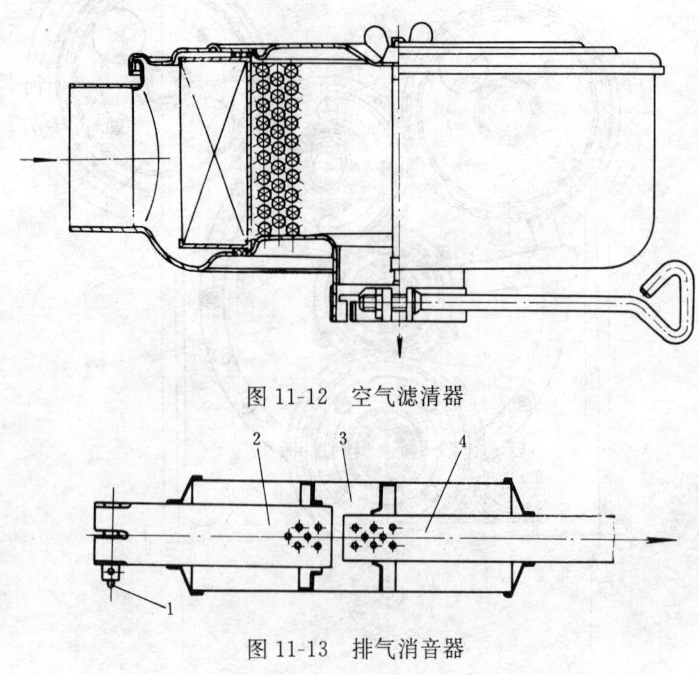

图 11-12　空气滤清器

图 11-13　排气消音器

1—卡箍　2、4—内管　3—滤音室

四、燃料供给系统

1．混合气的形成和燃烧　柴油机的混合气，是当压缩行程临近终了，柴油喷入气缸后在气缸内部形成的，这段时间极为短促。先期喷入的柴油，经过点火落后期（约 0.001～0.004s）先开始燃烧，由于柴油喷入气缸有一定的持续时间，这就形成一面燃烧，一面继续喷油形成混合气的情况。而燃烧后的废气却影响着柴油与空气的良好混合，混合气的质量变差。混合气浓的地方缺氧，燃烧迟缓和不完全；混合气稀的地方则火焰传播困难，甚至不能燃烧。可见，混合气的质量和均匀程度，直接影响燃烧充分的程度。为了获得良好的混合气质量，一般采取以下一些措施：

（1）提高柴油机的压缩比，使压缩行程终了时气缸内空气的温度和压力提高。

（2）提高喷油压力，以利于柴油的雾化。

（3）在燃烧室内使空气剧烈运动，促进柴油与空气的均匀混合。如图 11-14 所示，在活塞顶部做成 W 形凹坑，一方面使喷油器喷出的油束形状与其相适应，同时使空气受压缩时产生激烈扰动。

（4）确定适当的喷油提前角。喷油过早，气缸内温度和压力较低，使点火落后期延长；喷油过晚，柴油在点火前活塞已开始下行，气缸内温度和压力开始降低，也要使点火落后期延长。因此，各种柴油机都有一个使点火落后期最短的喷油提前角，使柴油能在压缩行程终了前 5°～10°曲轴转角时开始点火燃烧，在压缩至上止点附近燃烧完成，这样就可使柴油机获得较大的功率和较小的耗油率。

2. 燃料供给系统　它由柴油箱、输油泵、柴油滤清器、喷油泵、喷油器、调速器和管道零件等组成。输油泵把柴油从油箱吸入后送至柴油滤清器，经过

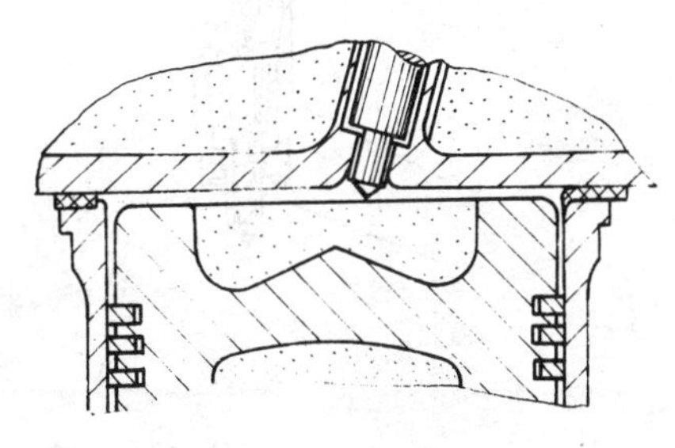

图 11-14　W 形燃烧室

滤清后进入喷油泵，在喷油泵内柴油压力被提高后，按不同工况所需的供油量，经高压油管送至喷油器，最后喷入气缸。

（1）喷油器：喷油器的作用是将柴油雾化成较细的颗粒后分布到燃烧室中去。喷油器应具有一定的喷射压力、射程和油束形状；在规定的停止喷油时刻应迅速切断喷射，而不发生滴漏现象。

图 11-15 所示为一种闭式喷油器的结构，它在不喷油时，喷孔被关闭。

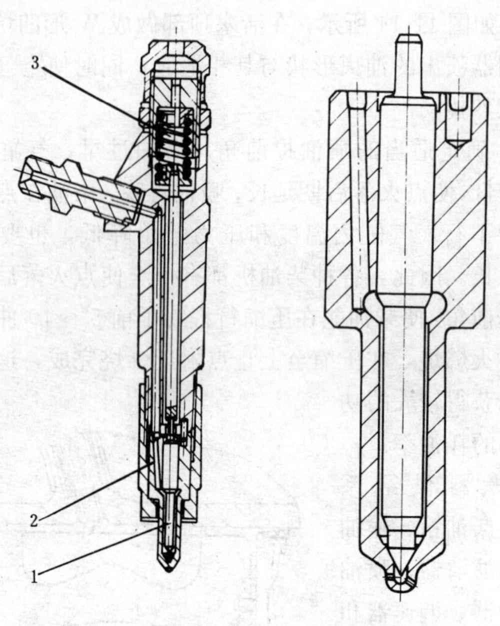

图 11-15 喷油器
1、2—针阀 3—调压弹簧

喷油器的主要零件是针阀1和针阀体2组成的针阀偶件。配合十分精密，其圆柱面的配合间隙约为0.001～0.0025 mm。针阀中部的锥面露出在针阀体的环形油腔中，在高压油进入时可产生轴向推力使针阀上升。针阀下端的锥面与针阀体上相应的内锥面，经过精密研磨后配合良好，以保证喷油器端部喷油小孔的密封。

喷油器开始喷油的压力取决于调压弹簧3的预紧力。

(2) 喷油泵：喷油泵的作用是根据柴油机的不同工况，将一定量的柴油提高到一定的压力，并按规定的时间输送给喷油器。为了防止喷油器产生滴漏现象，喷油泵必须保证供油能迅速停止。多缸柴油机的喷油泵还应达到以下要求：

1）保证按各缸的工作顺序定时供油。

2）各缸的供油量均匀。

3）各缸供油提前角一致。

图11-16所示为柱塞式喷油泵的工作原理图。

喷油泵的主要零件是柱塞7和柱塞套6组成的柱塞偶件，圆柱面的配合要求十分精密。柱塞的圆柱表面铣有直线形斜槽5，斜槽内腔与柱塞上面的泵室用孔道相通。柱塞由喷油泵的凸轮驱动，在柱塞套内作往复运动。必要时还可由操纵机构使柱塞在一定角度范围内转动。

图11-16a表示柱塞下移，两个油孔4和8已同柱塞上面的泵室相通，柴油从低压油道经油孔4和8被吸入泵室。当柱塞上移时，起初阶段有一部分柴油仍被挤回低压油道，直至柱塞顶面将两个油孔4和8完全封闭后，再继续上移（如图11-16b所示），柱塞上部的柴油压力立即增高，到足以克服出油阀弹簧1的作用力时，出油阀2即开始上升。当出油阀上的圆环形带离开出油阀座3时，高压柴油便自泵室通过高

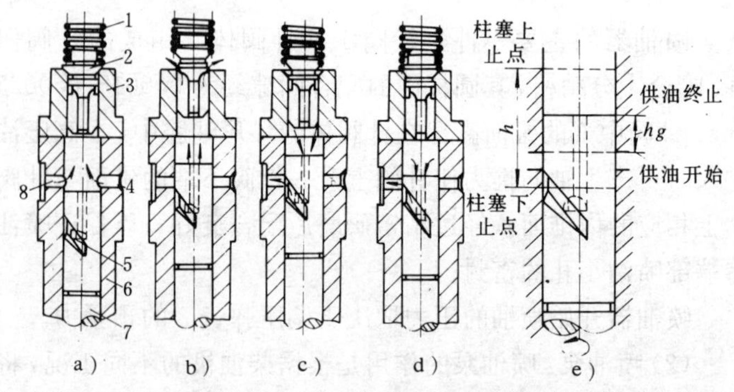

图 11-16 柱塞式喷油泵工作原理图

1—弹簧 2—出油阀 3—油阀座 4、8—油孔 5—斜槽 6—柱塞套 7—柱塞

压油管向喷油器供油。

柱塞再上移到图 11-16c 所示位置时，斜槽 5 与油孔 8 开始接通，于是泵室内的柴油便经柱塞中的孔道、斜槽和油孔 8 流向低压油道、泵室内油压迅速下降，出油阀复位，喷油泵供油停止。柱塞再继续上移也不再泵油。

柱塞行程 h 由驱动凸轮的升程决定（见图 11-16e），但从供油开始到供油终止这一有效行程 hg，不是固定不变的，它可通过转动柱塞某一角度而改变有效行程。如图 11-16d 所示，柱塞被转到这一位置时，斜槽始终与油孔 8 相通，因此其有效行程为零，即喷油泵即使动作也不产生泵油作用。

3. 油量调节机构　油量调节机构的作用是根据柴油机负荷和转速变化的需要，相应地改变喷油泵的供油量，并保证各气缸供油量一致。油量调节机构可使喷油泵的柱塞转动一个角度，以改变其有效行程而实现供油量的改变。

图 11-17 是一种拨叉式油量调节机构，在喷油泵柱塞 5 的下端紧固着一个调节臂 4，臂的端头插入调节叉 3 的凹槽

内，调节叉用螺钉固定在调节拉杆 2 上，调节拉杆装在喷油泵体的导向孔中，其轴向位置受油门传动板 1 控制。当移动调节拉杆时，调节叉带动调节臂及柱塞相对于柱塞套 6 转动一个角度，于是供油量便得到改变。

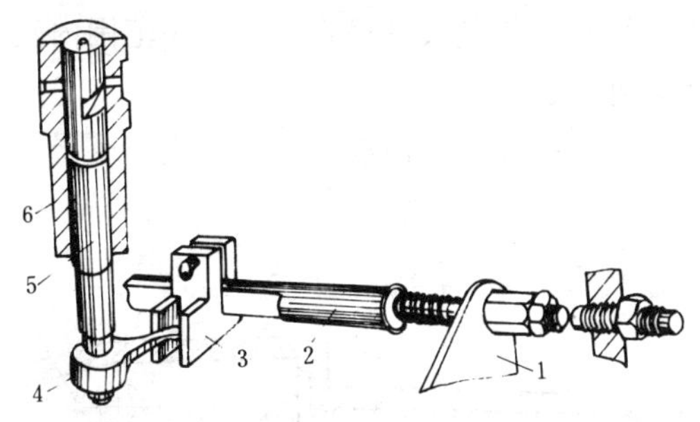

图 11-17　油量调节机构

1—传动板　2—调节拉杆　3—调节叉　4—调节臂
5—油泵柱塞　6—柱塞套

4. 调速器　喷油泵供油量的大小，除上所述取决于调节拉杆的位置外，还受到柴油机转速的影响。例如，当柴油机转速增高时，喷油泵凸轮轴转速（为柴油机转速之半）也随之增高，由于喷油泵柱塞移动速度的增高，柱塞套上油孔的节流作用要增大，所以在柱塞上移至尚未完全封闭油孔时，因泵室内柴油一时不能及时挤出，其油压已有增高，结果使供油开始时刻略有提前；同理，在柱塞上移到其斜槽已与油孔相通时，由于泵室内油压一时不能下降，又使供油停止时刻略有延迟。如此，即使调节拉杆位置不变，柱塞有效行程也要略有增加，供油量增加，又将促使柴油机转速的进一步增高，造成工作转速不稳定的状况。

相反，当柴油机转速降低时，供油量略有减少，而将使柴油机转速进一步降低。

柴油机工作时转速的增高或降低，常常具有偶然性，操作者一般不能及时地控制和调节油量。例如带动发电机或空气压缩机的柴油机，外界负荷发生变化时，转速就要相应受到影响，而要保持其转速稳定在一个小范围内基本不变，必须采用调速器。

图 11-18 所示为一种常用的离心式调速器，其工作原理如下：

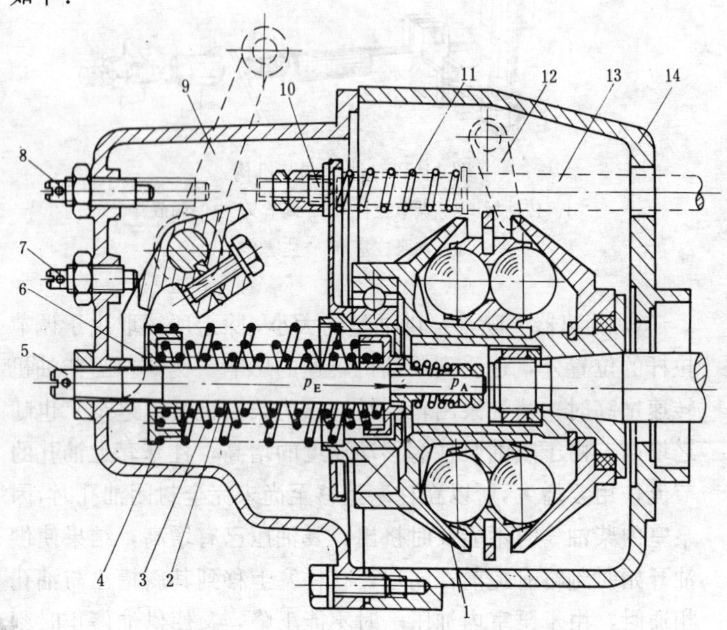

图 11-18　离心式调速器

1—推力盘　2、3、4—调速弹簧　5—支承轴　6—调速叉　7—怠速限制螺钉　8—高速限制螺钉　9—手柄　10—传动板　11—压缩弹簧　12—停供转臂　13—调节拉杆　14—调速器壳

柴油机工作时，操作者操纵手柄 9 使调速叉 6 转到一定位置，调速弹簧 2、3、4 的预紧力为一定值。在一定转速下，飞球组合件离心力产生的轴向分力 p_A 通过推力盘 1，与调速弹簧的推力 p_E 相平衡。传动板 10 和油量调节拉杆 13 的位置不变，喷油泵供油量不变，柴油机在此转速下稳定运转。

如果柴油机因外界负荷减小，转速升高时，飞球组合件离心力所产生的轴向分力 p_A 将增大。当大于调速弹簧的推力 p_E 时，推力盘向左移动，传动板和调节拉杆也向左移动，于是供油量减少，限制了转速的继续升高。此时柴油机在略高于外界负荷变小前的转速稳定运转。

同理，如果柴油机因外界负荷增大时，通过调速器的作用，可使柴油机转速不致显著降低，而保持在略低于外界负荷增大前的转速稳定运转。

由此可知，当操纵手柄和调速叉在某一固定位置时，由于调速器的作用，供油量能随外界负荷的变化而自动调节，使柴油机稳定在某一变化不大的转速范围内工作。

通过操纵机构，改变调速叉的位置可改变调速弹簧的压缩量，从而可使柴油机在各种转速下稳定运转。例如增加调速弹簧的压缩量，预紧力 p_E 大于 p_A，飞球向内收拢，传动板向右移动使喷油泵供油量增加，于是柴油机转速便升高，直至飞球离心力所产生的轴向推力 p_A 与 p_E 平衡为止，柴油机在某一已升高的转速范围内稳定运转。反之，如果减少调速弹簧的压缩量，则柴油机可在较低的某一转速范围内稳定运转。

当调速叉靠到高速限制螺钉 8 时，喷油泵的供油量最大，对应于此时的柴油机转速，称为额定转速。

当调速叉靠到怠速限制螺钉 7 时，供油量最小，柴油机以怠速稳定运转。

支承轴5的轴向位置改变时，可改变额定供油量的多少。将支承轴5旋入，额定供油量增加，反之则减少。

高速限制螺钉和支承轴的位置，在试车调整以后，一般不得任意变动。

在调速器壳14的上部，装有停供转臂12，其下端嵌入调节拉杆铣切的槽内。当需要使柴油机熄火时，只要转动停供转臂，调节拉杆便压缩弹簧11并向停止供油方向（向左）移动，喷油泵停止供油，柴油机熄灭。

第三节　汽油机的工作原理和主要构造特点

一、四行程汽油机的工作原理

四行程汽油机也是由进气、压缩、作功、排气四个行程完成一个工作循环。但汽油机以汽油作为燃料，故燃烧方式等与柴油机有所不同。

1. 进气行程　汽油机进气行程时，吸入的是空气和汽油的混合气。进气终了时，气缸内的气体压力约为0.07～0.095 MPa，温度升到80～130℃。

2. 压缩行程　将吸入的混合气进行压缩，压力升高到0.6～0.9MPa，温度达300～400℃。

3. 作功行程　在压缩行程终了，混合气被火花塞点燃，气缸内气体压力升高到3～4.5MPa，温度可达2000～2700℃，高压高温气体推动活塞作功。

4. 排气行程　混合气燃烧后变成废气，经排气门排出气缸外。排气终了时，废气温度约为500～800℃。

二、燃料供给系统

汽油机的燃料供给系统与柴油机截然不同。汽油在未输气缸前，须先喷散成雾状和蒸发，并与空气按一定的比例混合成均匀的可燃混合气。汽油机燃料供给系统的作用，就是根据汽油机不同的工况要求，配制出一定数量和浓度的可燃混合气输入气缸。

图 11-19 所示为燃料供给系统的组成部分。

汽油箱 1、导油管 2、汽油滤清器 3 和输油泵 4，用以完成汽油的贮存、输送和滤清任务。

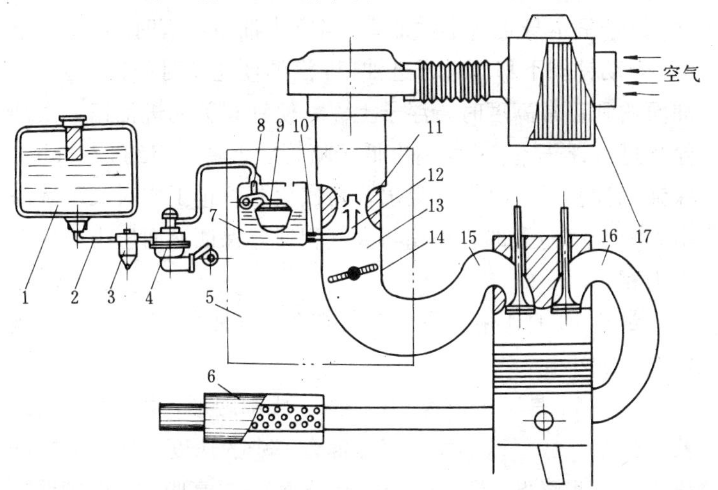

图 11-19　汽油机的燃料供给系统

1—汽油箱　2—导油管　3—汽油滤清器　4—输油泵　5—汽化器　6—消音器　7—浮子室　8—针阀　9—浮子　10—量孔　11—喉管　12—喷管　13—混合室　14—节气门　15—进气管　16—排气管　17—空气滤清器

空气滤清器 17 的作用是滤清空气。

汽化器 5 的作用是形成可燃混合气。

汽油靠输油泵从油箱经汽油滤清器输入汽化器，空气则经空气滤清器流入汽化器，在气缸吸气行程时，汽油由汽化器的喷管 12 中喷出，实现雾化与蒸发，并与空气混合形成可燃混合气，从进气管15进入气缸，当被点火燃烧作功后，废气自气缸经排气管16及消音器6排出。

图11-19中所示的汽化油器是较简单的一种，它由浮子室7、浮子9、针阀8、量孔10、混合室13、喷管12、喉管11及节气门（俗称油门）14等组成。

浮子室7的作用是使汽油在喷管中保持一定的液面高度。浮子室本身是一个贮油室，当室中油面低落时，浮子9下沉，带动针阀下移而打开进油口，汽油便能及时补充进去。当油面达到正常高度时，浮子上浮，使针阀关闭进油口，汽油停止进入浮子室。液面高度低于喷管的上端喷口约2～5mm，保证汽油容易自喷管被吸出，而汽化器停止工作时又不致溢出。浮子室的上部有小孔与大气相通，保证液面压力与大气压力相等。

量孔10的作用是限定流到喷管的汽油量，它是一个有规定尺寸的小孔。

喉管11是一个短管，中部缩小成细腰形，由于此处通道截面最小，故可以加大气流在混合室中的速度，使此处的静压力进一步降低（造成一定的真空度），提高吸力，以帮助喷管中的汽油吸出，并在高速气流的撞击下，被分散成大小不等的雾状颗粒——汽油的雾化。

混合室13是汽油与空气混合的地方，雾化状态的汽油在此处进一步汽化成可燃混合气，而后进入气缸。

节气门14用来改变混合气通道的大小，以调节进入气缸的混合气数量，达到改变功率和转速的目的，它通过操纵机构来控制。

实际所采用的汽化器，除了以上一些基本组成部分外，往往还有许多辅助装置，如起动装置、全负荷的加浓装置和加速装置等，以满足汽油机在各种不同工作条件下，对可燃混合气浓度的不同要求，提高汽油机的动力性和经济性。

三、点火系统

在汽油机的气缸盖上装有火花塞，火花塞的电极处于气缸的燃烧室中。气缸内压缩后的混合气是依靠火花塞电极间产生电火花而引起燃烧的。保证按时在火花塞电极间产生电火花的装置便称为点火系统。

常用的蓄电池点火系统的工作原理如下：如图 11-20 所示，它由蓄电池 9、电流表 8、点火线圈 3、热敏电阻 4、分电器 2（包括断电器 1、配电盘 11、电容器 12）、火花塞 10、

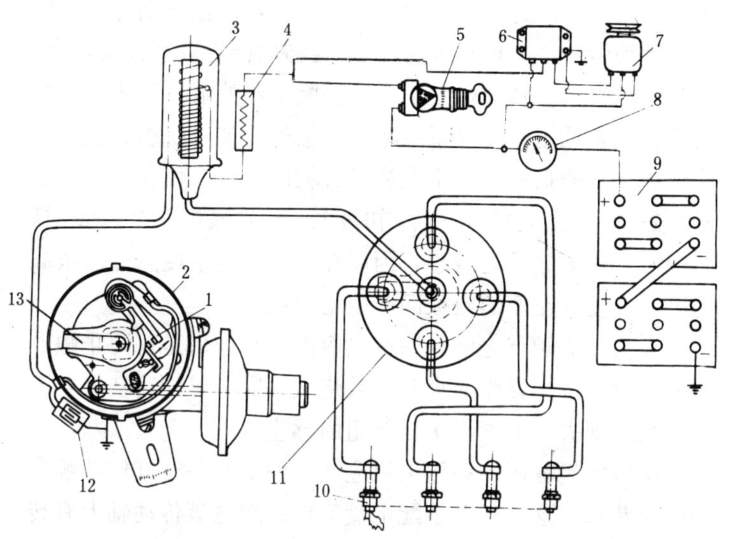

图 11-20　蓄电池点火系统

1、2—分电器　3—点火线圈　4—热敏电阻　5—点火开关　6—调节器　7—发电机　8—电流表　9—蓄电池　10—火花塞　11—配电盘　12—电容器　13—分火头

点火开关 5、发电机 7 及发电机调节器 6 等组成。

点火系统低压电源，由蓄电池和发电机供给。汽油机在不工作或刚起动时，低压电源由蓄电池供给。汽油机起动后，由汽油机带动的发电机即开始发电，供应低压电源，并向蓄电池充电，以补充蓄电池的消耗。发电机调节器用来控制发电机输出额定的电压和电流。

点火系统高压电流的产生，是由点火线圈和断电器共同完成的。点火线圈实际上是一个变压器，由初级绕组、次级绕组和铁芯组成。初级绕组匝数少（200～300 匝）而导线粗，次级绕组匝数多（15000～20000 匝）而导线细。断电器是一个由凸轮控制的开关。当汽油机工作时，汽油机凸轮轴上的齿轮带动配电盘的传动轴转动，断电器的凸轮装在传动轴上，因此断电器凸轮转动，并不断地使断电器的触点开闭。当触点闭合时，低压电流自蓄电池的正极通过初级绕组、触点而回到蓄电池的负极。由于电流通过初级绕组，使铁芯磁化而产生磁场。当触点被打开时，初级电流迅速衰减直至消失，铁芯中的磁场随之迅速减小，因而在次级绕组中便感应出很高的电压，使火花塞的电极间产生电火花。

在断电器触点之间并联有电容器，其作用是可防止触点在分开时因产生强烈的火花而被烧损；同时可加速初级电流和磁场的消失，而增大次级绕组的感应电压。

次级绕组输出的高压电流应按汽油机的各气缸作功顺序送到火花塞，这一任务由配电盘完成。配电盘传动轴上有转动的分火头 13，依靠它的转动，可按要求的顺序将高压电流分别送到各缸的火花塞。

点火开关 5 可将电源切断，使正在工作中的汽油机熄火，同时可防止蓄电池经初级绕组继续放电。

复 习 题

1. 什么叫活塞的上止点、下止点和行程?

2. 活塞行程与曲轴转角有何关系?

3. 什么叫压缩比?柴油机和汽油机的压缩比一般为多少?

4. 试述柴油机四个行程中,气缸内的压力和温度状况。

5. 多缸柴油机曲轴,每转两周的作功次数与气缸数有何关系?作功顺序是如何安排的?

6. 柴油机共包括哪些主要组成部分?各起什么作用?

7. 试述活塞的结构特点。

8. 试述活塞环的作用和形状特点。

9. 活塞环与活塞环槽配合间隙为什么不能过大或过小?

10. 活塞环的开口间隙为什么不能过大或过小?装入气缸时各环的开口位置应怎样安排?

11. 活塞和连杆的重量在装配时有什么要求?为什么?

12. 试述曲轴组的基本构造。

13. 试述配气机构的动作过程。

14. 为什么要有一定的气门脚间隙?

15. 试述气门头部的形状特点。

16. 为什么有时一个气门要装两个弹簧?

17. 试述凸轮轴的结构。其转速与曲轴转速有何关系?

18. 什么叫配气相位?进、排气门为什么都要早开迟关?

19. 柴油机的进排气系统包括哪些部分?为什么要有空气滤清器?消音器起何作用?

20. 试述柴油机燃料燃烧的过程。怎样获得良好的混合气质量?

21. 燃料供给系统由哪些部分组成?

22. 喷油器起何作用?试述其工作原理。

23. 射油泵起何作用?试述其工作原理。怎样改变供油量多少?

24. 试述离心式调速器的作用和工作原理。

25. 试述汽油机四个行程中气缸内的压力和温度状况。与柴油机的区别在哪里？

26. 汽油机燃料供给系统包括哪些主要部分？各起什么作用？

27. 试述简单汽化器的工作原理和各有关部分的作用。

28. 汽油机蓄电池点火系统包括哪些主要部分？各起什么作用？

29. 蓄电池点火系统的工作原理是怎样的？怎样把电火花输送到各气缸？

30. 点火系统中的电容器有何作用？

第十二章　泵、压缩机和冷冻机的构造

第一节　泵的构造

一、概述

泵在国民经济各部门的应用极广，例如：动力、水力、建筑和采矿等工程上采用的各种水泵（给水泵、循环水泵、污水泵、深井水泵等）；机械制造业、石油和化工工业上采用的各种泵。

泵的种类很多，但归纳起来可分为三大类：

（1）容积泵：它是依靠工作室容积间歇地改变而输送液体的，例如往复泵和回转泵。

（2）叶片泵：它是依靠工作叶轮的旋转而输送液体的，例如离心泵和轴流泵。

（3）流体作用泵：它是依靠流体流动的能量而输送液体的，例如喷射泵和扬酸器。

用来表示泵的工作性能的主要参数有以下几个：

（1）流量：单位时间内通过排出口输送的液体量，称为泵的流量。流量的单位一般以 m^3/h 表示。

（2）压头（扬程）：从泵的进口到出口处液体压力增加的数值，称为泵的压头。压头的单位通常用 MPa 表示。当采用扬程的单位时，则一般用 m（米）表示。

（3）功率：原动机传给泵轴的功率，称为轴功率；泵传给液体的功率，称为有效功率。功率的单位一般用 kW（千瓦）表示。

二、离心泵

1. 工作原理　离心泵是依靠高速旋转的叶轮而使液体获得压头的。如图 12-1a 所示，当泵充满液体时，由于叶轮 3 的高速旋转，叶轮叶片之间的液体受到叶片的带动而跟随旋转。在离心力作用下，不断从中心流向四周，并进入蜗壳 2 中，然后通过排出管 1 排出。当液体从中心流向四周时，在叶轮中心部位形成低压（低于大气压力），在大气压力作用下，液体便从吸入管 4 进入泵内，补充被排出的液体。叶轮不断旋转，离心泵便连续地吸入和排出液体。

液体被叶轮带动旋转而获得的能量。由于通过蜗壳的作用，将其中一部分能量由动能转变为势能（压头），故离心泵既能输送液体，同时可提高液体的压头。

离心泵在工作前，泵中必须预先灌满液体，把泵中空气排除。因泵中存在空气时，工作时无法形成足够的真空度，

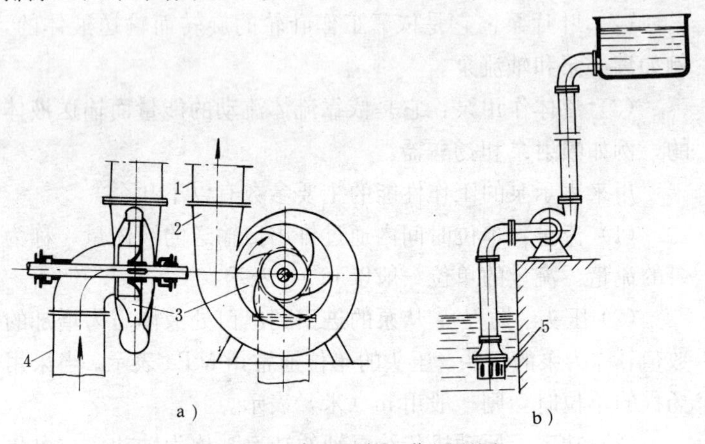

图 12-1　离心泵的工作原理图

1—排出管　2—蜗壳　3—叶轮　4—吸入管　5—底阀

液体就不能被吸入或流量较小。在离心泵的进口端一般都装有底阀 5（单向阀），以保证预先灌入液体时不致泄漏（见图 12-1b）。

2. 构造　图 12-2 所示，是一台单级卧式离心泵。叶轮 1 安装在轴 6 的端部，轴由两个滚动轴承 7 支持。为了防止外界空气进入泵的低压区域，用填料 4（常用石墨石棉绳）加以密封，填料由压盖 5 压紧，其压紧程度应适当，太松达不到密封效果，太紧将增加轴与填料的摩擦，一般以液体能从泵内通过填料密封处每分钟漏出十滴左右为宜。为了防止空气进入泵内，在填料之间还装有水封环 3，通过小孔 2 引入来自叶轮出口处带一定压力的液体，将轴间缝隙更好地密封。

图 12-3 所示为一台多级卧式离心泵。多级离心泵是由各级叶轮相互串联进行工作的。前一级叶轮的出口液体，经过导轮 3 流入后一级叶轮的进口。多级离心泵的压头等于各单级压头之和（不计损失时），而流量与单级一样。

离心泵转子由两端的两个滑动轴承 1 支持，滑动轴承采用油环供油方式润滑。在离心泵的进口端，装有防止外界空气进入泵内的密封填料 2，并引入有一定压头的液体加强密封。在离心泵的排口端，则装有防止泵内高压液体外泄的密封填料 5。

从图 12-2 和图 12-3 可以看出，每级叶轮两侧的液体压力是不相等的，叶轮进口一侧的压力较低，而另一侧受到的是从叶轮出口排出的液体压力。显然，因两侧压力不平衡而将产生轴向推力，当轴向推力较小时，可由轴承承受，但为了减轻轴承的轴向推力负荷，通常都在结构上考虑有平衡孔或平衡盘。如图 12-2 所示，在叶轮近中心部位的后侧板上开有小孔，使液体与叶轮的两侧直接相通，这样可以降低叶轮出口一侧的液体压力，从而使轴向推力起到部分平衡的作用，其余部分则由滚动轴承承受。图 12-3 由于是多级离心泵，其轴向推力较大，故采用平衡盘 4 来达到平衡。用平衡盘平衡轴向推力的工作原理详见图 12-4。

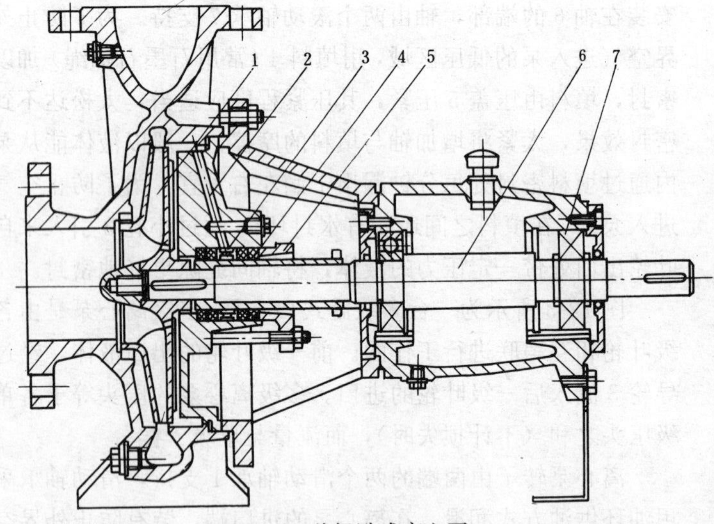

图 12-2 单级卧式离心泵

1—叶轮 2—小孔 3—水封环 4—填料 5—压盖 6—轴 7—轴承

利用多级离心泵末级叶轮排出的较高压力的液体，经平衡盘的轴向间隙 b 后流出，平衡盘固定在轴上。当高压液体作用在平衡盘上的轴向推力，大于各级叶轮的轴向推力时，平衡盘向右移动，轴向间隙增大，由于间隙增大后，作用于平衡盘上的液体压力随即减小，因此平衡盘又将向左移动，直至两方面的轴向推力平衡为止。

多级离心泵有时在结构上采取叶轮对称排列的形式，其轴向推力可以在不加其他措施的条件下，就能获得平衡（见

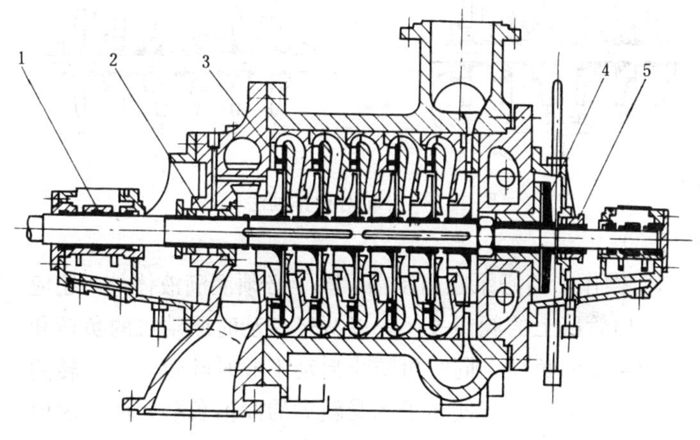

图 12-3　多级卧式离心泵

1—滑动轴承　2、5—密封填料　3—导轮　4—平衡盘

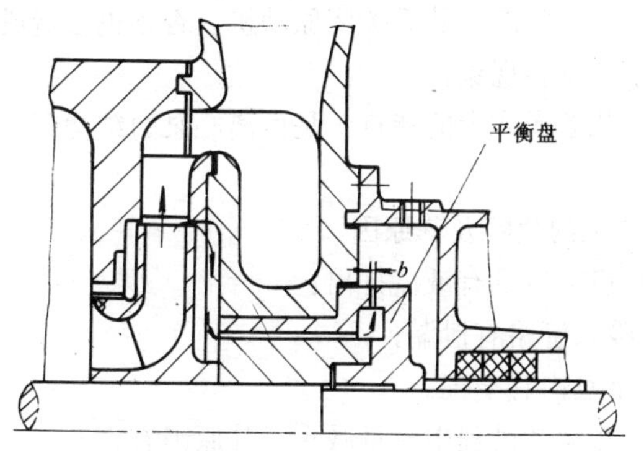

图 12-4　用平衡盘平衡轴向推力

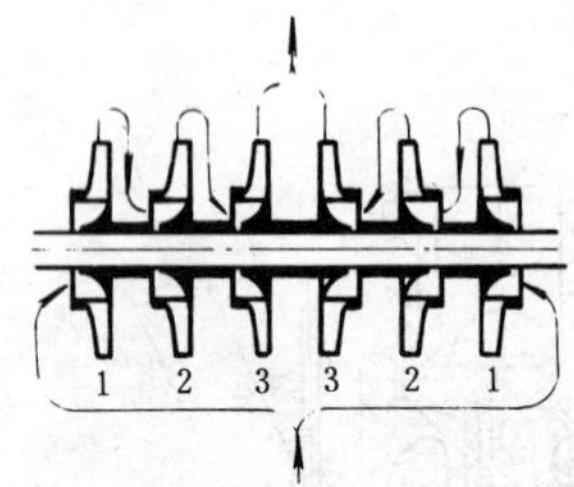

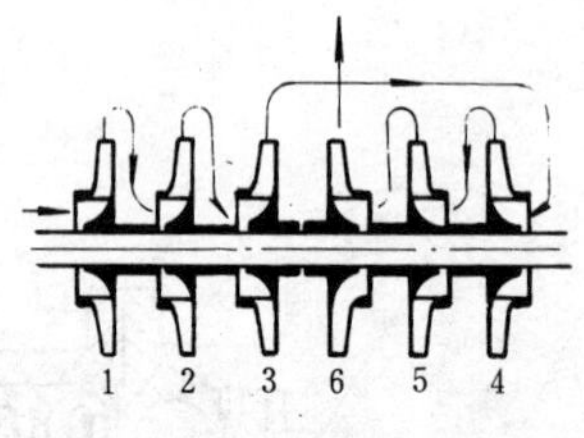

图 12-5 叶轮对称排列法

图 12-5)。

3. 操作 离心泵在启动前，除了必须灌满液体外，还应将排出口管路上的阀门关闭，以减轻启动时原动机的负荷和泵自身所受的负荷，同时可防止启动不成时叶轮产生反转的现象。叶轮反转不仅使转子承受较大的冲击负荷，而且因电动机反转可能造成烧坏事故。

离心泵启动到转速正常后，可逐渐开启排出口阀门，直到所需的流量。

在停止离心泵前，应首先关闭排水口阀门，使泵处于空转（空负荷）状态，然后关闭原动机，否则也会造成原动机和离心泵的反转现象。

以上几条操作上的特点，是由离心泵的结构和工作特性所决定的。

4. 常见的故障及其原因

(1) 启动后没有液体排出：

1) 吸入管路有泄漏；

2) 泵室内有空气。

(2) 在运转过程中流量减小，其原因有：

1) 转速降低；

2) 空气进入吸入管路或经密封填料处进入泵内；

3）排出管路中阻力增加；

4）吸入高度增加，使吸入量减小；

5）叶轮堵塞、损坏或与泵体之间的密封损坏。

（3）在运转过程中压头降低：

1）转速降低；

2）泵内有空气；

3）排出口管路有泄漏；

4）叶轮与泵体之间的密封损坏；

5）叶轮损坏。

（4）振动大：

1）安装不妥；

2）叶轮局部堵塞；

3）泵轴弯曲；

4）轴承损坏；

5）结构松动等。

第二节　压缩机的构造

一、概述

压缩机和泵一样，都是应用十分广泛的一种通用机械。

压缩机按其工作原理的区别来分：有往复式压缩机、离心式压缩机、回转式压缩机和轴流式压缩机四类。其中以离心式压缩机的应用尤为普遍，而往复式和回转式压缩机主要用于需要产生较高出口压力的场合；轴流式压缩机主要用于需要获得较大出口流量的场合。

二、离心式压缩机

离心式压缩机与离心泵相似，是利用叶轮的旋转运动，使气体产生离心力而获得一定的出口压力，并将气体从一处输送到另一处。

离心式压缩机，按其所能产生压力的大小，可分为：

1. 离心式通风机　它所产生的压力不超过 0.015MPa，一般只用一个工作叶轮。

2. 离心式鼓风机　它所产生的压力达 0.2～0.3MPa，有时需要用几个工作叶轮，所压缩的气体一般不需要冷却。

3. 离心式压缩机　它所产生的压力超过 0.3MPa，需要采用多个工作叶轮，由于压缩后压力较高，温度也相应较高，在压缩过程中气体需要经过中间冷却。

图 12-6 所示为一台离心式鼓风机，可用作排送空气或其他气体。其进口流量为 $50m^3/min$，进口压力为 0.11MPa，进口温度为 120℃，出口压力为 0.142MPa，主轴转速为 9025r/min，电机功率为 100kW，电机转速为 2925r/min，鼓风机转子重量为 2350kg。

该鼓风机为单级，采用悬臂式结构。为了平衡由于悬臂而产生的叶轮 2 倾斜，在主轴 6 的中段装有配重 7。配重同时可减少滑动轴承 5 所受的轴颈倾斜而带来的负荷，配重的大小还可起到改变转子临界转速高低的作用。

鼓风机的进风口为轴向布置，带有收敛的锥形筒 1，气体被叶轮带动并经蜗壳的扩压作用后排出。

为了防止叶轮出口后的气体向外泄漏，在叶轮的左右两侧都有迷宫式气封 3。

为了防止滑动轴承中，润滑油向外泄漏，在左面一个滑动轴承的左侧机体上，装有油封 4，并在相应位置的主轴上制有两道挡油翅，以加强阻漏效果。油封与轴颈之间通常保持 0.2～0.5mm 的间隙。

鼓风机先由电动机通过联轴器 10 带动大齿轮 8 旋转，大

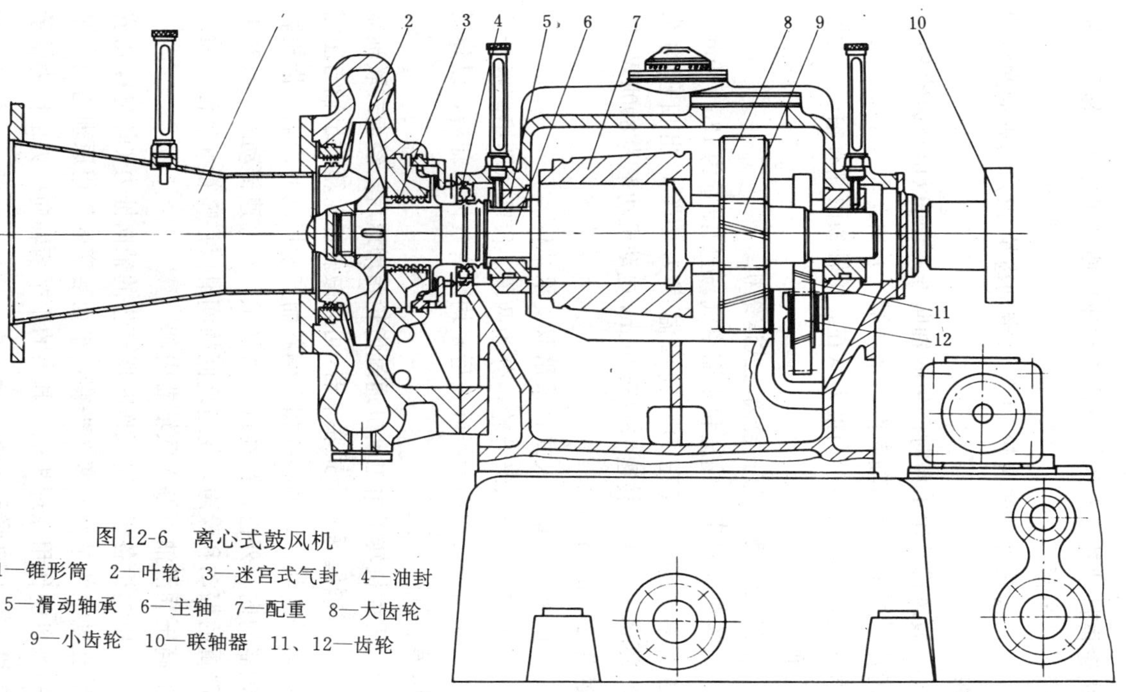

图 12-6　离心式鼓风机

1—锥形筒　2—叶轮　3—迷宫式气封　4—油封　5—滑动轴承　6—主轴　7—配重　8—大齿轮　9—小齿轮　10—联轴器　11、12—齿轮

齿轮再带动转子上的小齿轮 9 增速后使转子旋转。转子预先经过动平衡。

大齿轮轴上的齿轮 11 用来带动齿轮 12，以驱动润滑油泵。

鼓风机叶轮工作时产生的轴向推力，可以由小齿轮 9（斜齿轮）产生的反向轴向推力来平衡，并由左面一个滑动轴承承受剩余的轴向不平衡推力（在转子轴颈两侧有轴肩作为推力面）。

图 12-7 所示为一台离心式压缩机。

该压缩机用于输送和压缩空气。进口流量为 125m^3/min，进口压力为大气压力，进口温度为 20℃，出口压力为 0.535MPa，主轴转速 13900r/min，电动机功率为 800kW，转速为 2985r/min。

压缩机为单吸入式，采用双支承结构。

压缩机共有六级叶轮，分为两段。段间（即第三级叶轮后）和出口（即第六级叶轮后）均装有气体冷却器，以降低压缩后气体的温度。

压缩机转子由电动机通过齿轮箱增速后，经齿式联轴器 8 带动旋转。采用齿式联轴器，可以减轻齿轮箱输出轴与压缩机转子之间，因轴心线相互偏斜而产生振动的影响。齿轮联轴器的内、外齿轮都经过精密加工，在高速传动时不致产生严重的振动和噪声。轮齿之间的润滑依靠喷管 9 供油，喷出的高压润滑油可渗入联轴器内部。

压缩机各级叶轮工作时所产生的轴向推力（向左），由安装在轴上的平衡活塞 3 平衡，平衡活塞的作用原理与离心泵平衡盘的作用原理相似。剩余的不平衡轴向推力由推力轴承 7 和副推力轴承 5 承受。

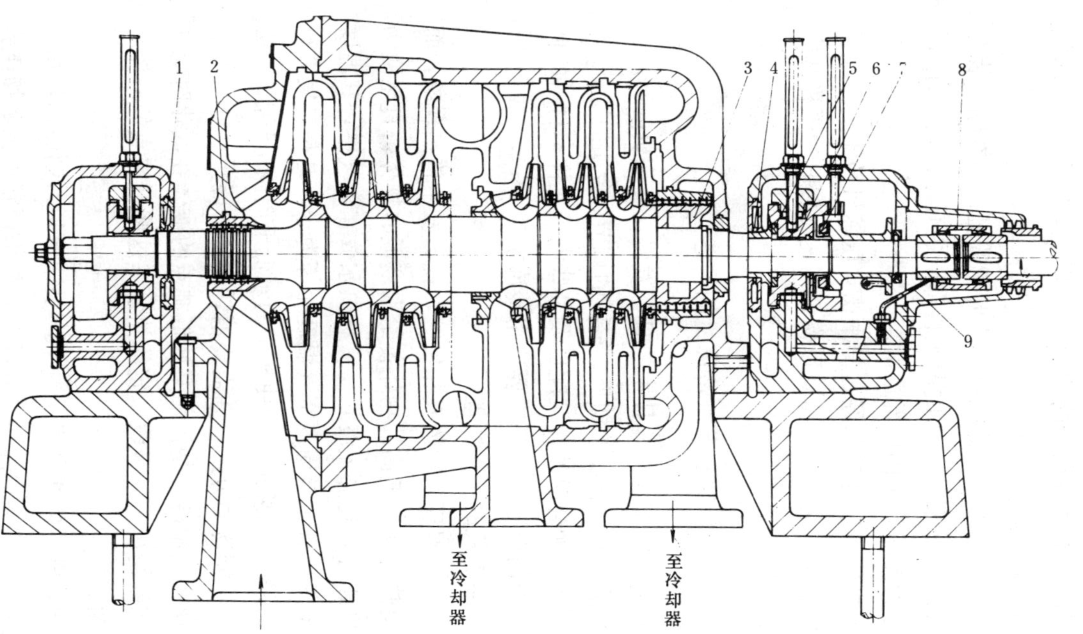

图 12-7　离心式压缩机

1、4—油封　2—迷宫式气封　3—平衡活塞　5—副推力轴承　6—滑动轴承　7—推力轴承　8—联轴器　9—喷管为了防止滑动轴承 6 的润滑油漏出机体外面，在边缘处都相应地装有油封 1 和 4。

为了防止外界空气流入第一级叶轮的进口，在端部装有迷宫式气封 2。在各级叶轮的两侧也都安装有迷宫式气封，以阻止因压力差而产生的内部泄漏。

压缩机的各级叶轮都经过静平衡，压缩机转子上全部零件装好后要经过动平衡试验，以保证高速旋转时的平稳和安全可靠。

第三节　冷冻机的构造

随着国民经济和工业技术的日益发展，冷冻机的应用也越来越普遍。无论食品的防腐、室温的调节、金属的冷处理、精密机件过盈配合时的冷装配以及某些电子元件、材料的低温工作性能的测定等，都需要应用冷冻机。

一、冷冻机的工作原理

两个不同温度的物体互相接触，就会发生传热现象，而且总是使热量从温度高的物体传给温度低的物体，直至两物体的温度相等，传热才终止。一杯热水放在大气中，其温度将逐渐下降，直至与周围空气温度相等为止。这是自发进行的冷却过程。如果要进一步使杯中的水低于周围空气温度，必须采取人工制冷的办法，并需要消耗一定的能量。

实现人工制冷，是依靠某些低沸点的液体在汽化时能在温度不变的情况下，吸收一定的热量。这些低沸点的液体称为制冷剂。

例如，常用的氟利昂 12（代号为 F—12）制冷剂，在一个大气压力下，其沸点为 -29.8℃，如果把它喷洒于物体表面，使它受热而沸腾汽化，则物体表面温度会迅速下降至很低或接近－29.8℃，这就是由于F—12制冷剂在汽化时，其温度不变（仍保持－29.8℃）而需要吸收一定热量的缘故。如同冰在大气下溶化为水时，仍保持0℃而需要吸收一定热量一样。

实际的制冷方法就是利用以上所述特性，加以完善并达到连续进行制冷的目的。下面以常见的压缩式制冷方法来说明其工作原理。

如图12-8所示为一种压缩式制冷的组成系统，它主要由制冷压缩机、蒸发器、冷凝器和膨胀阀（或毛细管）四个基本部件组成，并形成互相连接又密闭的系统，工作时制冷剂在系统中循环流动和吸收热量。

压缩式制冷系统工作时，低温的液体制冷剂在蒸发压力（压力较低）下进入冷库3的蒸发器2，制冷剂吸收冷库内的热量而沸腾汽化，使冷库温度下降，达到制冷的目的。

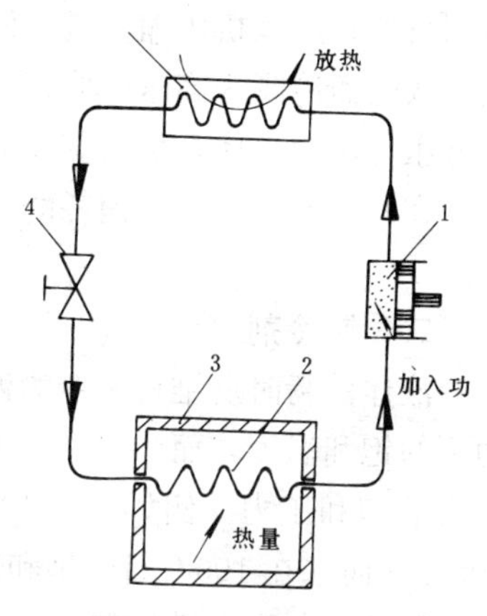

图12-8　压缩式制冷原理图
1—压缩机　2—蒸发器　3—冷库
4—膨胀阀　5—冷凝器

制冷剂在蒸发器中，汽化后变成低压的蒸汽，为使它再次具备吸热的能力，必须使它回复到液体状态。因此要依靠压缩机和冷凝器来完成。压缩机1将蒸发器出来的低压蒸汽进行压缩，使其压力得到提高，此时其温度也相应升高至高于周围环境温度，当继续流至冷凝器5时，通过冷凝器的散热作用（依靠空气或水的循环），使制冷剂又冷凝为液体状态，并达到冷凝压力下的饱和温度。但此时的制冷剂温度仍旧较高，不能达到制冷的效果。

高压的液体制冷剂通过膨胀阀4时，因受到阻力而压力要降低，当压力降低到制冷剂所需的蒸发压力时，制冷剂就可达到足够低的温度，即又变成低压低温的液体（或含有部分蒸汽）。

低压低温的液体制冷剂，再进入冷库的蒸发器中，又能吸热而沸腾汽化。于是，制冷过程便连续地循环进行。

由上所述，制冷系统的工作，主要是使制冷剂的状态循环地变化，其中蒸发器是使制冷剂液体吸热而汽化——制冷达到目的；压缩机压缩蒸汽，使其压力提高；冷凝器使高压蒸汽放热而冷凝为高压液体；膨胀阀使高压液体膨胀降压，变为低压低温的液体，供给蒸发器。

在此循环过程中，消耗的能量就是驱动压缩机所需的动力。

二、制冷剂

液体沸腾时所维持不变的温度称为沸点，或称为某一压力下的饱和温度，而与饱和温度相对应的某一压力称为该温度下的饱和压力。例如，水101325Pa压力下的饱和温度为100℃，而水在100℃时的饱和压力为101325Pa。

制冷剂与水一样具有这种性质，所不同的仅是对制冷剂要求具有较低的饱和温度，以便达到在低温下也具有吸热汽化的能力。

饱和温度与饱和压力之间存在着一定的对应关系，不同的饱和压力对应着不同的饱和温度。

表12-1所示为常用几种制冷剂的饱和温度及其对应的饱

表 12-1 几种制冷剂的饱和温度与饱和压力对应值

饱和温度 t/℃	饱和压力 p/MPa		
	NH_3	F—12	F—22
−70	0.0109	0.0123	0.0205
−60	0.0219	0.0226	0.0375
−50	0.0409	0.0391	0.0647
−40	0.0718	0.0643	0.106
−30	0.120	0.101	0.165
−25	0.152	0.124	0.202
−20	0.190	0.151	0.246
−15	0.236	0.183	0.297
−10	0.291	0.219	0.356
−5	0.355	0.261	0.424
0	0.430	0.309	0.499
5	0.516	0.363	0.588
10	0.615	0.424	0.686
15	0.729	0.492	0.796
20	0.057	0.568	0.917
25	1.003	0.651	1.053
30	1.167	0.745	1.204
40	1.555	0.960	1.549
50	2.033	1.217	1.962

和压力值。

由表 12-1 可知，如果一台冷冻机使用的制冷剂是 F—12，若饱和温度为 30℃，则从表中可查得其对应的饱和压力为 0.745MPa，而饱和温度为 − 30℃时，其饱和压力为 0.101MPa。

由表 12-1 还可知，在饱和压力相同时，不同的制冷剂，其饱和温度是不同的。例如在同一饱和压力时，F—22 可比 F—12 获得更低的饱和温度，从而可达到较好的制冷效果。

但是在相同温度时，F—22 比 F—12 的饱和压力要高，就是说，压缩机要将汽化蒸发的高温蒸汽，压缩至冷凝器冷凝为液体时所需的压力要高，这对冷冻机有关零部件的结构强度、耐磨性和防泄漏等方面，提出更高的要求。

一台冷冻机，如果要求 F—12 制冷剂，在蒸发器中在 −25℃时汽化蒸发，则从表 12-1 查得其相应的蒸发压力为 0.124MPa；同时要求在冷凝器中在 40℃时冷凝为液体，则从表 12-1可查得其相应的冷凝压力为 0.96MPa。这样，压缩机就必须将压力为 0.124MPa 的蒸汽压缩为压力 0.96MPa，其压力比为 7.74（一般活塞式制冷压缩机的压力比不宜超过10）。需要获得很低制冷温度的冷冻机，通常都采用多级压缩。

最常用的 F—12（分子式为 CF_2CI_2）制冷剂是无色无毒物质，其气味只有在空气中的浓度大于 20%时才能感觉到，当浓度超过 80%时会使人窒息。F—12 制冷剂不燃烧、不爆炸，但当温度达 400℃以上时，与明火接触能分解出有毒的光气（$COCI_2$），因此，应避免与明火接触。

F—12 制冷剂中如溶解有水分时，会引起冰塞现象，即当 F—12 经过膨胀阀节流降压时，由于温度下降，水会部分析出而结成冰块，引起膨胀阀和管道的堵塞。因此，在向制冷系统冲灌 F—12 前，必须做好各部件和管道的干燥工作，并在操作运行中严防空气漏入系统。

三、活塞式制冷压缩机

活塞式制冷压缩机是应用最为普遍的，目前我国制造的中小型制冷压缩机主要是这种形式。

图 12-9 所示为活塞式压缩机的工作过程。

压缩机在每两个活塞行程（相当于曲轴旋转一周）内完

成一次循环，每次循环包括压缩、排汽、膨胀和吸汽四个过程。其中压缩和排汽在一个行程内完成；而膨胀和吸汽在另一行程内完成。

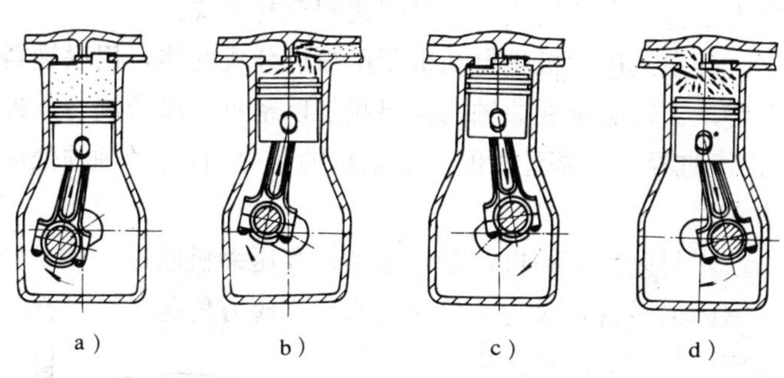

图 12-9　活塞式压缩机工作过程

压缩过程：活塞从下止点开始向上移动，吸汽阀片受到汽缸内蒸汽压力的作用而关闭，排汽阀片，因蒸汽压缩后的压力尚未超过排汽腔的压力也保持关闭状态（图 12-9a）。

排汽过程：活塞继续上移，被压缩的蒸汽压力超过排汽腔压力，排汽阀片被顶开，汽缸内高压高温蒸汽在活塞的推动下进入排汽腔，直至活塞到达上止点，排汽腔压力与汽缸内压力相等时，排汽阀片靠本身重力和弹簧力关闭（图 12-9b）。

膨胀过程：活塞从上止点开始向下移动，汽缸容积逐渐变大，残留的蒸汽开始膨胀，当蒸汽压力降低到等于吸汽腔压力时，膨胀过程结束，吸排汽阀片都处于关闭状态（图 12-9c）。

吸汽过程：活塞继续下移，汽缸内蒸汽压力开始低于吸汽腔压力，当压力差足以使吸汽阀片顶开时，吸汽过程便开始，直至活塞到下止点为止（图 12-9d）。

活塞式压缩机的结构形式很多，此处不予详述。在总体上，则由于冷冻机械的特点，电动机与压缩机的组合型式可分为三种：即开启式、半封闭式和全封闭式。

开启式压缩机是电动机和压缩机分成两体，用联轴器或带传动。但必须在曲轴的伸出端加以密封，以防制冷剂外泄（由汽缸经过活塞环而漏入曲轴箱的制冷剂，再经轴颈处向外泄漏）。

半封闭式压缩机，是将电动机和压缩机联成一体，构成一密闭的机身，仅为了检修活塞和汽阀方便起见，把汽缸盖制成可拆卸的。这种压缩机不需轴封装置，密封性能好。

全封闭式压缩机是将电动机和压缩机共同装在一个封闭壳体内，壳体接缝在装配后焊牢，不能拆卸，因此密封性能好，重量轻。

图 12-10 所示为一台全封闭式压缩机的结构。

外部的罩壳是用 3～4mm 厚的铁板冲压成上下两部分并焊接而成。图中 2 为电动机绕组，3 为定子铁心，4 为

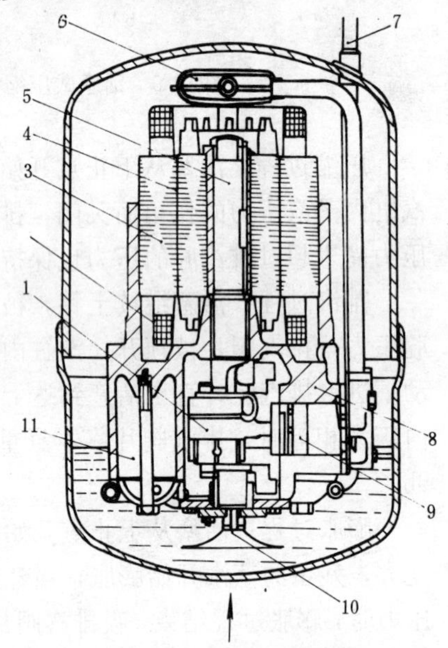

图 12-10　全封闭式压缩机

1—连杆　2—电动机绕组　3—定子铁心　4—电动机转子铁心　5—电动机轴　6—吸汽包　7—排汽管　8—汽缸体　9—活塞　10—滤油网　11—稳压室

电动机转子铁心，电动机轴5与压缩机曲轴是一整体，转子垂直安装，这样可消除水平安装时悬臂重量所引起的弯曲变形，同时可使轴承受力减小，因此运转更为平稳。

图中8为汽缸体，置壳内的所有机件都装在上面，汽缸体装在罩壳上，一般还有避震弹簧装置。

图中9为活塞，1为连杆。10为滤油网，用来过滤压缩机所用的润滑油。

由蒸发器来的蒸汽经吸汽包6进入压缩机，压缩后的蒸汽再经排汽管7排出。

图中11为稳压室。它可使排出的蒸汽保持较稳定的压力。以减少波动的影响。

复 习 题

1. 什么叫泵的压头？其单位是什么？

2. 试述离心泵的工作原理。

3. 离心泵启动前，为什么要先灌满水？

4. 怎样防止空气进入泵的低压区？

5. 离心泵为什么工作时会产生轴向推力？怎样平衡它？

6. 离心泵启动前要关闭出口阀门是什么作用？

7. 离心泵启动后没有液体排出，造成的原因可能有哪些？

8. 离心泵工作中流量减小和压头降低，造成的原因可能有哪些？

9. 离心泵运转时振动大的原因可能有哪些？

10. 离心式通风机、鼓风机和压缩机，三者主要是怎样区别的？

11. 离心式鼓风机为悬臂式结构时，在主轴的中段有的加有配重，其作用是什么？

12. 在结构上怎样使滑动轴承的润滑油不外泄？

13. 高速离心压缩机为什么其联轴器常采用齿式的？

14. 承受轴向推力，除了在一个方向装推力轴承外，为什么在另一方向还要装副推力轴承？

15. 制冷剂为什么有较好的制冷效果？

16. 压缩式制冷系统主要有哪四部分组成？其功用各是什么？

17. 蒸发器流出的蒸汽为什么必须进行压缩？冷凝器流出的液体为什么必须经过膨胀阀（或毛细管）？

18. F－12 制冷剂，要在 30℃下冷凝为液体，其压力应为多少？要在－20℃下蒸发为汽体，其压力应为多少？

19. F－12 制冷剂有些什么特性？

20. 试述活塞式制冷压缩机的工作过程。

21. 全封闭式压缩机有何特点？

第十三章　机械运行时状态参数的测定

机械运行时其工作状态是否正常，可从有关参数上反映出来。例如轴承的工作状态，可以从温度、润滑油流量和压力以及振动等多方面来判断其是否属于正常；一台动力机工作时的转速和功率，显然也是表示其性能好坏的重要参数。各种工作参数的测定都有一定的方法和仪器设备，根据环境条件、精度要求的不同，测定的方法和所用的仪器设备也不同。

第一节　温度的测定

测量温度的仪器可分为两大类，一类是接触式，例如玻璃管液体温度计、热电偶、热电阻和热敏电阻等；另一类是非接触式，它与被测介质不接触，而是利用辐射原理，接受被测介质的辐射能而确定所测的温度，例如光学高温计、比色高温计等。

接触式温度计由于结构简单、可靠，不但可测表面温度，而且可测物体内部的温度，因此应用较广。

一、玻璃管液体温度计

玻璃管液体温度计的测温原理，是利用液体在玻璃管内受热膨胀的性质。它具有较高的精确度，使用简单、方便。

温度计中的工作液体，常用的是水银和酒精。水银与玻璃之间没有粘附作用，可以把毛细管做得很细而提高测量精度。水银在0～200℃范围内的体膨胀系数与温度之间有较好的线性关系，所以玻璃管上可以做成等分刻度。水银温度计的测温范围在－30～300℃之间。如果在水银上面空间充以一定压力的氮气，提高其沸点，玻璃材料用石英玻璃，则测温范围可提高到 500～1200℃。

酒精温度计的测温范围为－100～75℃，它与玻璃之间有粘附作用，影响测量精度，而且其体膨胀系数随温度而变化，使玻璃管刻度不均匀。

除上述普通的玻璃管液体温度计外，还有一种电接点式玻璃管液体温度计（见图 13-1）。它有两组电极和一个给定值指示装置。既能用于一般指示，又可与断电器配合，广泛用于温度自动控制。

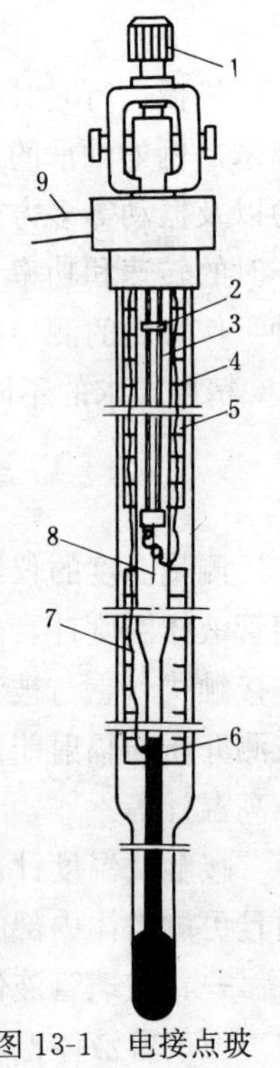

图 13-1 电接点玻璃温度计

1—调整螺母 2—指示件 3—螺杆 4—铜丝 5—上标尺 6—水银柱 7—下标尺 8—铂丝 9—导线

电接点温度计的下标尺 7 用以一般指示，上标尺 5 用以给定值指示。给定值由指示件 2 表示，它可通过调整螺母 1 使螺杆 3 旋转而改变至需要的给定值。当温度计的温度上升到给定值时，温度计中的水银柱 6 升高并与铂丝 8 接触，于是使两根铜丝 4 接通而形成闭合回路，并由导线 9 引出连接到断电器上。

二、压力计式温度计

它由感温包、毛细管和弹簧管等主要部分组成（见图 13-2）。

压力计式温度计，是利用封入其封闭系统中的工质（氮气、水银或甲醇等）在感温包温度变化时，工质的压力随之相应变化的原理而达到测温目的。

感温包 5 用钢或铜制成，可将其固定于测温的容器或管道中。当其温度变化时，工质压力也变化，通过毛细管 6 将压力传递给弹簧管 1，弹簧管的自由端便发生位移。通过连接杆 3 带动扇形齿轮 4 摆动某一角度，再带动齿轮 2 而使指针指示出某一刻度值。

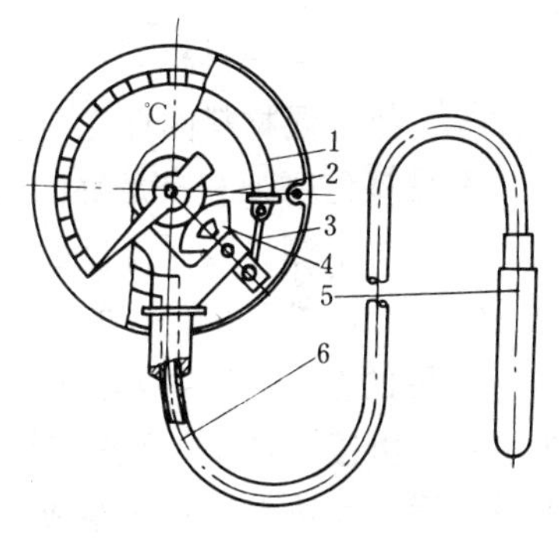

图 13-2　压力计式温度计

1—弹簧管　2—齿轮　3—连接杆

4—扇形齿轮　5—感温包

6—毛细管

毛细管用钢或铜制成，内径为 0.2～0.5mm，壁厚为 0.2～2mm，长度可按需要确定（最长可达几十米），为了保证测温的精度，毛细管应位于温度变化较小的地方。

压力计式温度计的特点是可用于远距离测温，其测温范围为－80～550℃。

三、热电偶

热电偶是一种感温元件，它不能直接指示温度，必须与指示（或数字显示）仪表配套应用。热电偶可用以测量 0～1800℃范围内液体、固体或气体的温度，测温精度高，便于远距离和多点测温，应用十分普通。

如图 13-3 所示，热电偶由两根不同材料的热电极 A 和 B 焊接而成。焊合的一端（形成一个结点）T 称为热端，用以插入测温物体中；与导线 1 连接的另一端（有两个接线头）T_0 称为冷端。如热端和冷端所处的温度不同，则在回路中会产生电流（这种现象称为热电效应），于是测量仪表 2 便可指示相应的温度值。

常用的热电偶材料有：镍铬—考铜、镍铬—镍硅、铂铑—铂等。热电偶材料的性能要求主要是热电势要大、性能稳定、不易氧化腐蚀和有足够的强度等。其直径通常为 0.1～0.5mm，对于测量瞬时温度的热电偶，为了有较高的灵敏度（热惰性小），可采用更小的直径。

常用的热电偶结构如图 13-4 所示，它由接线盒 1、保护套管 2、绝缘套管 3 和热电偶丝 4 组成。

热电偶用于测量管道中流体温度或物体壁面温度时，往往直接将热电偶的热端埋设在测温处，但必须使结点与物体的壁面接触良好，以减小热阻，否则会增加测量误差。图 13-5 为几种埋设热电偶的方法。

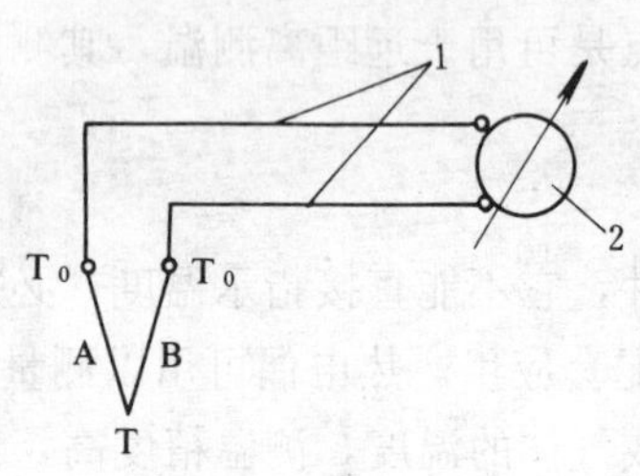

图 13-3　热电偶测温原理

1—导线　2—测量仪表

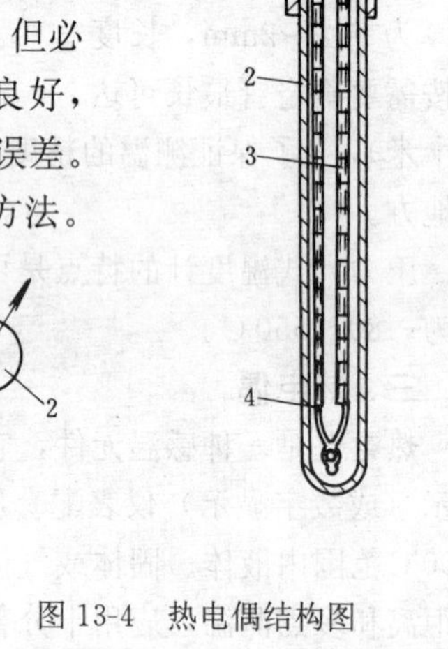

图 13-4　热电偶结构图

1—接线盒　2—保护套管　3—绝缘套管　4—热电偶丝

四、热电阻

热电阻也是一种感温元件，必须与指示仪表配套应用。

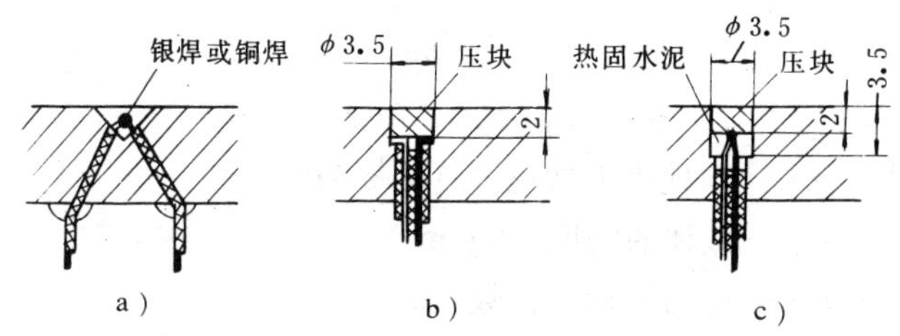

图 13-5 热电偶埋于壁面

热电阻测温的原理，是利用导体的电阻值随温度变化而变化的性质，通过电阻值的测量便可得到对应的温度值。

热电阻有铜电阻和铂电阻两种。铂电阻较铜电阻的精度高、稳定性好。图 13-6 所示为铜电阻的结构，它由引出线 1、塑料骨架 2 和铜漆包线 3 组成，外有保护套管。应用时通常是埋设在物体的孔中（按铜电阻外径预先钻出），测量物体埋设部位的温度，或固定于管道等物体的壁面，以测量流体的温度。

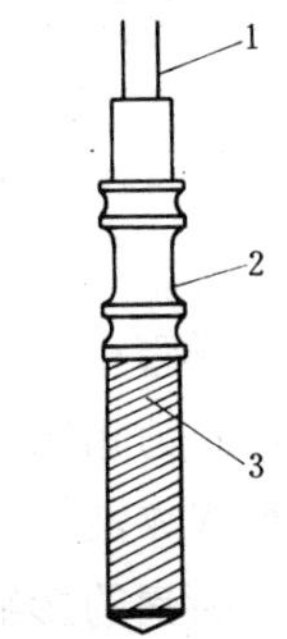

图 13-6 铜电阻结构图
1—引出线 2—塑料骨架 3—铜漆包线

第二节 压力的测定

一、U 形管压力计

U 形管压力计是一种最简单的液体压力计，常用来测定气体的压力，见图 13-7。压力计中的液体是水或水银。如果 P_2 为大气压力（0.0981MPa），p_1 为所测气体的压力，则 h 就反映 p_1 的压力大小，其相互关系为：

$$h=\frac{p_1-p_2}{\rho g}$$

故 $$p_1=p_2+h\rho g$$

式中 g——当地重力加速度（m/s^2）；

ρ——液体的密度（kg/m^3）；

h——压力计标尺读数（mm）。

计算时，p_2 可近似取 100000Pa，重力加速度近似取 10，当液体为水时，$\rho=1kg/m^3$。例如 U 形管中的液体为水时，测量某气体压力所得 $h=100mm$，则该气体压力 p_1 为：

$$\begin{aligned}p_1 &= p_2+h\rho g\\ &=100000Pa+100mm\times 1kg/m^3\times 10m/s^2\\ &=101000Pa\\ &=0.101MPa\end{aligned}$$

U 形管压力计，是利用被测压力的力与已知质量（管中液体）的力相比较而达到测量目的的，是依靠液体的自动平衡，而不受其他因素的影响，故测量精度较高。但由于液柱不能太高，只适用于测量较低的压力范围。

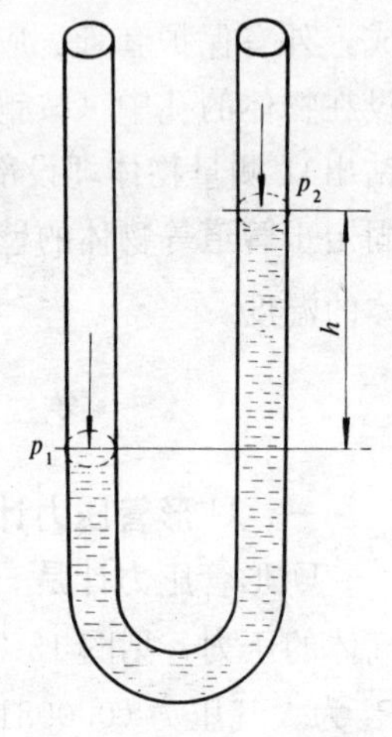

图 13-7 U 形管压力计

二、弹簧管压力表

图 13-8a 所示为一种应用极广的弹簧管压力表。它是利用弹簧管的变形，推动机械结构而指示读数的。弹簧管的截面有扁平和椭圆形两种见图 13-8b。当管中液体或气体的压力超过管外压力时，管子截面将变形而趋向圆形（即 2b 增大

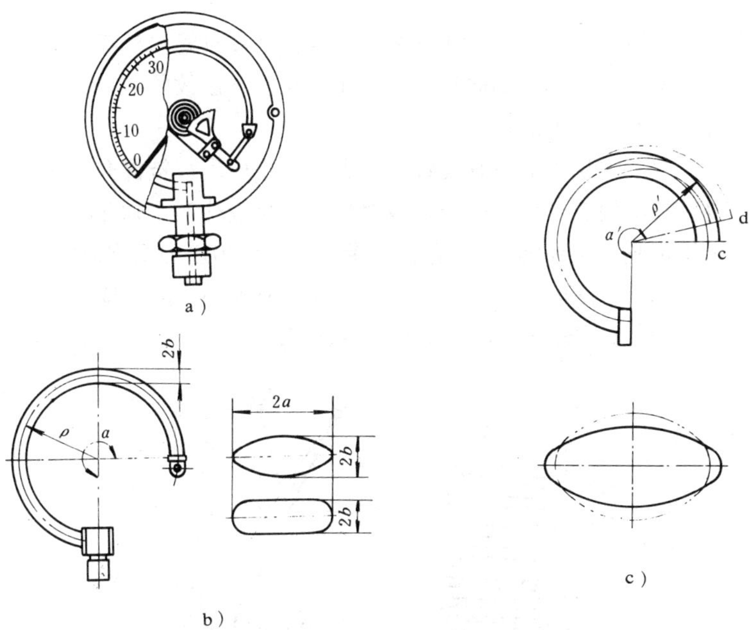

图 13-8 弹簧管压力表

而 2a 减小)。由于截面的变形,会使管子的圆弧中心角 α 减小为 α',曲率半径 ρ 增大为 ρ',于是管端产生一定的角位移,由 c 点移到 d 点(见图 13-8 中 c),从而带动机械结构使指针摆动。

弹簧管压力表能制成多种规格,以适应不同的测量范围(可从 0.1MPa 到几百 MPa)。对于 10MPa 以下压力范围的压力表,其弹簧管常用锡磷青铜制造,而压力大于 10MPa 的,则采用 50CrVA 钢制造。

三、波纹管压力表

波纹管压力表的波纹管,用无缝金属管制成,见图 13-9a。管的一端封闭,另一端开口。开口端焊接在底座上,有小孔与被测介质（液体或气体）连通。当波纹管内外存在压力差时，波纹管的轴向长度便发生变化。当波纹的数目较多时，可产生较大的长度变化。

图 13-9b 所示为波纹管压力表的作用原理，被测介质由波纹管 1 的底部引入，当波纹管轴向长度变化时，通过杠杆机构可驱动记录笔 2，使它在记录纸 3 上绘出压力变化曲线。这种压力表可用以测量 0.05～0.5MPa 的压力或 0～760Torr（1Torr＝133.322Pa）的真空。

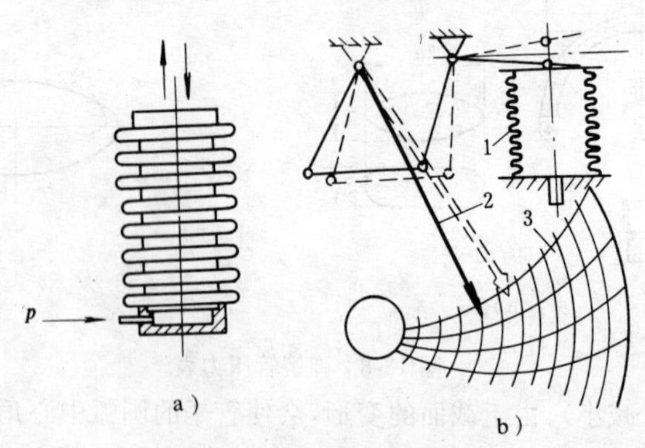

图 13-9　波纹管压力表

1—波纹管　2—记录笔　3—记录纸

第三节　转速的测定

一、离心式转速表

离心式转速表，是利用旋转体的离心力作用来测定转速的。其外形见图 13-10a，其内部构造原理见图 13-10 中 b。

当转速表的转轴 6 被带动旋转时，两个重块 4 旋转而产生离心力。两重块由弹簧片 2 连接，其上端有固定套筒 1，下端活动套筒5在重块张开的同时，压缩弹簧3而向上滑

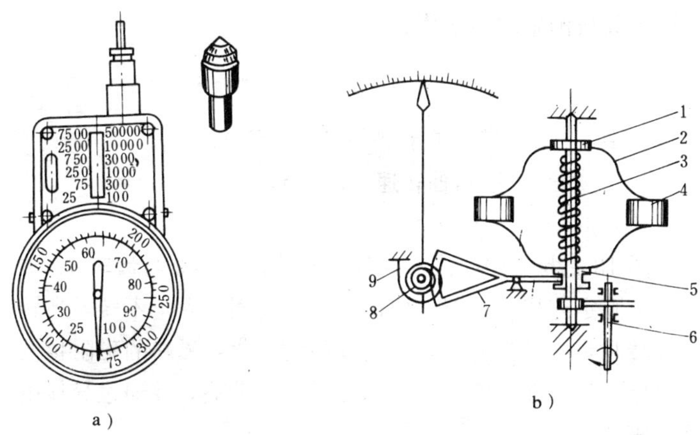

图 13-10 离心式转速表

1—固定套管 2—弹簧片 3—压缩弹簧 4—重块 5—活动套筒 6—转轴 7—扇形齿轮 8—小齿轮 9—游丝

动。通过扇形齿轮 7 带动小齿轮 8 使指针指定在某一数值。游丝 9 用以消除齿轮间隙，保证指针的复位精度。

离心式转速表，由于测量时操作上的误差，以及弹簧和机械阻力的不稳定性，一般不能获得很高的测量精度。

二、磁电式转速计

磁电式转速计，是利用电磁感应的原理而达到测速目的的。图 13-11a 为它的作用原理，旋转齿轮与被测轴一起转动，由于齿轮与磁钢之间的间隙发生间断性变化，便因磁回路磁阻的改变，而在线圈中产生脉冲感应电动势。感应电动势的频率与转速和齿轮齿数有关，一般齿轮齿数为 60，于是感应电动势的频率为：

$$f=\frac{nz}{60}$$

因此被测轴的转速为：

$$n=\frac{60f}{z}$$

式中　f——感应电动势的频率（Hz）；

n——被测轴转速（r/min）；

z——齿轮齿数。

图 13-11b 为磁电式转速计的构造。转轴 3 与齿轮 4、磁钢 1 都固定连接在一起，内齿轮 5 和线圈 2 固定不转。当转轴旋转时，由于内外齿轮之间间隙的变化，磁路的磁阻也发生变化，从而在线圈中产生脉冲感应电动势，并通过导线由接线座 6 引出。

磁电式转速计测得的感应电动势频率，是要由专门的仪器才能显示出来的，所以要与频率仪或专用的显示仪器配套使用。

三、光电转速计

图 13-12a 为光电转速计的测速原理图。测量前，先要在被测轴 6 的圆周表面上用反射纸带均匀而间隔地贴好，形成黑白反射面，测速时光电转速计对准此反射面。光源 7 发射的光线经过透镜 4 成为均匀的平行光，照射在半透明膜片 3 上，部分光线透过膜片，部分光线被反射，并经聚光透镜 5 聚成一点，照射在被测轴的黑白反射面上。当被测轴转动时，黑白反射面上的白条将光线反射回去，黑条则不能反射。反射回去的光再经透镜 5 照射在半透明膜片上，透过膜片并经聚焦透镜 2 聚焦后，照射在光电管 1 上，使光电管产生光电流。由于轴上反射面黑白间隔，光电管产生的光电流脉冲数，就与轴的转速及黑白间隔数有关。将此电流送入配套仪器中计数并显示后，便可获得所测的转速。

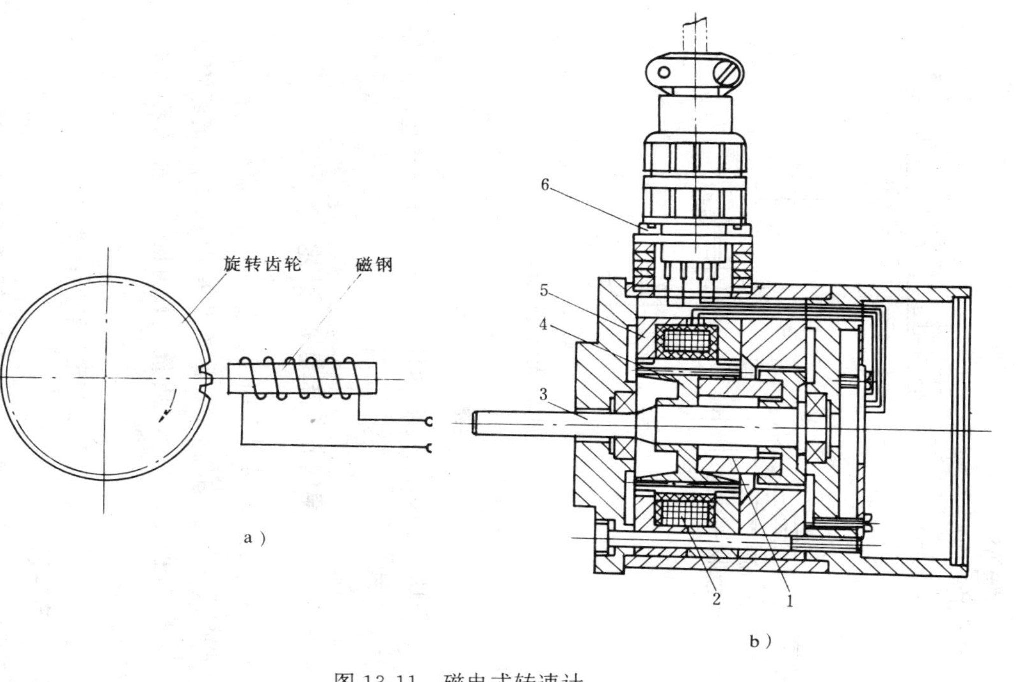

图 13-11　磁电式转速计

1—磁钢　2—线圈　3—转轴　4—齿轮　5—内齿轮　6—接线座

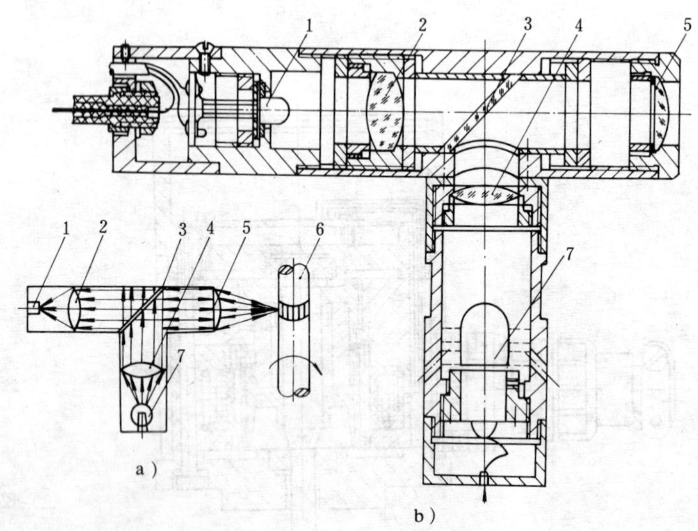

图 13-12　光电转速计

1—光电管　2—聚焦透镜　3—半透明膜片　4—透镜　5—聚光透镜
6—被测轴　7—光源

图 13-12b 所示为光电转速计的结构。光电管产生的电流由左端的导线输出。

第四节　流量的测定

有些机械在工作或试验时常常要测定所用流体（汽、水、润滑油或燃料油等）的流量。流量是指单位时间内流经管道的流体的质量或体积，即质量流量（kg/s）或体积流量（m^3/s）。

测定流量的方法有直接测定法和间接测定法。

一、直接测定法

这种方法是直接用标准容积或标准质量测定。图 13-13 所示为用标准容积测定流量的方法，测定时，先使容器 1 中的液体经三通阀 3 充入标准容积的量瓶 2 内，然后改变三通阀的位置。根据刻线 A 和 B 之间规定容积的液体，使用完毕所需的时间就可算出流量。

图 13-14 所示为用标准质量测定流量的方法。测定时，先将贮液箱 1 中的液体经阀门 2 灌注到容器 3 中，使它略超过天平秤 4 上法码的质量。当液体使用至使天平秤平衡时，开始记录时间，随后取下天平秤上规定质量的法码，到液体使用到天平秤再次达到平衡时，所需的时间间隔得出后便可算出流量。

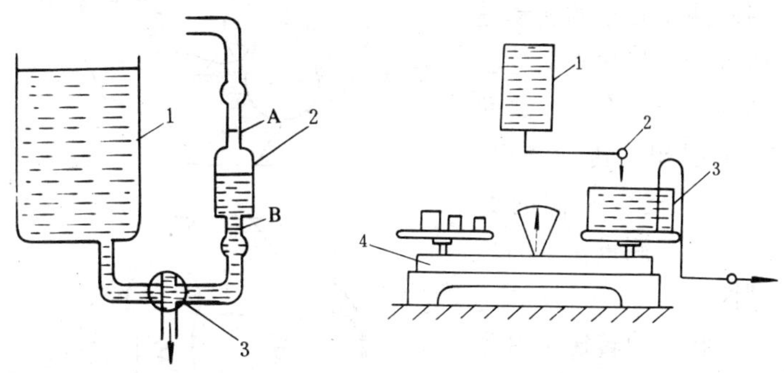

图 13-13　容积法测定流量
1—容器　2—量瓶　3—三通阀

图 13-14　质量法测定流量
1—贮液箱　2—阀门　3—容器　4—天平秤

二、间接测定法

间接测定法，是通过测定与流量有一定关系的物理量变化而得出流量数值的。由于直接测定法受测量设备容积或重量的限制，一般只宜作小流量或间断性的流量测定。目前工程上采用较多的是间接测定法。

间接测定法所应用的流量计形式较多，今介绍以下两种：

1. 罗茨流量计　如图 13-15 所示，罗茨流量计的壳体中装有两个腰形转子，转子与壳体内腔构成计量室。当流体流经流量计时，在流入端与流出端压力差的作用下，转子便按箭头方向旋转。由图可知，转子每转一周相当于排出四倍计量室容积的流体。当计量室容积确定后，只需测出转子的转速就可求出流量。

两个转子的轴上各装有一个齿轮并相互啮合（图中虚线所示），因此两个转子的转动是通过一对齿轮来交替驱动的，而两个转子之间并不起相互传动作用，因此可减少它们的磨损，保持测量精度的长期性。

转子的转速可由测速装置测出。

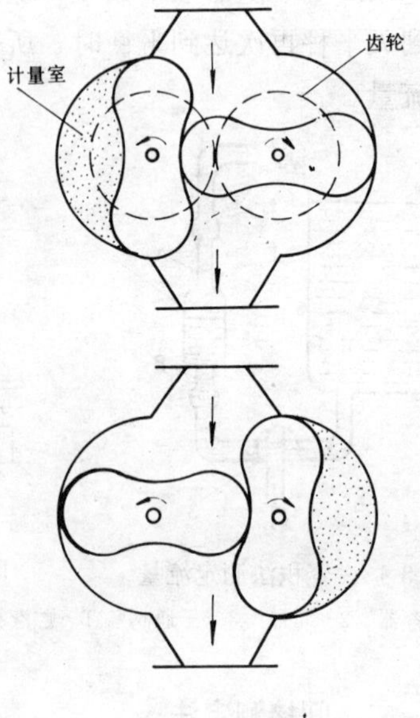

图 13-15　罗茨流量计

2. 蜗轮流量计　涡轮流量计，是利用在被测流体中自由旋转的叶轮转速与流量成一定比例来测定流量的。叶轮由被测流体推动旋转，流量越大，叶轮转速也越高。

图 13-16 所示为一种常用的蜗轮流量计的构造。蜗轮 5 用不锈钢制成，并有较好的导磁性，叶片呈螺旋形，转子由球轴承 6 支持在前后两个导流器 1 中。导流器上有导流叶片

(工作时不转动)，其作用是对流体导向，以免因流体产生旋涡而改变流体与蜗轮叶片的作用角，从而可保证蜗轮的转速稳定、准确。导流器由非导磁的不锈钢制成。感应线圈 4 内装有磁钢 3，磁钢通过蜗轮叶片形成磁回路。磁钢与蜗轮叶片之间有间隙，随着蜗轮的旋转，磁路间隙也不断改变，使磁阻不断发生变化，于是感应线圈的磁通量改变而感应出电势——脉冲电信号。脉冲信号的频率就等于每秒钟转过的叶片数，因此流量与蜗轮的转速成正比，通过配套仪器的计数显示，便可得出流量的大小。

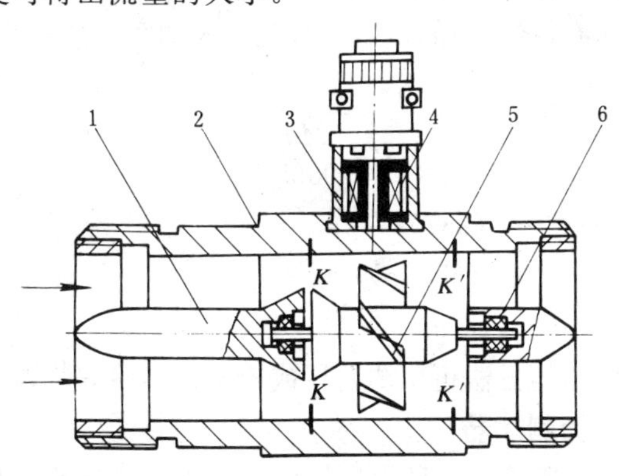

图 13-16　蜗轮流量计

1—导流器　2—壳体　3—磁钢　4—感应线圈　5—蜗轮　6—球轴承

壳体 2 两端的螺纹用以与被测流体的管道串接。

为了减小流体对蜗轮的轴向推力（向右），在结构上采用了反推力装置，对轴向推力进行平衡。其原理如下：当流体流经 $K—K$ 截面时，由于通道面积减小，使流体的流速增高而静压力减低（伯努利定律），在此截面以后，由于通道面积又扩大，流体的流速又降低而静压力增高。于是在截面

$K—K$ 至 $K'—K'$之间流体产生压力差，使蜗轮上受到一个与流体流向相反的推力（向左），从而使蜗轮的轴向推力得到平衡，这对流量计的寿命和测量精度都可得到提高。

第五节 功率的测定

功率是表示机械工作时性能的参数之一。测定功率的方法一般有两类，一类是用发电机来作为被测机械的制动装置，通过测量发电机功率的大小，并考虑各种损失后来确定被测机械的功率；另一类是用测量扭矩和转速的方法，来确定被测机械的功率，将测出的扭矩和转速代入功率的公式后算得，即：

$$P=\frac{Mn}{9555}$$

式中 P——功率（kW）；

M——转矩（N·m）；

n——转速（r/min）。

测定转矩的方法可用测功器或转矩传感器等装置。

一、水力测功器

图 13-17 所示为一种常用的柱销式水力测功器，其工作原理如下：

转轴 1 用联轴器与被测机械主轴相连。壳体 4 用球轴承 9 安装在支架 2 上，它不随转轴旋转，但可以作周向摆动。转子 7 固定安装在转轴上，并通过球轴承 8 安装在壳体内。壳体的内表面和转子外缘上都装有柱销 5 和 6。壳体上面有进水口 3，下部有排水口 10，进排水量可通过阀门 11 调节。测功器工作时的进水由水泵供给，控制排水量便可使排水温度保持在40～50℃，因水温过高将使水产生气泡，而影响测

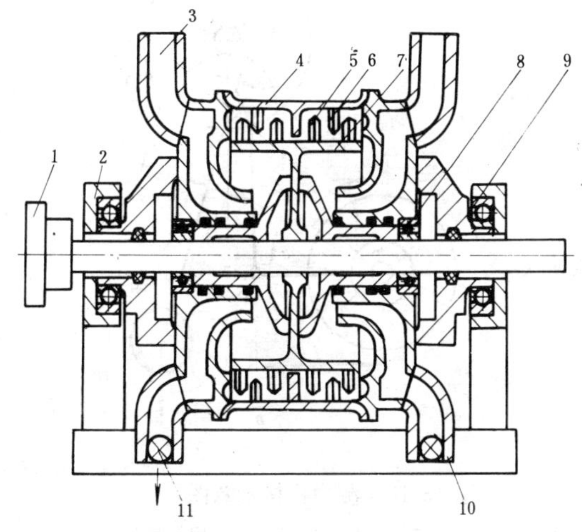

图 13-17　水力测功器

1—转轴　2—支架　3—进水口　4—壳体　5、6—柱销　7—转子　8、9—球轴承　10—排水口　11—阀门

定时的稳定性。

当被测的机械工作时，测功器转子被带动旋转，由于壳体内腔都充满了水，水被转子带动下形成剧烈运动着的水环。水环旋转时又受到壳体内柱销的阻力，在此相互作用下，被测机械受到制动作用，其反作用力使测功器的壳体向转子旋转方向摆动某一角度。在壳体上固定有力臂，通过与力臂相连的测力机构便可测出转矩。

图 13-18 为测力机构的示意图。

在测功器的壳体 2 上固定有一个长度为 l 的力臂，其外端点 S 与拉杠 3 的下端铰接，拉杆的上端与偏心距为 l_1 的偏心轴 4 铰接，摆杠 9 和偏心轴都同扇形齿轮 5 刚性连接。摆

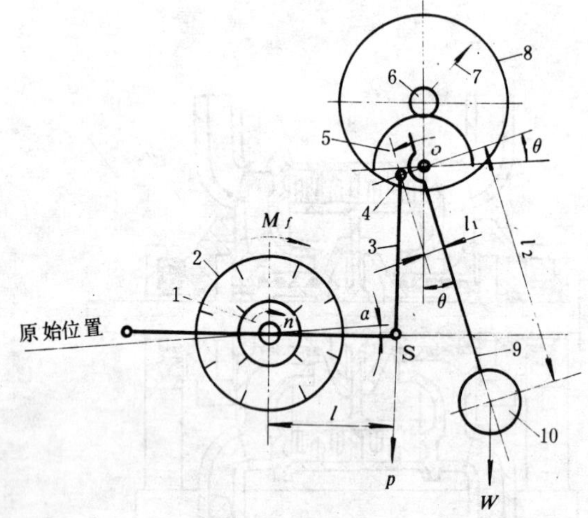

图 13-18　测力机构示意图

1—转子　2—壳体　3—拉杆　4—偏心轴　5—扇形齿轮　6—小齿轮　7—指针　8—刻度盘　9—摆杆　10—摆锤

锤 10 的重量为 W，摆杠的有效长度为 l_2。扇形齿轮与小齿轮 6 啮合，小齿轮轴上装有指针 7，刻度盘 8 上刻有表示转矩的刻线和数值。

当被测机械输出的转矩一定时，测功器壳体在水环作用下顺转子 1 的旋转方向摆动一个 α 角度，通过力臂和拉杆，牵引偏心轴绕 o 点逆时针方向转动，使摆杆离开铅垂位置而偏转 θ 角。

如果拉杆作用在偏心轴上的拉力为 p，则拉杆产生的力矩（对扇形齿轮而言）为 $pl_1\cos\theta$，这个力矩被摆锤所产生的反力矩 $Wl_2\sin\theta$ 所平衡，即：

$$pl_1\cos\theta = Wl_2\sin\theta$$

被测机械的输出转矩 M 就等于测功器壳体受水环作用后产生的摆动力矩，其大小为：

$$M=pl$$

此力矩 M 应与测力机构的力矩相等，因此：

$$M=pl=\frac{Wl_2\sin\theta}{l_1\cos\theta}l=\frac{lWl_2}{l_1}\tan\theta$$

对于某一台水力测功器来说，l、l_1、l_2、W 均已固定，因此 θ 角的大小就反映了被测机械输出转矩的大小，通过刻度盘上指针的位置，即可得到读数。

二、转矩传感器

转矩的测定，也可通过测量轴受转矩作用后，产生的扭转角大小而间接获得。轴的扭转角与所受转矩之间的关系，由材料力学可知为：

$$\phi=\frac{Ml}{GI}$$

式中　ϕ——扭转角（rad）；

M——转矩（N·m）；

l——轴的测量长度（m）；

G——剪切弹性模数（N/m^2）；

I——极惯性矩（m^4）。

对于一定材料的轴，其结构尺寸确定时，l、G、I 都是定值，因此只需测出扭转角 ϕ 便可算出转矩 M。

转矩传感器便是按照上述原理制成的，其结构见图 13-19。

转矩传感器的扭力轴 5 上固定有两个齿轮 6，两个齿轮相隔一定的距离 L。在两个齿轮的对应处安装有两个内齿轮 7，它固定在套筒 3 上。套筒可转动也可以不转动，转动时由电动机 4 通过传动带传动。在内齿轮旁固定有永久磁钢 1，在壳体 2 中嵌有感应线圈 8。

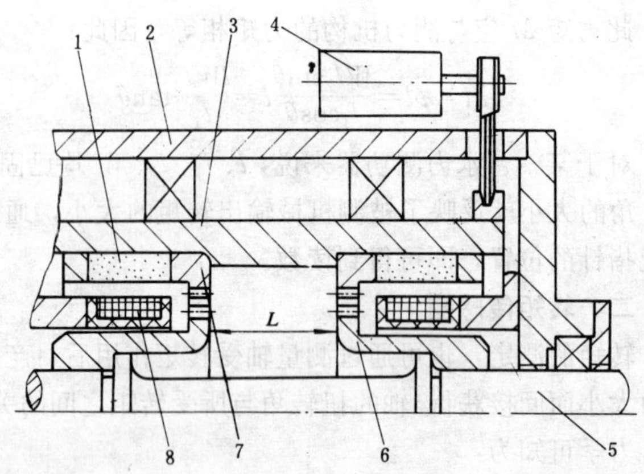

图 13-19　转矩传感器

1—永久磁钢　2—壳体　3—套筒　4—电动机　5—扭力轴
6—齿轮　7—内齿轮　8—感应线圈

当扭力轴在空载下旋转时，两个齿轮相对于内齿轮转动。由于内外齿轮齿顶之间空隙的变化，使磁路的磁阻不断发生变化，感应线圈中产生感应电动势。如果两组内外齿轮安装时的初始位置，是相对应的（即两组内外齿轮齿顶空隙的变化达到同步），则两个线圈中感应电动势的相位相同，即两个感应电动势没有相位差。

当扭力轴受到转矩时，则旋转时由于存在着扭转角 ϕ，使两感应线圈中产生的感应电动势有一个相位差。把这两个具有一定相位差的感应电动势分别输入专门的测扭仪中，便可测得扭转角 ϕ 的大小。

由上可知，内外齿轮的相对转动才能产生感应电动势，感应电动势的大小与相对转动的速度成正比关系。因此，在测量转速很低的转动轴的转矩时，就要求套筒和内齿轮能逆扭力轴的转向旋转，以增大内外齿轮之间的相对速度，否则感应电动势就太微小，一般在扭力轴转速低于 400r/min 时，应启动电动机带动套筒和内齿轮旋转。

转矩传感器中的齿轮常制成 60 齿或 120 齿。此外，内外齿轮相对转动一周，感应电动势就变化 60 次或 120 次。因此利用这个关系，转矩传感器还同时可作测定转速之用。

复 习 题

1. 玻璃管温度计所适宜的温度测定范围决定于什么？

2. 电接点式玻璃温度计有何作用？其作用原理是怎样的？

3. 试述压力计式温度计的工作原理。它有何特点？

4. 热电偶测温有何优点？其工作原理是怎样的？

5. 怎样用热电偶测量物体壁面的温度？

6. 热电阻测温的原理是怎样的？试述其结构和使用方法。

7. 怎样用 U 形管测定气体压力？

8. 弹簧管压力表的工作原理是怎样的？测量压力范围的高低决定于哪些方面？

9. 试述波纹管压力表的工作原理。

10. 试述离心式转速表的工作原理。

11. 试述磁电式转速计的测速原理。

12. 试述光电转速计的测速原理。

13. 罗茨流量计怎样测定流量？

14. 涡轮流量计怎样测定流量？涡轮的轴向推力怎样达到平衡的？

15. 试述水力测功器的工作原理。

16. 转矩传感器由哪些主要部分组成？试述其工作原理。

17. 为什么转矩传感器还能测定转速？

本工种需学习下列课程

初级：机械识图、金属材料及热处理基础、电工常识、量具与公差、机械传动、初级钳工工艺学

中级：数学、机械制图、金属切削原理与刀具、机制工艺基础与夹具、中级钳工工艺学

高级：机械制造工艺学、机构与机械零件、液压传动、机床电气控制、高级钳工工艺学

为便于企业开展培训，机械工业部教育司和机械工业出版社还组织编写出版了与以上教材配套的习题集，并摄制出版了电视教学录像片。